意思決定分析と予測の活用

基礎理論から
Python実装まで

馬場真哉 著

講談社

・本書の執筆にあたって，以下の計算機環境を利用しています．
Windows 10
Python 3.8

・サポートページURL
https://logics-of-blue.com/decision-analysis-and-forecast-book-support/

本書に掲載されているサンプルプログラムやスクリプト，およびそれらの実行結果や出力などは，上記の環境で再現された一例です．本書の内容に関して適用した結果生じたこと，また，適用できなかった結果について，著者および出版社は一切の責任を負えませんので，あらかじめご了承ください．
・本書に記載されている情報は，2021年1月時点のものです．
・本書に記載されているウェブサイトなどは，予告なく変更されていることがあります．

はじめに

本書はどのような本か

本書は，決定分析（decision analysis）の入門書です。決定分析では，利得やリスクなど意思決定にかかわるさまざまな要素を整理することで，意思決定を支援します。本書では，主に以下の内容を解説します。

1. 決定分析の基本手順と追加情報の活用方法
2. 情報の量・情報の価値の概念
3. 決定分析を用いた予測の価値評価
4. 予測や検査情報が価値を生み出す条件
5. 決定分析がおいている仮定
6. 意思決定がしやすい予測を提供する技術

本書では，リスクや不確実性がある中での意思決定を解説します。その中でも特に，予測などの情報の取り扱いに重点をおきます。「情報の価値」の評価を軸にして，情報の活用方法を議論します。

「直観に基づく意思決定」の代替案の１つとして，「データに基づく意思決定」が注目されています。とはいえ，データ分析の優れた教科書が出版される一方で，意思決定に焦点を当てた書籍は多くありません。データに基づく予測は，データ活用の代表的なテーマです。予測を用いた意思決定は，データに基づく意思決定の，最も直接的で重要な応用の１つだと言えるでしょう。先のギャップを埋めることも，本書の目的の１つです。

決定分析は比較的長く使われてきた技術であり，陰に陽にさまざまな分野で利用されています。決定木や期待値の最大化といった，決定分析の要素技術を見たことがある方は多いかもしれません。本書では，個別の要素技術だけではなく，決定分析の体系立てられた手続きを解説します。これにより，その場しのぎの工夫や，車輪の再発明を防げるようになるはずです。
意思決定という言葉はさまざまな分野で用いられます。本書で解説する技術は，オペレーションズ・リサーチ，経営工学，システム工学，決定科学という分野で主に取り上げられるものです。期待効用理論を中心に，意思決定理論の初歩もあわせて解説します。気象予測は，広く実用化された重要な事例の１つです。本書でも積極的に文献を参照しました。
本書には個人や組織の経験談や，意思決定の際の心構えはほとんど載っていません。本書は，理論に焦点を当てた技術書です。数式や具体的な数値例，Python プログラミングを通して，手を動かしながら決定分析の技術を学んでいただきます。

意思決定における予測の活用

予測値を計算して得ることと，予測を活用することの間には，少なからぬギャップがあります。このギャップを埋めることが，本書最大の目的です。
予測値を計算しても，その結果が使われないことはしばしばあります。例えば天気予報で台風が来ると予測されていて，電車が止まるだろうとアナウンスされていても，一切行動を変えずに学校や会社に向かう，あるいはそうしなさいと指示する人がいるかもしれません。穴のあくほど天気予報を凝視しても，天気そのものが変わることはありません。変えるべきは天気ではなく，私たちの行動です。
決定分析において，予測は意思決定に活用されることで，価値を生み出すと想定されます。逆に言えば，意思決定に活用されない予測からは，価値を見出すことができません。
本書では，「意思決定における予測の活用」というテーマに取り組むにあたって，以下の２つの項目を重点的に解説します。

1. 予測に基づいて，とるべき行動を決める手続き
2. 予測がもたらす価値を評価する手続き

予測が必要か否かという判断は，しばしばなおざりにされます。予測の利用方法が明確に決まっていないと，予測値を計算すること自体が目的となっ

てしまうかもしれません。本書では，予測の価値評価を通して，予測の活用方法を議論します。予測値を計算するためにはコストがかかります。コストに見合う価値を予測から見出せない場合は，予測を使わないという判断をすることもあるでしょう。予測の価値評価は，予測の活用という観点において，欠かすことのできない重要な技術です。

本書では期待金額をしばしば指標として使います。予測を使うことによって増加した期待金額を，予測の価値とみなすわけです。本書では，さまざまなシチュエーションで期待金額を計算します。そして，期待金額を最大にする行動の仕方や，期待金額で評価された予測の価値を求めます。ただし期待金額を指標として使うことは，唯一の方法ではありません。期待金額を指標に用いることの是非に関する議論を含めて，第4部では期待効用理論を解説します。

良い予測とは何だろう

本書では，決定分析の技術を用いて，予測がもたらす価値を評価します。意思決定という営みから予測を見直すことで，冷静に考えれば当たり前なのだけれども，なかなか定量分析の俎上に載らない内容を，数理的に取り扱えます。

具体例を挙げます。天気予報をイメージしてください。近年はよく当たるようになってきましたが，それでも天気予報が外れることはしばしばあります。しかし，複雑な計算をせずに，それでいて100% 的中する天気予報を提供することが簡単にできます。以下のように宣言すればよいのです。

「明日の天気は，雨が降るか，雨が降らないかのどちらかになるでしょう」

晴れの日も曇りの日もともに「雨が降らない日」だとみなせます。上記の宣言をすると，論理的に，この天気予報が外れる余地がありません。けれども，この宣言は，聞き手に対して何の価値も生み出しません。

予測が的中するかどうかは，予測を評価するにあたって，もちろん無視できない指標です。けれども「予測結果と実際の観測値との整合性」という観点だけでは，予測の評価の基準として不足しています。よく当たるけれども役に立たない予測であるかもしれないし，逆に当たらなくても役に立つ予測であるかもしれません。

Murphy (1993) などでは，一貫性・品質・価値という3つの観点から予測を評価するアプローチを提案しています。本書では特に品質と価値の2つの観点を中心にして予測を評価します。そして，単なる精度評価を超えた，包括的な評価を試みます。

本書の対象読者

本書のテーマや，本書が想定する意思決定のプロセスを，第1部に記しています。本書を読み進めるかどうかを判断するために，第1部の内容をぜひ参照してください。

本書では，予測を活用して意思決定する人だけではなく，予測を作成する人にも役に立つ知見を提供します。具体的には，決定分析を用いた予測の評価の枠組みと，意思決定という観点から予測の価値を向上させる考え方を解説します。そのため，リスクや不確実性がある中での意思決定について興味がある方に加えて，予測に興味がある方を広く読者として想定しています。

本書には，予測値を計算する手法の解説がほとんどありません。データ分析の基本や予測の計算方法について，ある程度の理解がある方を読者として想定しています。本書にはPythonのコードが載っていますが，基礎的な内容については説明を省略することがあります。データ分析や機械学習，Pythonの入門書に目を通したというレベルを想定しています。

本書では，規範的あるいは処方的な意思決定の理論を中心に解説します。また，意思決定者の行動とは無関係に決まる要素（天気や需要量など）が変化する場合の意思決定について解説します。一方で記述的な意思決定についてはほとんど言及しません。そのため，人々が実際のところどのように行動しているか，あるいは行動経済学やその応用について興味がある方は，本書の対象読者から少し離れます。また，意思決定者同士の相互作用を扱うゲーム理論についても言及しません。

本書を読み進めるにあたり，高校理系卒業レベルの数学がわかっていることが望ましいです。なお，本書では数学的に厳密な議論は避けています。証明を略することもしばしばあります。数学記号に関しては，本文中で適宜補足します。

本書の構成

およそ以下の順で解説します。前から順番に読んでください。ただし，難しい式変形などは後回しにしても大丈夫です。第1部を除き，部や章の最後には「記号の整理」という節を用意しました。復習に使ってください。

導入 → 決定分析の基本 → 決定分析の活用 → 効用理論の概要 → 確率予測の活用

第1部では，本書の方向性を述べます。意思決定・予測という用語，そしてこれらの用語の関係性の概略を，数式を使わずに解説します。また，本書が考える「決定分析の役割」も明記しました。本書を読み進めるかどうかを検討している方は，第1部を読んで判断してください。

第2部では，決定分析の基本事項を解説します。決定分析の手続きに加えて，「情報の量」と「情報の価値」という重要な概念を導入します。第2部までを読まれると，情報を活用した意思決定の基本をおさえられるでしょう。

まずは第1章で決定分析の構成要素を紹介しつつ，確率を使わない決定分析の手法を解説します。第2章と第3章でPython実装について解説します。第4章で期待値に基づく意思決定の手続きを解説します。第5章で「情報の量」を導入し，続く第6章で「情報の価値」を導入します。

第3部では，決定分析のより応用的な内容を解説します。

第1章で予測の評価の基本方針を紹介し，第2章で予測の価値評価の方法を解説します。予測の価値は，予測を使うユーザーの特性によって変化します。ユーザーの特性を加味した予測の価値評価の方法論として，コスト/ロスモデルを解説します。予測が価値を生み出す条件についての理解も深まるはずです。

第3章で決定分析の活用事例を紹介します。果樹園の霜（しも）問題という事例を通して，今まで学んだ技術を実際に適用する手順を解説します。

第4章では，標準型分析というアプローチを通して，予測ではなく検査情報を用いた意思決定について解説します。判断確率（主観確率）の利用方法やベイズ決定と呼ばれる意思決定の方法論についての解説も含みます。

第5章では，逐次決定問題と呼ばれる，意思決定を何度も繰り返す問題を取り上げます。一度きりの意思決定との違いと，逐次決定問題における意思決定の手続きの概要を解説します。

第4部では，効用理論の基礎を解説します。他の部と異なり，実践ではなく理論が中心です。vNMの定理を紹介しつつ，期待効用最大化原理について解説します。

まずは意思決定理論の概略を紹介したうえで，選好とその効用関数表現を導入します。そして期待効用最大化の原理とその規範的な意味を解説します。

第5部では，「意思決定がしやすくなる予測」として確率予測を導入します。通常のカテゴリー予測ではなく確率予測にすることのメリットをまずは解説します。そのうえで確率予測の取り扱いと評価，そして確率予測を活用した意思決定の方法を解説します。

決定分析は便利な道具です。決定分析を教える書籍も便利な道具であるべきです。

本書が皆さんにとって，有用なツールとなることを願います。

謝辞

本書の執筆にあたり，講談社サイエンティフィクの横山真吾氏には，企画の段階からご尽力いただきました。感謝いたします。

目次

第2部　決定分析の基本　43

第3部　決定分析の活用　145

第4部 効用理論入門 289

第5部 確率予測とその活用 333

第1部

序論

- 第 1 章：意思決定における予測の活用
- 第 2 章：決定分析の役割

第1章
意思決定における予測の活用

本書では「意思決定における予測の活用」というテーマに取り組みます。本章では，重要なキーワードである「意思決定」と「予測」という用語を紹介します。これらの用語はいろいろな場面で使われており，複数の意味で使われることもあります。まずは本書で想定している用語の意味を整理します。また，不確実性がある中での意思決定の考え方や，本書で想定する「意思決定における予測の活用」のシチュエーションを明確にします。

概要

- **意思決定の基本**

  意思決定 → 意思決定の結果と選好関係 → 意思決定と不確実性 → 不確実性との付き合い方

- **予測を意思決定に活用する**

  予測 → 予測を意思決定に活用する → 予測の評価 → 情報の価値

- **本書のテーマ**

  本書の解説の流れ → 本書で扱う問題と扱わない問題

1.1　意思決定

本書では竹村 (1996) における「一群の選択肢の中から，ある選択肢を採択すること」という操作的な意味として，**意思決定**という言葉を定義します。意思決定する人を**意思決定者**と呼びます。

例えば，今日のお昼に食べるメニューを決める，という意思決定を行うとします。このとき，まずはとりうる**選択肢**を列挙します。選択肢のことは**代**

替案とも呼びます。例えば昼食を食べるお店を決めるとき，下記の選択肢があったとします。

- ラーメン屋に行く
- 牛丼屋に行く

この「2つの選択肢の中から１つを選びとる」というのが「昼食を食べるお店を決める，という意思決定」です。

例えば，今から家を出て会社や学校へ向かうとします。傘を持っていくかどうかという意思決定を行います。このときの意思決定は以下の選択肢の中から１つを選びとることです。

- 傘を持っていく
- 傘を持っていかない

例えば，小売店の店長が，明日の朝に届くアイスクリームの発注量を決めたいと思っていたとします。アイスクリームは１ケース単位で購入でき，お店の冷凍庫には最大で３ケースまで保存できるとします。このときの意思決定は以下の選択肢の中から１つを選びとることです。

- アイスクリームを０ケース発注する
- アイスクリームを１ケース発注する
- アイスクリームを２ケース発注する
- アイスクリームを３ケース発注する

1.2　意思決定の結果と選好関係

選択肢を列挙した後は，その中から１つを選びとります。本節では，選びとる方法を解説します。

ある選択肢を採択すると，何らかの結果が得られます。昼食を決める例で言うと，「ラーメン屋に行く」という選択をすると「ラーメンを食べる」という結果になります。「牛丼屋に行く」という選択をすると「牛丼を食べる」

という結果になります。

ここで，得られた結果の好みを評価します。好みを表す関係を**選好関係**と呼びます。「ラーメンを食べる」という結果と「牛丼を食べる」という結果を比較して，「ラーメンを食べる方が，より好ましい」となれば，「ラーメン屋に行く」という選択肢を採択します。

1.3　意思決定と不確実性

選択肢を列挙する。そして選択肢を採択したときの結果を比較する。最も好ましい結果が得られる選択肢を採択する。この意思決定の手続きは一見するとシンプルではありますが，状況が複雑化すると簡単にはいきません。状況の複雑化には，いくつかのパターンがありますが，本書ではリスクや不確実性の取り扱いを中心に検討します。

ここで重要な用語を紹介します。それが**自然の状態**です。自然の状態は，将来起こるかもしれないイベントのことです。例えば「雨が降る」や「アイスクリームが1日で2ケース分売れる」や「景気が悪くなる」など，さまざまな自然の状態が想定できます。自然という言葉がついていますが，地球環境とは限らないことに注意してください。私たちが制御できないものを自然の状態と呼びます。私たちが変更できるのが選択肢，できないのが自然の状態です。この分類は大切なので覚えておいてください。本書では，自然の状態にリスクや不確実性がある場合の意思決定の問題を中心に扱います。

例えば，傘を持っていくかどうかを決める意思決定の問題を考えます。「傘を持っていく」や「傘を持っていかない」を選んだときの結果は，その日の天気によって変化します。

雨が降っているときに「傘を持っていく」と濡れずに済みます。雨が降っているときに「傘を持っていかない」ならば，服や荷物が濡れてしまいます。雨が降っているときには「傘を持っていく」を選んだ結果の方が好ましくなるでしょう。一方で，晴れていた場合には「傘を持っていかない」を選んだ結果の方が好ましくなるはずです。

その日の天気という自然の状態によって，最終的な結果が変わる。しかし，どのような天気になるのかわからない。このようなシチュエーションを，リスク下の意思決定問題，あるいは不確実性下の意思決定問題と呼びます。なお，自然の状態が従う確率分布が与えられているときをリスク下と，確率分布が与えられていないときを不確実性下と呼びます。分野によっては用語の意味合いが変わることもあるので注意してください。

本書では第2部第1章と第3部第4章を除き，リスク下の意思決定問題を扱います。なお，本書ではリスクと不確実性の表記上の使い分けをほとんどしません。確率がわかっているリスク下であっても，やはり自然の状態が確実にわかるわけではないので，不確実という言葉をしばしば使います。

1.4　不確実性との付き合い方

今日の天気にあわせて，傘を持っていくか持っていかないかを決めたい，という意思決定を例に挙げて考えてみます。このとき，雨に濡れるのが嫌な人が，例えば以下のように行動を選んだとしましょう。

雨が降るとわかっている　　：傘を持っていく
晴れになるとわかっている：傘を持っていかない
天気がわからない　　　　　：（念のため）傘を持っていく

天気がわからないときの行動は，人によって変わるかもしれませんね。雨に濡れるのがそれほど苦ではない人は，「天気がわからないときは，傘を持っていかない」という行動を選ぶかもしれません。それはどちらでも構わないです。

ここで重要なことは「将来何が起こるのかわからない」という状況は「行動を決められない」という状況とイコールではないということです。何が起こるかわからなくても，行動を決めることはできます。

もう1つ重要なことは「天気がわからない」ということは，私たちの行動を決める重要な事実だということです。「私にはわからないことがある，という事実」を認めることで，私たちの行動が変わることがあります。先の例では「晴れになるとわかっている」ときには傘を持たないという行動を選びます。一方で「天気がわからない」ときには傘を持っていきます。「晴れになるとわかっている」ときと「天気がわからない」ときで，行動が変わりました。

自然の状態が「わからない」というのは，頻繁に起こることです。決定分析には「わからない」ことを加味したうえでの意思決定の手続きがいくつか用意されているので，その中から自分に合うものを選んでみるのが１つの方法です。ただし「本当はわかっていないものを，わかっていると思い込む」ことのないように注意してください。

1.5　予測

本書において，意思決定とならぶ重要なキーワードが**予測**です。本書では，将来何が起こるのか推測することを，広く予測と呼ぶことにします。

経済予測や天気予報，地震予知など，世の中にはさまざまな予測があります。呼び方１つをとっても予測・予報・予知・予言などさまざまありますが，本書では基本的に「予測」という言葉を使います。「予報」という言葉は「予測」と同じ意味合いで，まれに使います。どちらかに統一すると違和感を覚えることもあるからです（例えば「天気予測」とはあまり呼ばない）。本書の中では「予報」という言葉も「予測」という言葉も，まったく同じ意味であることに注意してください。

予測は，さまざまな目的から作成されます。多くの場合は，予測の結果と未来に起こる実際の現象が対応していることが望まれます。例えば「明日の天気は晴れでしょう」と予測されたとき，翌日には「実際に天気が晴れでした」となっていてほしいですね。

一方で，外れることが望まれる予測もあります。例えば山澤(2011, p2)の例を引用すると「『現在の社会保障制度のままだと，20年後には財政が破綻してしまう』というタイプの予測」です。この予測には「社会保障制度を改善して，財政破綻が起こらないようにするべきだ」という主張が隠れています。この場合は，予測が外れて，財政が破綻しないで済む方がうれしいわけです。

同様に山澤(2011)から「目標としての予測」を紹介します。例えば，景気が悪くなっているにもかかわらず「GDPはこれから増加するはずだ」と政府が主張するタイプの予測です。この主張は，予測というよりかは政府の努力目標と呼ぶ方が自然でしょう。また，予測（予言）の自己成就という現象（小林他 (1991) など）が起こることもあります。例えば「ある日に株価が暴落するだろう」と予測されたとします。この予測が仮に根拠のないものであったとしても，この予測を信じて株を売却する人が増加すると，株価が下落することになります。

本書では「予測の結果と未来に起こる実際の現象が対応していることが望まれる」という予測だけを対象とします。また，努力目標としての予測や，予測の自己成就には言及しません。

memo

予測の運用においては，予測の対象の決め方も重要です。いつ，どこで，何が，どれだけ，という 4 つの観点を持っておくと予測の対象を絞り込みやすくなります。

例えば，水産資源の動向を漁況と呼ぶのですが，漁況の予測には以下の 4 つの観点があります（土井 (1972)）。

漁期：いつ獲れるのか
漁場：どこで獲れるのか
魚群の質：何が獲れるのか
魚群の量：どれだけ獲れるのか

また，漁期を予測する場合でも，漁期の開始時期の予測なのか，漁ができる期間の長さの予測なのかなど，さらに詳細な分類が考えられます。

本書ではしばしば単純化した事例を扱います。しかし，実際には「需要を予測する」や「ユーザーの行動を予測する」というあいまいな表現はなるべく避けた方が安全です。

1.6　予測を意思決定に活用する

自然の状態にリスクや不確実性がある状況で意思決定を行うときに，予測が活用できます。

天気予報で「今日は午後から雨が降る」と予測されていました。そのため，傘を持っていくことにしました。おかげで雨に濡れることはありませんでした。単純ではありますが，これは，予測を用いた意思決定の事例です。

ところで，天気の話をするときに，天気に本当に興味を持っているとは限りません。例えば「今日はいい天気ですね」という言葉は，天気について言及しているというよりかはむしろ，あいさつに近い意味合いがあります。同様に，天気予報を見て「なるほど今日は雨が降るのか」と納得しても，すぐに忘れてしまい，傘を持っていかないかもしれません。

例えば，常に分厚いスーツを着るしかない職場はしばしばあります。このような職場に勤めている人は「今日は暑い日になるでしょう」という予測が出ても，気温にあわせて服装を変えることができません。予測値が得られても，行動を変えることができないわけです。

せっかく予測値を手に入れたとしても，その予測値を使って行動を変えることがなければ，予測が無駄になってしまいます。

予測はそれ単体ではなく，意思決定とセットで扱うことをお勧めします。例えば，傘を1本も持っていなければ，「雨が降る」という予測を聞いても，行動を変化させる余地がありません。例えば，小売店で商品の販売個数を予測しても，商品の発注量を増減する余地がなければ，予測を活用して行動を変えることは難しいです。

傘を持っていくか否かを決めたい。そこで天気予報を活用する。商品の発注量を決めたい。そこで売上予測を活用する。このように，予測と意思決定はセットで取り扱います。逆に，予測の活用の方法がわからない状況では，そもそも予測値を計算する必要性がないこともあり得ます。

本書が対象とするシチュエーションを整理します。

> 行動を変える余地があり，その中からどの選択肢を採択するかを決めたい
> 同じ選択をしても，天気や需要量など，自然の状態によって，得られる結果が変わる

- 自然の状態にはリスクや不確実性があり，どのような状態になるのか，わからない
- 自然の状態に対する予測を活用して，意思決定を行う

1.7 予測の評価

予測値を得るとき，多くの場合は費用がかかります。予測値を購入したり，予測値を計算したりするのにかかる費用です。予測を使うことによって，その費用を上回る利益が得られるかどうかは，予測を活用するか否かを決める1つの判断材料となります。

予測を含めたさまざまな情報を評価することは，情報を活用した意思決定問題の重要な課題です。本書では，決定分析を活用した予測の価値評価という問題にも取り組みます。

1.8 情報の価値

本書では，さまざまなシチュエーションで情報の価値を評価します。情報にはもちろん予測も含まれます。価値という側面から情報を評価するわけです。では，情報の価値とは何でしょう。決定分析において，情報の価値は以下の流れで計算されます。

1. 情報を使うことで，行動が変わる
2. 行動が変わることで，結果が変わる
3. 変わる前と変わった後の結果の差異が，情報の価値

本書では，決定分析の技術を用いて，情報がもたらす行動の変化，そして行動の変化がもたらす結果の変化の大きさを計算します。これにより，情報の価値を見積もります。

自然の状態にリスクや不確実性がある中での意思決定を想定するときにしばしば用いられるのが，「情報を使わなかったときと，情報を使ったときにおける期待値の差異」です（Taylor(2016)，White(1966) など）。本書では主に期待金額の差異でもって，情報の価値を評価します。第2部と第3部で

は，さまざまなシチュエーションで期待金額を計算します。第4部では期待金額ではなく期待効用を用いる方法を紹介します。

情報の価値分析は，ビジネスではもちろんですが，多方面で活用できる技術です。例えば Mäntyniemi et al.(2009) では，水産資源の情報を得ることが漁業活動にもたらす利益として情報の価値を評価しています。また Canessa et al.(2015) では生物の保護に活用される情報の価値に言及しています。ただし Canessa et al.(2015) で指摘されているように，情報の価値分析は，ポテンシャルはあるものの，分野によってはあまり使われていません。ぜひ本書で情報の価値の基本を学び，さまざまな分野で活用していただければと思います。

本書では，価値の議論に踏み込みます。しかし，抽象的・哲学的な内容はなるべくなくしました。すなわち，情報の価値を「情報を使うことがもたらす期待金額の差異」などと定義して，定量化された価値を対象とした議論をします。本来「価値」という言葉には，人それぞれの想いがあるでしょう。本書ではそういった「人の想い」にはほとんど言及していないことに注意してください。これは善悪の問題ではなく，単なるアプローチの違いです。

具体的な計算を通して，以下の点を理解していただきたいと思います。

- 行動を変化させない情報は，定義上，その価値が0となる
- 不正確な情報を活用して意思決定することで，逆に損をする（期待金額が減少する）ことがある
- 予測の的中率と予測の価値は，単純な比例関係にはない

また，情報の価値の議論を通して，不確実性がもたらす費用にも言及します。情報の価値が大きくなるのは，不確実性の費用が大きいときです。逆に言えば，不確実性の費用がほとんどないならば，情報はほとんど価値を生み出しません。情報はただそこに存在するだけで価値を生み出すわけではないということです。

第1部のこの文章を読んでいるだけではあまりピンとこないかもしれません。具体的な計算を通して理解を深めてください。

memo

本書では期待金額に基づいて価値を評価します。しかし，金額換算が難しいこともあります。例えば Gelman et al.(2013) では余命に基づいて情報の価値を議論しています。余命を金銭に変換するのは，技術的にも倫理的にも難しいかもしれません。この場合，期待金額ではなく期待余命の差異で情報の価値を評価します。金額以外の指標を使う場合は，意味付けが明確なものを選んでください。

1.9　本書の解説の流れ

次章では，本書が想定する「決定分析の役割」を述べます。ここまでが序論となります。

第 2 部では決定分析の基本を解説します。以下の内容を解説します。

- 決定分析の基本的な手続き
- Python の基礎
- 期待値の解釈
- 期待値に基づく意思決定の手続き
- 予測などの情報を使った意思決定の手続き
- 情報の量の概念
- 情報の価値の概念
- 不確実性の費用の概念

第 2 部において，本書を通じて登場する技法や用語を解説します。まずは第 2 部で決定分析の基礎固めをしてください。

情報の価値の前に，情報の量を解説しているのは，本書の大きな特徴です。情報の量は，金額など意思決定の結果に応じて変化する要素を加味していません。直接的には意思決定理論と関係が薄いと言えます。しかし，情報の量の理論を学ぶと，不確実性に対する理解が深まると思います。情報の量の解説を通して，私たちが普段何気なく使う「情報」という言葉について再考してほしいと思い，このテーマを加えました。第 2 部の最後では，情報の価値を導入し，その計算方法を解説します。価値という言葉をあいまいなまま使うのではなく，数式と Python コードを併用して，自分自身の手でこれを計算していただければと思います。

第3部では，決定分析のやや応用的な内容を扱います。第4章と第5章は，難しいと感じたら，最初は飛ばしても大丈夫です。

第3部第1章では，一貫性・品質・価値という3つの観点から予測を評価するアプローチを解説します。

第3部第2章では，コスト / ロスモデルを解説します。コスト / ロス比のシチュエーションを想定して，予測が価値を生み出す条件について議論します。

第3部第3章では，果樹園の霜問題と呼ばれる事例を対象にします。第3部第2章までに学んだ技術を実際に課題解決に活かす方法を解説します。

第3部第4章では，今までと異なり，予測ではなく検査情報を対象とします。そのうえで，検査情報を用いた意思決定の手続きと，検査情報の価値評価の手続きを解説します。判断確率（主観確率）の利用方法やベイズ決定と呼ばれる意思決定の方法論についても解説します。

第3部第5章では，逐次決定問題と呼ばれる，意思決定を何度も繰り返す状況での決定の手続きを解説します。

第4部は，本書の中ではやや特異な扱いになります。決定分析の手続きや Python 実装の解説はわずかで，ほとんどが理論の解説です。

第4部では効用理論の基礎を解説します。本書では基本的に，期待金額を最大にする意思決定原理を採用します。情報の価値も，期待金額の差異から計算します。しかし，期待金額を最大にすることは，唯一の意思決定原理ではありません。期待金額を最大にするべき根拠と，期待金額を最大にする意思決定原理の限界について理解していただくのが第4部です。

第4部第1章では，サンクトペテルブルクのパラドックスを紹介し，期待金額を最大にする意思決定原理の限界について解説します。そのうえで，選好とその効用関数表現を導入して，意思決定理論の数理的な基礎を解説します。

第4部第2章では，vNM の定理を通して，期待効用最大化原理について解説します。この中でリスク態度を扱います。リスク態度について学ぶと，期待金額を最大化するという意思決定原理の持つ制約が理解できるようになるはずです。

第５部では，意思決定がしやすくなる予測を提供する技術として，確率予測について解説します。

第５部第１章では，確率予測の基本事項を整理したうえで，予測の品質の評価指標と価値評価の手続きを解説します。

第５部第２章では，データから予測値を計算し，予測値の品質と価値の評価を行います。また確率予測から多くの価値を見出す工夫についても言及します。

1.10　本書で扱う問題と扱わない問題

本書が扱う意思決定の諸問題と，本書が扱わない問題を整理します。

本書は個人，あるいは同じ考えを持つ１つの組織での意思決定を対象とします。逆に，さまざまな考え方を持つ人たちの意見を集約して，グループとして行動を決める方法は対象としません。

本書は単一目的の意思決定問題を扱います。例えば得られる金額が最も大きくなる選択肢を選びたい，といった問題などを扱います。一方で，多目的の意思決定問題は扱いません。例えば飛行場の建設予定地を選ぶ際には，地価・交通の利便性・騒音の影響などさまざまな要素を考慮しながら決定を行うでしょう。こういった事例は対象としません。

本書はリスク下や不確実性下の意思決定問題を扱います。特に追加の情報（例えば予測）が得られる場合の意思決定の問題を中心に扱います。逆に，不確実性がない，すなわち確実性下の意思決定問題はほとんど扱いません。確実性下の意思決定問題では，最適化の方法が問題となることがしばしばあります。例えばいろいろな大きさ，さまざまな配送先の積み荷を移送するとき，効率の良い移送の仕方を考える問題などです。こういった最適化の問題はほとんど対象となりません。

本書では，起こり得る自然の状態と，とりうる選択肢，そして「ある自然の状態だったときに，ある行動をとったときの結果」がわかっていることを前提とします。ただし結果の査定に関してはしばしば実務上の課題となるため，これの推定方法については本文中で事例を挙げて解説します。

次章で述べるように，本書では意思決定理論を「意思決定の問題を整理して表現するための道具」として主に活用します。本書では，最適化のアルゴリズムよりもむしろ，意思決定の問題を整理したり表現したりする方法論を主に取り上げています。

第2章 決定分析の役割

本章では，本書で想定する「決定分析の役割」を述べます。また，本書で想定する合理性という言葉の定義にも言及します。本書のスタンスは「エビデンスや予測に基づく意思決定が正しく，勘と経験と度胸で行う意思決定は間違いだ」という考え方とは異なります。この点はぜひ理解したうえで，本書をお読みください。

概要

● **決定分析の役割**

意思決定理論の役割 → 意思決定のモデル → 意思決定のアプローチ →「合理性」の定義 → 決定分析の役割

2.1　意思決定理論の役割

決定分析，あるいはその基礎付けとなる意思決定理論は，「データ入力，一発回答」でとるべき行動を教えてくれるわけではありません。人間の主観を一切排除して決定を下すのは難しいという点に注意してください。

意思決定理論や決定分析について学ぶことの意義は何でしょうか。理論を学ばずに勘で意思決定するのと何が異なるのでしょうか。この問いに対して Fischhoff and Kadvany(2015, p7) の「意思決定理論はリスクについての決定を表現するための“言語”といえる」という表現は的を射ていると思います（上記文献ではリスクという言葉を本書より広い意味で使っています。意思決定理論は不確実性がある中での意思決定の表現にも役立ちます)。

本書では，意思決定理論の「意思決定という問題を表現してくれるもの」

という側面を強調します。意思決定問題を整理して表現することで，人間の意思決定をサポートする。この目的で本書では意思決定理論，そして具体的な手続きとして決定分析を解説します。

2.2　意思決定のモデル

本書では，**モデル**を用いたアプローチを採用します。モデルという言葉はプラモデルやファッションモデルなどで使われます。何かを単純化したもの，あるいは標準的なもの，理想化したもの，などの意味を持ちます。

本書で頻繁に登場するのは意思決定モデルです。意思決定の過程を正確に記述しようと思ったとき，本来は脳のはたらきを含めた無数のことがらがすべて対象となるでしょう。しかし，これを実際に行うのは困難です。そこでモデルを用います。意思決定という操作を単純化，理想化したモデルを対象として，意思決定に関する分析を行います。

第１部第１章で紹介した「選択肢を列挙して，その中から最も好ましいものを選ぶ」という意思決定の手続きは，まさにモデル化された意思決定の手続きだと言えます。この意思決定モデルでは，脳の中の電気信号の流れなどは省略されています。

モデルを明示的に用いることには，いくつかのメリットがあります。その中でも，本書では，議論の対象を明確にできるというメリットを強調します。モデルを用いることによって「人によって意思決定という言葉の解釈が異なる」という状況を防ぎやすくなります。

もちろん，現象を単純化しすぎて，現実とまったく違うモデルを作り上げてしまってはいけません。本書では，場当たり的に作られたモデルは基本的に登場しません。既存の文献を参照しながら，意思決定とそのモデルの解説をします。必要に応じて「提示されたモデルでは考慮できていないことがら」に関する注意を喚起することもあります。

2.3　意思決定のアプローチ

意思決定理論は大きく2つに分けて議論されることが多いです。

1. **規範（normative）**
2. **記述（descriptive）**

規範理論は，どのような意思決定が望ましいのかを考えます。このとき，いくつかの前提（公理）をおきます。そして，その前提が満たされるときにとるべき行動を議論します。**記述理論**は，どのような意思決定が実際に行われているのかを説明します。

規範理論と記述理論の知見などを参考にして意思決定を支援するアプローチを**処方的（prescriptive）アプローチ**と呼びます。決定分析は処方的アプローチです。

2.4　「合理性」の定義

合理性，あるいは**合理的**であるという言葉は，さまざまな意味で用いられます。意思決定を扱った文献においても，相当の差異が見られます。少なくとも，本書で用いる合理性という言葉は，日常会話での合理性という言葉の使い方と大きく異なるはずです。注意してください。

本書で使う合理性という言葉と，効率性・倫理観・金銭的報酬（損失）・熱血か冷静かという当人の性格などは，直接的には関係がありません。熱い心で一切の金銭的報酬を受け取らずに慈善行為を続ける人を合理的とみなすこともあります。旧態依然の経営を続ける管理職の方でも，お金に頓着せずに毎日のんびり過ごしている方でも，合理的とみなすことは十分にあり得ます。

本書では「ある行動様式がある人にとって合理的であるとは，この人がたとえ自分の行動を分析されたとしてもその結果を心地よいものと感じ，困惑することがないような場合を言います」というGilboa(2013, p19)の（極めて主観的な）定義を採用します。

この定義では，非合理的な行動を「意思決定者に理論を説明することで変えられる行動」だとみなしていることに注意が必要です。逆に，ある行動が合理的である場合には，（強権的でない）説明や説得によって行動を変えることができないと考えます。説得が受け入れられないとき，聞き手を非合理的な愚か者だとみなすのではなく，「当人にとっては」合理的なのだと考えます。合理的か否かは主観的なものであり「当人にとって」筋が通っているかどうかが重要であるわけです。

本書では，規範的な意思決定理論の知見に基づく処方的アプローチを採用します。しかし，規範的な意思決定にそぐわない行動をあえてとったうえで，その決定に心から納得できる人の存在を排除することはできません。その行動は，先の定義においては合理的であるとみなされます。「○○の行動をとるべきだ。このように行動しない者は非合理的だ」という類（たぐい）の主張を本書では採用しません。もちろん，このような主張が間違いだと言いたいわけではありません。あくまでもアプローチの違いです。

とはいえ，Gilboa(2013) のような意思決定理論の教科書において，先の定義が採用されているのは事実です。意思決定理論という分野について，少しお堅いイメージを持っている方は，このような柔軟な解釈があることを心にとめておいてください。

2.5　決定分析の役割

決定分析から得られた処方に従わなくても合理的であり得るならば，決定分析を行う必要性はどこにあるのでしょうか。

決定分析の大きな役割は，数量化を伴う，意思決定問題の整理・表現だと著者は考えます。不確実性の度合いや，得られる結果の好ましさなどを（人間の主観が入ってくることは認めたうえで）数値で表現します。そうした作業を通して意思決定をサポートします。

決定分析を行ったところで，今まで想像もしていなかった斬新な方策が見出されることはあまりありません。むしろ当たり前の結果が得られることが多いでしょう。自分たちの好みや知識に基づいて，その内容を整理して行動の決定に活用するわけですから，当然とも言えます。ただし，自分自身，あるいは同じ組織に属する他の人たちを納得させることに役立つはずです。

決定分析を行うにあたってしばしば言及されるのが決定の**一貫性**です。平たく言えば,「自分がやりたいこと」と「実際にやっていること」が矛盾していない行動を，一貫性のある行動と呼びます。決定分析は一貫性のある意思決定をサポートする役割もあります。

数値を使うことの良い点は，意思決定の過程が明確になることです。例えば「1% の確率で 100 万円もらえる賭けに，1 万円を支払って参加する」という行動を選んだとします。この行動が正しいか誤りか，ということはわかりません。人によって評価はわかれるでしょう。ただし，リスクの大きさなどをちゃんと数値で表現することで「この人は，リスクをとって賭けに出たのだ」ということは，第三者から見てもわかります。意思決定にかかわる人たちの中で，コミュニケーションが円滑に行えるのが大きなメリットです。もちろん自分自身が自分の決定に納得できるかどうかを吟味する際にも役立つはずです。

また，意思決定の過程を明確にすることで「意思決定の過程を評価する」ことができます。例えば，お金がもらえる確率を，当時得られた情報を活用してより正確に見積もったら 0.001% だったというのがわかれば，多くの人は賭けに参加しないはずです。この確率の見積もりを誤って賭けに参加したのならば,「賭けに参加したという選択は, 良くない選択だったのではないか」と疑問を投げかけることができます。意思決定の結果（お金がもらえたか否か）ではなく，意思決定の過程に光が当たるのは，決定分析の大きな特徴です。

意思決定にかかわる個別の数値に関しては，**感度分析**と呼ばれる方法を使って評価することがしばしばあります。感度分析は「モデルの前提となった数値の変化が，意思決定の結果にどれほど影響を与えるか」を調べる手法です。

一口に決定分析と言っても，この技術が使われるシチュエーションはさまざまです。第 2 部から具体的な事例を対象として，決定分析の基本事項を解説します。

第2部

決定分析の基本

第1章 決定分析の初歩

本章では，Taylor(2016) や市川 (1983)，松原 (2001) などを参考にして，決定分析のごく基本的な事項を整理します。本章では確率を使わない不確実性下の意思決定問題を対象とします。決定分析の手続きを整理したうえで，5つの決定基準を紹介します。

概要

- **決定分析の初歩**

目標設定と手段選択 → 意思決定問題の構成要素
→ 今回扱う事例 → 意思決定問題の構造化
→意思決定問題の一般的な表現 → 結果の査定

- **確率を使わない，不確実性下の意思決定**

優越する決定 → 決定基準
→ マキシマックス基準 → マキシミン基準 → ハーヴィッツの基準
→ ミニマックスリグレット基準 → ラプラスの基準 → まとめ

1.1 目標設定と手段選択

意思決定の基本的な流れは，選択肢を列挙して，その中から最も良いものを選ぶというものです。

ところで，選択肢を列挙するためには，意思決定の問題を把握する必要があります。例えば，就業時の服装が厳格に決められている職場に勤めている人が，今日着ていく服装を10パターンも列挙して比較するのは無意味でしょう。計算は少し後回しにして，意思決定の目的の策定と意思決定問題の把握から本章を進めます。

決定分析の手順は複数提案されています。オペレーションズ・リサーチにおける一般的手順は齊藤 (2020) などにも解説があります。ここでは藤田・原田 (1989) を参考にして，決定分析の流れを整理します。

決定分析においては，**目標設定**と**手段選択**の 2 つの段階に分けると見通しが良くなります。複数の選択肢の中から最も好ましいものを選ぶという手続きは，2 番目の手段選択に当たります。手段選択においては，後ほど具体的な数値を使って解説します。予測などの情報を活用することは，手段選択をサポートする技術だと言えるでしょう。

手段選択の前段階に当たる目標設定も，欠かすことのできない重要なテーマです。選択肢の中で，好ましさを評価するためには，意思決定の目的を明確にする必要があります。お金を多く稼ぐことが目的なのか，地球環境を保全するのが目的なのか，社会の格差を減らすのが目的なのか，目的によって選択肢の好ましさは大きく変わります。意思決定の目的をあらかじめ決めてから，選択肢を選ぶのが大切です。

1.2　意思決定問題の構成要素

決定分析が担う大きな役割は，意思決定問題の整理・表現です。決定分析においては，**不確実性下の意思決定問題**を下記の 3 つの構成要素に分けて整理します。

選択肢
自然の状態
選択肢別，自然の状態別の結果

仮に自然の状態に不確実性がないならば，これを勘案する必要はありません。選択肢ごとに得られる結果の好ましさを見積もって，最も好ましい結果が得られる選択肢を採用するだけです。しかし，本書ではリスクや不確実性がある中での意思決定を対象とします。自然の状態がどのようなものになるかわからない中で「ある自然の状態だったときに，ある行動をとったときの結果」を参考にして意思決定を行います。

自然の状態の確率分布がわかっていることを前提とした意思決定問題を，**リスク下の意思決定問題**と呼びます。本章では確率は登場しませんが，第2部第4章から確率を使った意思決定を解説します。

ところで「ある自然の状態だったときに，ある行動をとったときの結果」が自明とは限りません。実務的には，どのような結果になるか調べるところからスタートするのが普通でしょう。結果の査定などに不安がある場合は，感度分析をすることもあります。これは第2部第3章で解説します。

1.3　今回扱う事例

今回扱う意思決定の問題を紹介します。ある工場である製品を作っています。工場には製品を作るための機械が2台あります。機械を多く動かすと，たくさんの製品が作れます。しかし，動かす機械の台数が増えると，稼働費用が増えます。

製品の需要量は月ごとに変わります。需要量を超える製品を作っても，売れないので収入は増えません。売れ残った製品は月末にすべて廃棄されるため，前月の影響は受けません。

機械の稼働台数は1か月おきに見直します。逆に言えば，1か月間は機械の稼働状況は変わりません。

1.4　意思決定問題の構造化

先の状況を，決定分析の言葉を使って整理します。この事例の意思決定者は工場の責任者です。選択肢と自然の状態は下記のようになります。

選択肢　　：機械の稼働台数（0台・1台・2台）
自然の状態：製品の需要量（好況・不況）

本来は機械の稼働時間を細かく変更することもできるでしょう。また，自然の状態も2種類ではないはずです。しかし，まずは決定分析の基本を学んでいただくために，とても単純な事例を扱います。

選択肢の集合を**行動空間**と，自然の状態の集合を**状態空間**と呼ぶこともあります。選択肢や状態の要素の個数が増えても，分析の手続きはそれほど変わりません。ただし，連続的に変化する無限の選択肢を想定すると，数学的な取り扱いがやや難しくなります。本書では，選択肢の集合も，自然の状態の集合もともに有限集合とします。稼働時間を細かく変える場合でも，例えば 1 時間単位で変更すると想定すれば，選択肢の数は有限と考えられます。

1.5　意思決定問題の一般的な表現

ここでは数式を使って一般的な意思決定問題を表現します。

1.5.1　選択肢

個別の選択肢を a_j と，選択肢の集合を A と表記します。$a_j \in A$ です。$a_j \in A$ で「要素 a_j は集合 A に属する」と読みます。A は有限集合とします。集合 A の要素の個数，すなわち選択肢の数を $\#A$ とします。ちなみに，a は action の頭文字です。

今回の事例では a_1 が「0 台稼働」，a_2 が「1 台稼働」，a_3 が「2 台稼働」となります。$\#A = 3$ です。

1.5.2　自然の状態

個別の自然の状態を θ_i と表記します。自然の状態の集合を Θ と表記します。Θ は有限集合とします。状態の要素の個数を $\#\Theta$ とします。状態は多くの文献で θ と表記されているのでそれに従いました。

今回の事例では θ_1 が「好況」，θ_2 が「不況」となります。$\#\Theta = 2$ です。

1.5.3　結果 (利得行列)

選択肢 a_j を状態 θ_i のとき選んだ場合の利得を $c(a_j, \theta_i)$ と表記します。なお，c は consequence の頭文字です。利得を金額のような数値とする場合は，選択肢 A と自然の状態 Θ の組み合わせを実数へ移す写像（関数）として $c: A \times \Theta \longrightarrow \mathbb{R}$ と表記できます。ただし $\times$ は直積の記号で，$\mathbb{R}$ は実数全体の集合です。

上記のように表記するのが正確ではあるものの，少々表記が複雑になってしまいます。本書では便利な表記方法である**利得行列**を使います。**利得表**とも呼びます。利得行列は選択肢ごと，自然の状態ごとに得られる利得をまとめた表です。一般的な利得行列は表 2.1.1 のようになります。

表 2.1.1　一般的な利得行列

	a_1	a_2	$\cdots$	a_j	$\cdots$	$a_{\#A}$
θ_1	$c(a_1, \theta_1)$	$c(a_2, \theta_1)$	$\cdots$	$c(a_j, \theta_1)$	$\cdots$	$c(a_{\#A}, \theta_1)$
θ_2	$c(a_1, \theta_2)$	$c(a_2, \theta_2)$	$\cdots$	$c(a_j, \theta_2)$	$\cdots$	$c(a_{\#A}, \theta_2)$
$\vdots$	$\vdots$	$\vdots$	$\ddots$	$\vdots$	$\ddots$	$\vdots$
θ_i	$c(a_1, \theta_i)$	$c(a_2, \theta_i)$	$\cdots$	$c(a_j, \theta_i)$	$\cdots$	$c(a_{\#A}, \theta_i)$
$\vdots$	$\vdots$	$\vdots$	$\ddots$	$\vdots$	$\ddots$	$\vdots$
$\theta_{\#\Theta}$	$c(a_1, \theta_{\#\Theta})$	$c(a_2, \theta_{\#\Theta})$	$\cdots$	$c(a_j, \theta_{\#\Theta})$	$\cdots$	$c(a_{\#A}, \theta_{\#\Theta})$

今回の事例では，自然の状態が２つ，選択肢が３つあったので，２行３列の利得行列でした。一般には $\#\Theta$ 行 $\#A$ 列の行列となります。$\#A$ が選択肢の，$\#\Theta$ が自然の状態の要素の個数です。

1.5.4　意思決定問題の構成

意思決定問題を構成する要素をまとめた D を意思決定問題と呼びます。

$$D = \{A, \Theta, c\} \tag{2.1}$$

ここでは利得 c が大きい方が好ましいと想定しています。結果の選好関係に効用表現を用いることもできますが，本書において，第３部までは利得の大小関係で選好関係を表現することにします。

1.6　結果の査定

今回は，作った製品の売上からコストを差し引いた収入を最大化することを目的として意思決定を行うことにします。説明の簡単のため，天下り的ではありますが，表 2.1.2 のような利得行列が得られたと想定します。数値は金額で単位は万円です。利得行列の導出事例は第 2 部第 3 章で解説します。

利得行列の行名が自然の状態であり，列名が選択肢です。まったく稼働させないときは，工場を維持する固定費だけがかかるので，利益はマイナスになります。1 台を稼働させたときは安定して収入が得られます。2 台稼働させたときは，好況のときは多くの収入が得られますが，不況のときは機械の稼働コストがかさみ，赤字になります。

表 2.1.2　利得行列の例

	0 **台稼働** a_1	1 **台稼働** a_2	2 **台稼働** a_3
好況 θ_1	$c(a_1, \theta_1) = -100$	$c(a_2, \theta_1) = 300$	$c(a_3, \theta_1) = 700$
不況 θ_2	$c(a_1, \theta_2) = -100$	$c(a_2, \theta_2) = 300$	$c(a_3, \theta_2) = -300$

1.7　優越する決定

これから選択肢の評価をします。0 台稼働・1 台稼働・2 台稼働のどの行動を選択するのが好ましいでしょうか。今回は需要量に対する不確実性がある中での意思決定です。採用すべき選択肢を 1 つに定めることは容易ではありません。しかし，明らかに採用すべきでない選択肢を排除することはできます。

表 2.1.2 の「0 台稼働」と「1 台稼働」の列を比較します。たとえ好況であっても不況であってもどちらにしても，常に「1 台稼働」を選択したときの方が，利得が高くなっています。

自然の状態によらず，常にある選択肢が別の選択肢よりも好ましい結果を持つとき，その選択肢を選ぶことを**優越する決定**と呼びます。今回の例では，「1 台稼働」を選択することは，「0 台稼働」を優越します。

今回のような事例では，優越されている選択肢は，考慮する必要がありません。そのため「0 台稼働」という選択肢は排除できます。以下の例では「0 台稼働」という選択肢を載せていますが，これは勉強のためです。本来は最初の段階で排除します。

1.8 決定基準

選択肢と自然の状態，そして結果の一覧が与えられている。ここまでは，あくまでも意思決定問題を整理した結果です。ここから「たった1つの最善の決定」を導くことは困難です。「赤字になるのが嫌だから，1台だけ稼働させよう」や「最高収入が大きいので，2台稼働させよう」など，同じ利得行列を見ても，人によってとる行動は異なるでしょう。

以下では，伝統的にしばしば用いられ，意味付けが明確である**決定基準**を5つ紹介します。どの決定基準を採用すべきか，ということは誰にもわかりません。いろいろなとらえ方があるでしょうが，以下で紹介する決定基準は「この基準を使うと，良い決定ができる」と信じて使うものではないと著者は考えます。自分の行った決定を解釈する目的で活用していただければと思います。

1.9 マキシマックス（Maximax）基準

マキシマックス（Maximax）基準は最大利得が発生する自然の状態を仮定したうえで，そのときの利得を最大にするように選択肢を選びます。最大利得を最大にするのがMaximaxです。

マキシマックス基準を適用する際，まずは下記のように選択肢ごとの最大利得$\lambda_{\max}(a_j)$を計算します。式(2.2)では「θ_iをいろいろ変化させて$c(a_j, \theta_i)$の最大値をとる」ということをしています。

$$\lambda_{\max}(a_j) = \max_{\theta_i} c(a_j, \theta_i) \tag{2.2}$$

そして以下のように$\lambda_{\max}(a_j)$を最大にする選択肢$a^{\max}$を採択します。「$\underset{a_j}{\mathrm{argmax}}$ ○○」という記号は「○○を最大にするa_j」という意味です。

$$a^{\max} = \underset{a_j}{\mathrm{argmax}}\, \lambda_{\max}(a_j) \tag{2.3}$$

マキシマックス基準は，最も楽観的な決定基準だと言われます。「自然の状態に不確実性があるが，その中で最も好都合な状態（最大利得が発生する状態）になると仮定しよう」と考えるのです。今回の事例では好況になると仮定することになります。好都合な自然の状態を仮定したうえで，最も利得が高くなる選択肢を選ぶのがマキシマックス基準です。

表 2.1.2 の利得行列を対象とすると，選択肢ごとの最大利得 $\lambda_{\max}(a_j)$ は表 2.1.3 のようになります。数式との対応で言うと $\lambda_{\max}(a_1) = -100$ で，$\lambda_{\max}(a_2) = 300$ そして $\lambda_{\max}(a_3) = 700$ となります。

表 2.1.3　選択肢ごとの最大利得

	0 **台稼働** a_1	1 **台稼働** a_2	2 **台稼働** a_3
最大利得 $\lambda_{\max}$	-100	300	700

最大利得 $\lambda_{\max}(a_j)$ の最大値をとる選択肢は「2 台稼働」です。よって，マキシマックス基準では「2 台稼働」という選択になります。

1.10　マキシミン（Maximin）基準

マキシミン（Maximin）基準は最小利得が発生する自然の状態を仮定したうえで，そのときの利得を最大にするように選択肢を選びます。最小利得を最大にするのが Maximin です。まずは下記のように選択肢ごとの最小利得 $\lambda_{\min}(a_j)$ を計算します。

$$\lambda_{\min}(a_j) = \min_{\theta_i} c(a_j, \theta_i) \tag{2.4}$$

そして以下のように $\lambda_{\min}(a_j)$ を最大にする選択肢 $a^{\min}$ を採択します。

$$a^{\min} = \underset{a_j}{\operatorname{argmax}}\, \lambda_{\min}(a_j) \tag{2.5}$$

マキシミン基準は，最も悲観的な決定基準だと言われます。「自然の状態に不確実性があるが，その中で最悪の状態（最小利得が発生する状態）になると仮定しよう」と考えます。今回の事例では不況になると仮定することになります。最悪な自然の状態を仮定したうえで，最も利得が高くなる選択肢を選ぶのがマキシミン基準です。

表 2.1.2 の利得行列を対象とすると，選択肢ごとの最小利得 $\lambda_{\min}(a_j)$ は表 2.1.4 のようになります。

表 2.1.4　選択肢ごとの最小利得

	0 台稼働 a_1	1 台稼働 a_2	2 台稼働 a_3
最小利得 $\lambda_{\min}$	−100	300	−300

最小利得 $\lambda_{\min}(a_j)$ の最大値をとる選択肢は「1 台稼働」です。よって，マキシミン基準では「1 台稼働」という選択になります。

1.11　ハーヴィッツ（Hurwicz）の基準

ハーヴィッツ（Hurwicz）の基準はマキシマックス基準とマキシミン基準を混合させたものだと言えます。

ハーヴィッツの基準では，まず選択肢ごとに最大利得と最小利得を計算します。そしてこれをパラメータ α で重み付けした $\lambda_{\text{Hurwicz}}(a_j)$ を計算します。パラメータ α は**楽観係数**と呼びます。

$$\lambda_{\text{Hurwicz}}(a_j) = \alpha \cdot \max_{\theta_i}[c(a_j, \theta_i)] + (1-\alpha) \cdot \min_{\theta_i}[c(a_j, \theta_i)] \quad (2.6)$$

そして以下のように $\lambda_{\text{Hurwicz}}(a_j)$ を最大にする選択肢 a^{Hurwicz} を採択します。

$$a^{\text{Hurwicz}} = \operatorname*{argmax}_{a_j} \lambda_{\text{Hurwicz}}(a_j) \quad (2.7)$$

楽観係数 α は意思決定者の主観で決められます。そのためハーヴィッツの基準は極めて主観的な意思決定基準だと言えます。なお，$\alpha = 1$ ならばマキシマックス基準と，$\alpha = 0$ ならばマキシミン基準と同じ結果になります。

表 2.1.2 の利得行列を対象とし，楽観係数 α を 0.6 とおきます。このときの選択肢ごとの重み付けされた利得 $\lambda_{\text{Hurwicz}}(a_j)$ は表 2.1.5 のようになります（「2 台稼働」したときの計算式を示すと，$0.6 \times 700 + (1-0.6) \times (-300) = 420 - 120 = 300$ です）。

表 2.1.5　選択肢ごとの重み付き利得

	0 台稼働 a_1	1 台稼働 a_2	2 台稼働 a_3
重み付き利得 $\lambda_{\mathrm{Hurwicz}}$	-100	300	300

$\lambda_{\mathrm{Hurwicz}}(a_j)$ は「1 台稼働」と「2 台稼働」で等しい値となりました。このときはどちらの選択肢も同等に好ましい（どちらの選択肢を選んでも良い）という評価になります。

1.12　ミニマックスリグレット（Minimax regret）基準

ミニマックスリグレット（Minimax regret）基準は，カタカナばかりで読みづらいですが「ミニ」「マックス」「リグレット」の 3 つにわかれます。リグレットは後悔（regret）の大きさです。「マックスリグレット」は，後悔の大きさの最大値です。「後悔の大きさの最大値」を最小にする基準が，ミニマックスリグレット基準です。ミニマックス基準や，サヴェッジ（Savage）の基準とも呼ばれます。

表 2.1.2 の利得行列を対象とし，ミニマックスリグレット基準を採用します。まずはリグレットを計算します。リグレットは機会損失とみなせます。

表 2.1.2（再掲）　利得行列の例

	0 台稼働 a_1	1 台稼働 a_2	2 台稼働 a_3
好況 θ_1	$c(a_1,\theta_1)=-100$	$c(a_2,\theta_1)=300$	$c(a_3,\theta_1)=700$
不況 θ_2	$c(a_1,\theta_2)=-100$	$c(a_2,\theta_2)=300$	$c(a_3,\theta_2)=-300$

リグレットの計算のために，自然の状態ごとに，「最も利得が高くなる選択肢」を探します。好況のときには「2 台稼働」を選べば 700 万円得られます。好況のときは「2 台稼働」が「最も利得が高くなる選択肢」です。仮に，好況のときに「1 台稼働」を選んだならば「本来は 700 万円もらえたはずが 300 万円しかもらえなかった＝ 400 万円損した」となります。この 400 万円がリグレットです。

不況のときも同様に，まずは「最も利得が高くなる選択肢」を探します。不況のときは「1 台稼働」したときに 300 万円の利得が得られて，これが最大です。仮に，不況のときに「2 台稼働」を選んだならば「本来は 300 万円もらえたはずが 300 万円の赤字になった＝ 600 万円損した」となります。この 600 万円がリグレットです。

リグレットは赤字の額ではありません。リグレットは「自然の状態ごとに見た最大利得と比較した差額（機会損失）」であることに注意してください。そして最大リグレットを最小にする選択肢を採択します。自然の状態がわからないので，どうしても「あっちの選択肢にしとけばよかったな」と後悔する可能性があります。このリグレット（後悔）の最大値を，なるべく小さくするのがミニマックスリグレット基準です。

リグレットの計算を数式で表現します。選択肢a_jを状態θ_iのとき選んだ場合のリグレットを$r(a_j, \theta_i)$と表記します。これは自然の状態ごとに見た最大利得から，実際の利得を引いたものとなります。

$$r(a_j, \theta_i) = \max_{a_j} [c(a_j, \theta_i)] - c(a_j, \theta_i) \tag{2.8}$$

上記の式において max の添え字がa_jになっていることに注意してください。状態ごとに見て，選択肢a_jを変化させたときの利得の最大値です。

上記の式とまったく同じ意味ですが，自然の状態が明らかであるときに利得を最大にする選択肢を$a^*_{\theta_i} = \underset{a_j}{\operatorname{argmax}}\, c(a_j, \theta_i)$と記すと，以下のようにリグレットを表記できます。

$$r(a_j, \theta_i) = c\left(a^*_{\theta_i}, \theta_i\right) - c(a_j, \theta_i) \tag{2.9}$$

表 2.1.2 の利得行列を対象とすると，リグレットは表 2.1.6 のようになります。

表 2.1.6　リグレットの表

	0 **台稼働** a_1	1 **台稼働** a_2	2 **台稼働** a_3
好況 θ_1	$r(a_1, \theta_1) = 800$	$r(a_2, \theta_1) = 400$	$r(a_3, \theta_1) = 0$
不況 θ_2	$r(a_1, \theta_2) = 400$	$r(a_2, \theta_2) = 0$	$r(a_3, \theta_2) = 600$

続いて，選択肢ごとの最大リグレット$\lambda_{\mathrm{max_regret}}(a_j)$を求めます。

$$\lambda_{\mathrm{max\_regret}}(a_j) = \max_{\theta_i} r(a_j, \theta_i) \tag{2.10}$$

表 2.1.6 のリグレットを対象とすると，選択肢ごとの最大リグレットは表 2.1.7 のようになります。

表 2.1.7　リグレットの最大値

	0 **台稼働** a_1	1 **台稼働** a_2	2 **台稼働** a_3
リグレットの最大値 $\lambda_{\mathrm{max\_regret}}$	800	400	600

リグレットはなるべく小さい方が良いですね。そこで，以下のように$\lambda_{\mathrm{max_regret}}(a_j)$を最小にする選択肢$a^{\mathrm{regret}}$を採択します。

$$a^{\mathrm{regret}} = \operatorname*{argmin}_{a_j} \lambda_{\mathrm{max\_regret}}(a_j) \tag{2.11}$$

今回の事例では「1 台稼働」が採択されます。

1.13　ラプラス（Laplace）の基準

ラプラス（Laplace）の基準は，選択肢ごとに利得の算術平均を計算し，その最大値をとる選択肢を採択します。

まずは下記のように選択肢ごとの平均利得$\lambda_{\mathrm{Laplace}}(a_j)$を計算します。

$$\lambda_{\mathrm{Laplace}}(a_j) = \frac{1}{\#\Theta} \sum_{i=1}^{\#\Theta} c(a_j, \theta_i) \tag{2.12}$$

そして以下のように$\lambda_{\mathrm{Laplace}}(a_j)$を最大にする選択肢$a^{\mathrm{Laplace}}$を採択します。

$$a^{\mathrm{Laplace}} = \operatorname*{argmax}_{a_j} \lambda_{\mathrm{Laplace}}(a_j) \tag{2.13}$$

ラプラスの基準は，自然の状態がすべて等しい確率で出現すると考えます。そして利得の期待値を最大にするように選択肢を選びます。期待値と平均値については第2部第4章で解説します。

表2.1.2の利得行列を対象とすると，選択肢ごとの平均利得は表2.1.8のようになります。

表2.1.8　選択肢ごとの平均利得

	0台稼働 a_1	1台稼働 a_2	2台稼働 a_3
平均利得 $\lambda_{\mathrm{Laplace}}$	−100	300	200

平均利得の最大値をとる選択肢は「1台稼働」です。よって，ラプラスの基準では「1台稼働」という選択になります。

1.14　決定基準ごとの結果

今までの結果をまとめます。

- マキシマックス基準　：2台稼働
- マキシミン基準　：1台稼働
- ハーヴィッツの基準（$\alpha = 0.6$）：1台稼働・2台稼働のどちらでもよい
- ミニマックスリグレット基準　：1台稼働
- ラプラスの基準　：1台稼働

決定基準ごとに採択される選択肢が異なりました。どの基準が正しいというものではありません。意思決定者の感覚に合う基準を使うことになります。

決定基準ごとにそれを用いる理由が明確であるのが良いところです。自然の状態に対して楽観的か悲観的かという観点，あるいは後悔の量を減らしたいという観点などから決定基準を選ぶことになります。

確率を使わない場合の意思決定は，上記のような手続きになります。確率を使う例は，第2部第4章で解説します。次章からは，今までの計算をPythonで行う方法を解説します。

第2章 Pythonの導入

テーマ

本章では，Pythonプログラミングの導入をします。PythonとJupyter Notebookの基本事項を解説し，その後numpyとpandasというライブラリを紹介します。

概要

- **Pythonの基本事項**

  PythonとJupyter Notebook → list → 関数の作成
- **numpyとpandasの基本事項**

  numpyとpandasの初歩 → numpyのndarray
  → pandasのDataFrame → pandasのSeries
  → DataFrameの演算 → DataFrameの行や列を対象とした演算
  → DataFrameに対する関数の適用

2.1 PythonとJupyter Notebook

決定分析をすべて紙とペンで行うのは困難です。コンピュータを使った方が簡単です。本書ではPythonというプログラミング言語を使って，決定分析を実行します。

Pythonは文法が比較的簡単である，人気の言語です。ユーザーが多いため，Webや書籍を参照すると，豊富な情報に簡単にアクセスできます。数値計算やグラフ描画など，データ分析に便利なライブラリが豊富に用意されているのも大きな特徴です。

本書ではJupyter Notebookを経由してPythonを実行します。Jupyter

Notebookを立ち上げると，Google ChromeやEdgeのようなブラウザが立ち上がります。Webアプリを触る感覚でプログラミングができます。実行結果がすぐに表示されるので，学習やレポーティングに便利です。本書ではWindows10で動作確認をしています。

Pythonのインストール方法はいくつかあります。詳細はサポートページ［https://logics-of-blue.com/decision-analysis-and-forecast-book-support/］を参照してください。サンプルコードもサポートページからダウンロードできます。

本書では，PythonやJupyter Notebookの基本事項をある程度省略しています。Pythonの基本事項に関しては，Althoff(2018)や陶山(2020)に，Pythonを用いたデータ分析に関しては寺田他(2018)や馬場(2018)などに解説があります。Pythonの学習の参考となるWeb資料へのリンクなどをサポートページに掲載しています。Pythonの基本に不安がある方はこれらも参考にしてください。

2.2 list

まずは，本書で頻繁に登場するPythonの基本構文をおさらいします。まずはlistです。listを使って複数の要素をまとめます。listを作る際には，角カッコを使います。numsという名前で，1から3の整数が格納されたlistを作成します。

本書では，Jupyter Notebookにおける入力を網掛けの四角形の中に記します。出力は背景が白い四角形の中に記します。

```
# list
nums = [1, 2, 3]
nums
```

```
[1, 2, 3]
```

1行目の，行頭が#となっている行はコメントです。2行目でlistを作成し，3行目でlistの中身を表示させています。

2.3　関数の作成

続いて，簡単な関数を作成します。関数を作ると，似たような計算を繰り返し実行するのが簡単になります。感度分析をする際は，パラメータを変化させながら何度も同じ計算を繰り返します。そのため，処理はなるべく関数にまとめた方が便利です。

my_func という名前の関数を作ります。関数の名前は自由に決められます。この関数は，引数として与えられた in_value に 10 をかけた値を返します。

```
# 関数の作成
def my_func(in_value):
    out_value = in_value * 10
    return(out_value)
```

関数を作る際には，行頭に def と，行末にコロン（:）記号をつけます。関数の内部で実行されるコードは，インデント（字下げ）が必須であることに注意してください。結果を返す際には return 関数を使います。

my_func 関数を実際に使ってみましょう。引数に「5」を指定すると，10 倍した「50」が返ってきます。

```
my_func(in_value=5)
```

```
50
```

引数の名称は省略できます。

```
my_func(5)
```

```
50
```

2.4　numpy と pandas の初歩

本書では Python の基本機能だけでなく，外部のライブラリも積極的に使います。本章ではまず numpy と pandas という 2 つのライブラリを紹介します。

これらのライブラリを読み込む際には，下記のようにimportを実行します。import numpy as npとすると，numpyを読み込んだうえでnpという略称で扱えるようになります。pandasの略称はpdとしました。

```
# 数値計算に使うライブラリ
import numpy as np
import pandas as pd
```

2.5　numpyのndarray

numpyの機能を使ってみましょう。「np.」と頭につけることで，numpyが提供する機能が使えます。numpyが提供するndarrayを使います。これは**配列**と呼ばれます。np.array([1, 2])とすると，「1」と「2」が格納された配列を作成できます。

```
# numpyのndarray(1次元)
array_1 = np.array([1, 2])
array_1
```

```
array([1, 2])
```

配列を見ると，listと大差ないように見えます。しかし，配列にしておくとさまざまな計算が簡単になります。例えばすべての要素に1を加える場合は，以下のコードになります。

```
array_1 + 1
```

```
array([2, 3])
```

大変シンプルなコードですが，これをlistに対して適用すると（例えばnums + 1とすると）エラーになります。listでも工夫すれば複雑な計算ができますが，numpyを使うとより簡単になります。またnumpyを使うと，行と列を持つ2次元の表を作ることもできます。

次章では後述するDataFrameを中心に使いますが，複雑な計算をする場合にはnumpyの配列を使った方が簡単なこともあります。

2.6 pandasのDataFrame

続いてpandasのDataFrameを紹介します。DataFrameは，典型的には以下のようにして作成します。列名や行名をつけられるので，結果がとても見やすいです。

```
# pandasのDataFrame
df_1 = pd.DataFrame({
    'column1': [1, 2, 3],
    'column2': [4, 5, 6]
})
df_1.index = ['row1', 'row2', 'row3']
print(df_1)
```

```
      column1  column2
row1        1        4
row2        2        5
row3        3        6
```

2.7 pandasのSeries

Seriesも，pandasが提供するデータの格納形式です。典型的には以下のようにして作成します。DataFrameと異なり，1次元のデータです。

```
# pandasのSeries
series_1 = pd.Series([7, 8])
series_1.index = ['idx1', 'idx2']
series_1
```

```
idx1    7
idx2    8
dtype: int64
```

以下のようにDataFrameから特定の列を抽出した結果も，Seriesとなります。

```
# df_1の1列目だけを取り出す
series_2 = df_1['column1']
print(series_2)
```

```
row1    1
row2    2
row3    3
Name: column1, dtype: int64
```

2.8　DataFrame の演算

配列と同様に，DataFrame でもさまざまな演算ができます。まずは，すべての要素に 1 を加えてみます。

```
# 1 を足す
print(df_1 + 1)
```

```
      column1  column2
row1        2        5
row2        3        6
row3        4        7
```

以下のように add メソッドを使っても同じ結果が得られます。

```
# 1 を足す
print(df_1.add(1))
```

```
      column1  column2
row1        2        5
row2        3        6
row3        4        7
```

なお，1 を引く場合には df_1.sub(1) と，2 をかける場合には df_1.mul(2) と，2 で割る場合には df_1.div(2) とします。Series も同様の演算ができます。ndarray もさまざまな演算ができますが，こちらは必要に応じて本文中で補足します。

2.9　DataFrame の行や列を対象とした演算

列ごとに最大値を取得するコードは下記のようになります。

```
# 列ごとに最大値を取得する
df_1.max()
```

```
column1    3
column2    6
dtype: int64
```

行ごとに最大値を取得するコードは下記のようになります。引数にaxis=1と追加します。axisの指定はこれからもしばしば出てくるので覚えておいてください。なおaxisの指定がない場合はaxis=0とみなされます。

```
# 行ごとに最大値を取得する
df_1.max(axis=1)
```

```
row1    4
row2    5
row3    6
dtype: int64
```

最大値以外にも，最小値を計算するmin関数など，さまざまな機能があります。必要に応じて本文中で補足します。

2.10 DataFrameに対する関数の適用

最大や最小だけではなく，さまざまな関数を適用できます。例えばnp.log2関数を使うと，底が2である対数が計算できます。

```
# 底が2である対数の計算
np.log2(4)
```

```
2.0
```

ここでDataFrameのすべての数値に対して，np.log2関数を適用してみます。apply関数を使うことで達成できます。apply関数の引数には，適用したい関数名を指定します。

```
# すべての数値の対数をとる。行と列が保持される
print(df_1.apply(np.log2))
```

```
       column1   column2
row1  0.000000  2.000000
row2  1.000000  2.321928
```

```
row3  1.584963  2.584963
```

今回は，DataFrame のすべての要素に対して同一の処理を適用しました。このような処理をブロードキャストと呼ぶことがあります。

列や行を対象として関数を適用することもできます。例えば列ごとに合計値を計算する場合は以下のようになります。axis=0 の場合は，axis の指定を省略しても同じ結果が得られます。

```
# 列ごとに合計値を計算する
df_1.apply(np.sum, axis=0)
```

```
column1     6
column2    15
dtype: int64
```

行ごとに合計値を計算する場合は以下のように axis=1 を指定します。

```
# 行ごとに合計値を計算する
df_1.apply(np.sum, axis=1)
```

```
row1   5
row2   7
row3   9
dtype: int64
```

なお，合計値を計算する場合は以下のようにしても同じ結果が得られます。

```
# 合計値を計算する場合は以下のようにしても良い
df_1.sum(axis=1)
```

```
row1   5
row2   7
row3   9
dtype: int64
```

DataFrame に対して直接適用できる関数があれば，それを使うと簡単です。一方で apply 関数を使うと，自分で作成したオリジナルの関数を含む，さまざまな関数を自在に適用することができ，応用範囲が広がります。本書では両方のやり方を使います。

第3章 決定分析における Python の利用

テーマ

本章では，Python を決定分析に使います。numpy と pandas という２つのライブラリを使い，利得行列を作成したり，５つの決定基準による判断を下したりします。

利得行列は，多くの決定分析の入門書では天下り的に提示されます。しかし，実際に決定分析を適用する場面においては，利得行列を得る作業こそが最も困難な課題の１つになるでしょう。本章では，ごく簡単な事例ではありますが，利得行列を実際に計算で得る雰囲気をつかんでいただこうと思います。そして決定基準を実装して，最後に簡単な感度分析を行います。

概要

- **利得行列の作成**

  利得行列の作成手順 → Python による分析の準備 → 利得行列の作成

- **決定基準の実装**

  マキシマックス基準 → マキシミン基準 → ハーヴィッツの基準

  → ミニマックスリグレット基準 → ラプラスの基準

- **感度分析**

  感度分析

3.1 利得行列の作成手順

利得行列を得る統一的な方法論はありません。本章では単純な事例を使って利得行列を計算する一例を見ていきます。

第２部第１章と同じく，稼働させる機械の台数を決定するという問題を扱います。この意思決定の問題を整理します。

選択肢　　：機械の稼働台数（0台・1台・2台）
自然の状態：製品の需要量（好況・不況）

ここで，以下のパラメータを導入します。パラメータと書くとなんだか大層な感じがしますが，要するに利得行列を計算するのに必要な数値を列挙しておくということです。

- 工場の固定費用（fixed_cost）：100万円
- 機械1台の稼働コスト（run_cost）：600万円
- 製品1つの販売価格（sale_price）：0.2万円
- 機械1台で作られる製品数（machine_ability）：5000個
- 好況時の需要量（demand_boom）：10000個
- 不況時の需要量（demand_slump）：5000個

そして，下記の計算式で，選択肢別・状態別の利得を計算します。まずは製品製造数を計算します。

$$\text{製品製造数} = \texttt{machine\_ability} \times \text{機械の稼働台数} \tag{2.14}$$

続いて製品販売数を計算します。これは製品製造数と需要量の小さい方となります。作りすぎても，需要量によっては売れないわけです。需要量は，好況か不況かによって，demand_boom か demand_slump となります。

$$\text{製品販売数} = \min\left(\text{製品製造数},\ \text{需要量}\right) \tag{2.15}$$

売上金額は，製品販売数に販売価格を乗じることで得られます。

$$\text{売上金額} = \text{製品販売数} \times \texttt{sale\_price} \tag{2.16}$$

製造コストは，機械の稼働台数によって変わります。ただし，機械を1台も稼働させなくても，固定費用がかかります。

$$製造コスト = \texttt{fixed\_cost} + \texttt{run\_cost} \times 機械の稼働台数 \tag{2.17}$$

最後に，売上金額から製造コストを引いたものが利得になります。

$$利得 = 売上金額 - 製造コスト \tag{2.18}$$

上記の計算を，選択肢（機械の稼働台数）ごと，自然の状態（好況・不況）ごとに行えば，利得行列が得られます。

繰り返しになりますが，利得行列を得る統一的な方法はありません。利得を定義したうえで，利得を変化させる要因を列挙し，それを組み込んだ計算式（モデル）を作ります。このモデルに基づいて利得行列を得ます。意思決定の問題が変われば，利得の計算式も大きく変わるでしょう。また，本書の事例は極めて簡略化されていることにも注意してください。

3.2　Python による分析の準備

ライブラリの読み込みと表示の設定をします。最後の pd.set_option を実行すると，行名や列名に全角文字が使われているときの出力をきれいにしてくれます。

```
# 数値計算に使うライブラリ
import numpy as np
import pandas as pd
# DataFrame の全角文字の出力をきれいにする
pd.set_option('display.unicode.east_asian_width', True)
```

3.3　利得行列の作成

実際に Python を使って利得行列を推定します。

3.3.1　パラメータの設定

先ほど想定した通りにパラメータを設定します。

```
# 利得を計算する際のパラメータ
fixed_cost = 100                # 工場の固定費用（万円）
run_cost = 600                  # 機械 1 台の稼働コスト（万円）
sale_price = 0.2                # 製品 1 つの販売価格（万円）

machine_ability = 5000          # 機械 1 台で作られる製品数（個）
demand_boom = 10000             # 好況時の需要量（個）
demand_slump = 5000             # 不況時の需要量（個）
```

3.3.2　計算方法の確認

まずは製品の販売数を計算します。min は最小値を得る関数です。例えば min([machine_ability, demand_boom]) は「machine_ability と demand_boom のうちの小さい方の値」を返します。

```
# 出荷される製品の個数
num_product_df = pd.DataFrame({
    '0 台': [0, 0],
    '1 台': [min([machine_ability, demand_boom]),
             min([machine_ability, demand_slump])],
    '2 台': [min([machine_ability * 2, demand_boom]),
             min([machine_ability * 2, demand_slump])]
})
num_product_df.index = ['好況', '不況']
print(num_product_df)
```

```
      0台   1台    2台
好況    0  5000  10000
不況    0  5000   5000
```

0 台稼働のときには，当然ですが製造数が 0 個なので販売数も 0 個です。

1台を稼働させたときの販売数は景気によらず5000個です。2台を稼働させたときは，景気が良いと10000個売れます。しかし，景気が悪いと1台稼働のときと同じく5000個しか売れません。

販売数に製品の販売価格を乗じると，売上行列が得られます。

```
# 売上行列
sales_df = num_product_df * sale_price
print(sales_df)
```

```
      0台     1台      2台
好況  0.0  1000.0  2000.0
不況  0.0  1000.0  1000.0
```

続いて製造コストを計算します。機械の稼働台数が増えるたび，run_cost（600万円）分のコストが増加します。なお，np.repeat(target, rep) で target を rep 回繰り返した配列を作ります。

```
# 製造コスト
run_cost_df = pd.DataFrame({
    '0台': np.repeat(fixed_cost                 , 2),
    '1台': np.repeat(fixed_cost + run_cost      , 2),
    '2台': np.repeat(fixed_cost + run_cost * 2 , 2)
})
run_cost_df.index = ['好況', '不況']
print(run_cost_df)
```

```
     0台  1台   2台
好況  100  700  1300
不況  100  700  1300
```

最後に売上行列から製造コストを差し引いて利得行列を得ます。

```
# 利得行列
payoff_df = sales_df - run_cost_df
print(payoff_df)
```

```
       0台     1台     2台
好況  -100.0  300.0   700.0
不況  -100.0  300.0  -300.0
```

3.3.3 効率的な実装

今までの計算を一発で行うための関数を作ります。

```
def calc_payoff_table(fixed_cost, run_cost, sale_price,
                      machine_ability, demand_boom, demand_slump):
    # 出荷される製品の個数
    num_product_df = pd.DataFrame({
        '0台': [0,0],
        '1台': [min([machine_ability, demand_boom]),
               min([machine_ability, demand_slump])],
        '2台': [min([machine_ability * 2, demand_boom]),
               min([machine_ability * 2, demand_slump])]
    })
    # 売上行列
    sales_df = num_product_df * sale_price
    # 製造コスト
    run_cost_df = pd.DataFrame({
        '0台': np.repeat(fixed_cost                 , 2),
        '1台': np.repeat(fixed_cost + run_cost      , 2),
        '2台': np.repeat(fixed_cost + run_cost * 2 , 2)
    })
    # 利得行列
    payoff_df = sales_df - run_cost_df
    payoff_df.index = ['好況', '不況']
    # 結果を返す
    return(payoff_df)
```

上記の関数を使えば，利得行列を簡単に得ることができます。

```
# 利得行列の計算
payoff = calc_payoff_table(fixed_cost=100, run_cost=600, sale_price=0.2,
                           machine_ability=5000, demand_boom=10000,
                           demand_slump=5000)
print(payoff)

         0台     1台     2台
好況  -100.0  300.0   700.0
不況  -100.0  300.0  -300.0
```

3.4　マキシマックス基準

ここからは決定基準を実装します。マキシマックス基準から解説します。

3.4.1　計算方法の確認

マキシマックス基準による決定を行うために，まずは選択肢ごとの最大利得を得ます。

```
# 選択肢ごとの最大利得
payoff.max()
```

```
0台   -100.0
1台    300.0
2台    700.0
dtype: float64
```

最大利得を最大にするのがマキシマックスです。「最大利得の最大値」は以下のようにして 700 万円であることがわかります。

```
payoff.max().max()
```

```
700.0
```

後は，この最大値をとる選択肢を出力するだけです。pandas の DataFrame には idxmax() という便利な関数が用意されています。この関数は最大値が複数ある場合，最初のインデックス（選択肢）のみを返します。しかし，同じくらい好ましい選択肢が 2 つ以上ある場合は，それらを列挙したいこともあります。そこで，以下の手順を追って，最大値をとるインデックスを取得します。まずは最大値と等しい利得を持っているかどうかチェックします。イコール記号を 2 つつなげることに注意してください。

```
payoff.max() == payoff.max().max()
```

```
0台    False
1台    False
2台     True
dtype: bool
```

下記のコードを実行すると，最大値と等しい利得を持つ要素を取得できます。

```
payoff.max()[payoff.max() == payoff.max().max()]
```

```
2台    700.0
dtype: float64
```

ほしいのはインデックスだけですので，以下のようにします。

```
list(payoff.max()[payoff.max() == payoff.max().max()].index)
```

```
['2台']
```

3.4.2 効率的な実装

少々コードが長いので，最大値をとるインデックスのリストを取得する作業を，関数にまとめます。

```
# 最大値をとるインデックスを取得する。最大値が複数ある場合はすべて出力する
def argmax_list(series):
    return(list(series[series == series.max()].index))
```

今後のために，最小値をとるインデックスのリストを取得する関数も作ります。

```
# 最小値をとるインデックスを取得する。最小値が複数ある場合はすべて出力する
def argmin_list(series):
    return(list(series[series == series.min()].index))
```

argmax_list 関数を使えば，マキシマックス基準による決定は，以下のように簡単に実行できます。

```
print('Maximax:', argmax_list(payoff.max()))
```

```
Maximax: ['2台']
```

マキシマックス基準によると，2台を稼働させるという結果になりました。

3.5　マキシミン基準

マキシミン基準を実装します。ほとんどマキシマックス基準と同じように実装できます。まずは，選択肢ごとの最小利得を得ます。

```
# 選択肢ごとの最小利得
payoff.min()
```

```
0台   -100.0
1台    300.0
2台   -300.0
dtype: float64
```

最小利得を最大にするのがマキシミンです。最小利得が最大になるインデックスを argmax_list 関数で取得します。

```
print('Maximin:', argmax_list(payoff.min()))
```

```
Maximin: ['1台']
```

マキシミン基準によると，1台を稼働させるという結果になりました。

3.6　ハーヴィッツの基準

ハーヴィッツの基準を実装します。まずは，最大利得（楽観的）と最小利得（悲観的）を，楽観係数で重み付けした合計値を計算します。下記のコードでは，楽観係数αを0.6としました。

```
# alpha=0.6としたときのハーヴィッツの基準
hurwicz = payoff.max() * 0.6 + payoff.min() * (1 - 0.6)
hurwicz
```

```
0台   -100.0
1台    300.0
2台    300.0
dtype: float64
```

上記の値が最大となるインデックスを argmax_list 関数で取得します。

```
argmax_list(hurwicz)
```

```
['1台', '2台']
```

楽観係数を0.6としたハーヴィッツの基準によると，1台稼働と2台稼働が同等に好ましいという結果になりました。

上記の計算を関数にまとめます。

```
# ハーヴィッツの基準による決定を行う関数
def hurwicz(payoff_table, alpha):
    hurwicz = payoff_table.max() * alpha + payoff_table.min() * (1 - alpha)
    return(argmax_list(hurwicz))
```

この関数を使うことで，利得行列と楽観係数を指定すると，即座に結果が出力されます。

```
print('Hurwicz:', hurwicz(payoff, 0.6))
```

```
Hurwicz: ['1台', '2台']
```

楽観係数を0.7に変更した結果を確認します。

```
print('Hurwicz:', hurwicz(payoff, 0.7))
```

```
Hurwicz: ['2台']
```

楽観係数が大きくなると「きっと景気が良くなるだろうな」と自然の状態を楽観視します。このため2台稼働させるという決定になります。

逆に楽観係数を0.6よりも低くする（例えば0.5にする）と，景気の先行きに対して悲観的になるので，1台稼働が選ばれます。

```
print('Hurwicz:', hurwicz(payoff, 0.5))
```

```
Hurwicz: ['1台']
```

ハーヴィッツの基準による決定が，主観によって大きく変わることがわかります。

3.7　ミニマックスリグレット基準

ミニマックスリグレット基準を実装します。この基準は「自然の状態ごとに見た最大利得と比較した差額（機会損失）」を最小とする選択肢を採用します。

まずは「自然の状態ごとに見た最大利得」を得ます。なお [payoff.max(axis=1)] * 2 などとすると，Series を 2 つに複製できます。payoff.shape[1] は利得行列の列数です。pd.concat は DataFrame を結合する関数です。

```
# 自然の状態ごとに見た最大利得
best_df = pd.concat([payoff.max(axis=1)] * payoff.shape[1], axis=1)
best_df.columns = payoff.columns
print(best_df)
```

```
        0台     1台     2台
好況  700.0  700.0  700.0
不況  300.0  300.0  300.0
```

好況のときには 700 万円が，不況のときには 300 万円が最大利得となります。

続いてリグレットを計算します。自然の状態ごとに見た最大利得から実際の利得を差し引いたものがリグレット，すなわち機会損失となります。

```
# リグレット
regret_df = best_df - payoff
print(regret_df)
```

```
        0台     1台     2台
好況  800.0  400.0    0.0
不況  400.0    0.0  600.0
```

リグレットの最大値を取得します。

```
# 各々の選択肢におけるリグレットの最大値
regret_df.max()
```

```
0台    800.0
1台    400.0
2台    600.0
dtype: float64
```

「リグレットの最大値」が最小になるような選択肢を採択するのがミニマックスリグレット基準です。

```
argmin_list(regret_df.max())
```

```
['1台']
```

ミニマックスリグレット基準によると，1台を稼働させるという結果になりました。

上記の計算を関数にまとめます。

```
# ミニマックスリグレット基準による決定を行う関数
def minimax_regret(payoff_table):
    best_df = pd.concat(
        [payoff_table.max(axis=1)] * payoff_table.shape[1], axis=1)
    best_df.columns = payoff_table.columns
    regret_df = best_df - payoff_table
    return(argmin_list(regret_df.max()))
```

この関数を使うと，利得行列を指定するだけで決定結果が出力されます。

```
print('Minimax regret:', minimax_regret(payoff))
```

```
Minimax regret: ['1台']
```

3.8 ラプラスの基準

ラプラスの基準を実装します。まずは，選択肢ごとの平均利得を得ます。

```
# 選択肢ごとの平均利得
payoff.mean()
```

```
0台    -100.0
1台     300.0
2台     200.0
dtype: float64
```

平均利得が最大になるインデックスを argmax_list 関数で取得します。

```
print('Laplace:', argmax_list(payoff.mean()))
```

```
Laplace: ['1台']
```

ラプラスの基準によると，1台を稼働させるという結果になりました。

3.9 感度分析

利得行列は，天から降ってくるものではありません。利得行列を計算するのは手間がかかりますし，推定に誤差が含まれることもあります。利得行列を計算する前提となった数値が少し変わるだけで，意思決定の結果が大きく変わるようならば，決定基準から得られた結果を採用するのは慎重になるべきかもしれません。

感度分析は，「モデルの前提となった数値の変化が，意思決定の結果にどれほど影響を与えるか」を調べる作業です。今回は，ミニマックスリグレット基準を使って決定する際，機械1台の稼働コスト（run_cost）の推定誤差がもたらす影響を確認します。

機械の稼働コストを25万円増減させたときの結果を確認します。機械1台の稼働コスト（600万円）を25万円増やしたときの利得行列は以下で計算できます。

```
# 機械 1 台の稼働コストを増やした
payoff_2 = calc_payoff_table(fixed_cost=100, run_cost=625, sale_price=0.2,
                             machine_ability=5000, demand_boom=10000,
                             demand_slump=5000)
print(payoff_2)
```

```
        0台     1台     2台
好況 -100.0   275.0   650.0
不況 -100.0   275.0  -350.0
```

逆に機械 1 台の稼働コスト（600 万円）を 25 万円減らしたときの利得行列を計算してみます。

```
# 機械 1 台の稼働コストを減らした
payoff_3 = calc_payoff_table(fixed_cost=100, run_cost=575, sale_price=0.2,
                             machine_ability=5000, demand_boom=10000,
                             demand_slump=5000)
print(payoff_3)
```

```
        0台     1台     2台
好況 -100.0   325.0   750.0
不況 -100.0   325.0  -250.0
```

稼働コストを 25 万円増やしたときの選択の結果です。ミニマックスリグレット基準は「1 台稼働」という結果であり，変化はありませんでした。

```
print('Minimax regret:', minimax_regret(payoff_2))
```

```
Minimax regret: ['1台']
```

稼働コストを 25 万円減らしたときも，ミニマックスリグレット基準の結果には変化がありませんでした。25 万円ほどのずれならば，選択に影響は及ぼさないということです。

```
print('Minimax regret:', minimax_regret(payoff_3))
```

```
Minimax regret: ['1台']
```

最後に，機械 1 台の稼働コストを 100 万円減らしました。

```
# 機械 1 台の稼働コストをさらに減らした
```

```
payoff_4 = calc_payoff_table(fixed_cost=100, run_cost=500, sale_price=0.2,
                             machine_ability=5000, demand_boom=10000,
                             demand_slump=5000)
print(payoff_4)
```

```
        0台     1台     2台
好況 -100.0   400.0   900.0
不況 -100.0   400.0  -100.0
```


このときは，ミニマックスリグレット基準による選択を見ると，1台稼働と2台稼働が同じくらい好ましいという結果になります。100万円以上の推定誤差があると，意思決定の結果が変わる可能性があるようです。

```
print('Minimax regret:', minimax_regret(payoff_4))
```

```
Minimax regret: ['1台', '2台']
```

第4章 期待値に基づく意思決定

テーマ

本章から，確率を使った意思決定に移ります。利得の期待値に基づく意思決定の方法を解説します。本章でも，第 2 部第 1 章から続く，工場での機械稼働台数の決定問題を対象とします。

まずは期待値について解説したうえで，期待値に基づく意思決定を実行します。そして，デシジョン・ツリーという，意思決定問題を可視化するツールを紹介し，このツールを活用する展開型分析と呼ばれる決定分析の技法を導入します。

概要

- **期待金額に基づく意思決定**

  Python による分析の準備 → 意思決定問題の構成要素 → 期待値
  → 期待金額に基づく意思決定 → 期待値のシミュレーション
  → 期待金額に基づく意思決定の問題点

- **展開型分析**

  決定木 → 展開型分析

4.1 Python による分析の準備

本章では，数式と Python を併用します。まずはその準備としてライブラリの読み込みなどを行います。

```
# 数値計算に使うライブラリ
import numpy as np
```

```
import pandas as pd
# DataFrame の全角文字の出力をきれいにする
pd.set_option('display.unicode.east_asian_width', True)
```

4.2 意思決定問題の構成要素

不確実性の測度はいくつか知られていますが，本書では確率を使います。本章では，不確実性を確率で表現して，確率を使った意思決定を行う，その手続きを解説します。

自然の状態の確率分布 $P(\theta)$ がわかっている場合の意思決定問題を**リスク下の意思決定問題**と呼びます。意思決定の要素を整理すると下記のようになります。ただし A は選択肢の集合，Θ は自然の状態の集合，c は選択肢と自然の状態が定まった場合の利得です。

$$D = \{A, \Theta, c, P(\theta)\} \tag{2.19}$$

本章において，A, Θ は有限集合であり，その要素の個数を各々 $\#A, \#\Theta$ とします。また利得は金額で表されるものとします。

4.3 期待値

本章では利得の期待値に基づく意思決定を解説します。まずは期待値の解説をします。確率的にランダムに変化する値を**確率変数**や**乱数**と呼びます。本書では，両者を同じ意味で使います。確率変数の具体的な値を**実現値**と呼びます。本書では，確率変数と実現値を，式の上では区別しません。離散型の確率変数 x の期待値 $E(x)$ は以下のように計算できます。ただし $i = 1, 2, \ldots, m$ です。また, $P(x = x_i)$ は $x = x_i$ となる確率です。今後は，単に $P(x_i)$ と書くこともあります。

$$E(x) = \sum_{i=1}^{m} P(x = x_i) \cdot x_i \tag{2.20}$$

なお，確率変数と確率との対応を**確率分布**と呼びます。本書では，確率と確率分布をともに P と表記します。確率変数 x が確率分布 $P(x)$ に従うことを$x \sim P(x)$と記します。

4.4 期待金額に基づく意思決定

期待金額を最大にするという原理に基づく意思決定を行います。

4.4.1 数式による表現

自然の状態の確率分布$P(\theta)$が与えられている下で，何らかの選択a_jを行ったときの期待金額$EMV(a_j|P(\theta))$は以下のように計算できます。

$$EMV(a_j|P(\theta)) = \sum_{i=1}^{\#\Theta} P(\theta_i) \cdot c(a_j, \theta_i) \tag{2.21}$$

なお，EMVはExpected Monetary Valueの略で，金額の期待値という意味です。単に$EMV(a_j)$と書いた方が簡単なのですが，後ほど情報が与えられた下での意思決定を行うので，区別するためにこのような表記にしています。

$EMV(a_j|P(\theta))$を最大にする選択肢をa^*と表記することにします。

$$a^* = \underset{a_j}{\mathrm{argmax}}\, EMV(a_j|P(\theta)) \tag{2.22}$$

記号a^*を使うと，利得行列と自然の状態の確率分布が与えられた下での最大の期待金額は$EMV(a^*|P(\theta))$となります。

$$\begin{aligned} EMV(a^*|P(\theta)) &= \max_{a_j} EMV(a_j|P(\theta)) \\ &= \sum_{i=1}^{\#\Theta} P(\theta_i) \cdot c(a^*, \theta_i) \end{aligned} \tag{2.23}$$

4.4.2 数値例

数値例を見ます。意思決定の問題は第 2 部第 1 章と同じです。利得行列を再掲します。利得行列の行名が自然の状態であり，列名が選択肢です。

表 2.1.2（再掲）　利得行列の例

	0 台稼働 a_1	1 台稼働 a_2	2 台稼働 a_3
好況 θ_1	$c(a_1, \theta_1) = -100$	$c(a_2, \theta_1) = 300$	$c(a_3, \theta_1) = 700$
不況 θ_2	$c(a_1, \theta_2) = -100$	$c(a_2, \theta_2) = 300$	$c(a_3, \theta_2) = -300$

仮に，好況になる確率が 0.4 で，不況になる確率が 0.6 だったとします。すなわち $P(\theta_1) = 0.4$ であり $P(\theta_2) = 0.6$ です。

選択肢ごとに期待金額を計算します。「0 台稼働 a_1」を選んだときの期待金額は以下のように計算されます。

$$
\begin{aligned}
EMV(a_1|P(\theta)) &= \sum_{i=1}^{2} P(\theta_i) \cdot c(a_1, \theta_i) \\
&= P(\theta_1) \cdot c(a_1, \theta_1) + P(\theta_2) \cdot c(a_1, \theta_2) \\
&= 0.4 \cdot (-100) + 0.6 \cdot (-100) \\
&= -100
\end{aligned} \tag{2.24}
$$

「1 台稼働 a_2」を選んだときの期待金額は以下のように計算されます。

$$
\begin{aligned}
EMV(a_2|P(\theta)) &= P(\theta_1) \cdot c(a_2, \theta_1) + P(\theta_2) \cdot c(a_2, \theta_2) \\
&= 0.4 \cdot 300 + 0.6 \cdot 300 \\
&= 300
\end{aligned} \tag{2.25}
$$

「2 台稼働 a_3」を選んだときの期待金額は以下のように計算されます。

$$
\begin{aligned}
EMV(a_3|P(\theta)) &= P(\theta_1) \cdot c(a_3, \theta_1) + P(\theta_2) \cdot c(a_3, \theta_2) \\
&= 0.4 \cdot 700 + 0.6 \cdot (-300) \\
&= 100
\end{aligned} \tag{2.26}
$$

期待金額が最も大きくなるのは「1 台稼働a_2」です。すなわち$a^* = a_2$であり，$EMV\left(a^* | P\left(\theta\right)\right) = 300$です。

4.4.3 Python 実装：計算方法の確認

期待金額を最大にする選択肢を Python で求めます。まずは利得行列を作ります。

```
payoff = pd.DataFrame({
    '0台': [-100, -100],
    '1台': [300, 300],
    '2台': [700, -300]
})
payoff.index = ['好況', '不況']
print(payoff)
```

```
      0台   1台   2台
好況  -100  300   700
不況  -100  300  -300
```

好況となる確率を 0.4，不況となる確率を 0.6 とします。

```
# 好況と不況の確率
prob_state = pd.Series([0.4, 0.6])
prob_state.index = ['好況', '不況']
prob_state
```

```
好況    0.4
不況    0.6
dtype: float64
```

利得と確率をかけあわせます。

```
# 利得×確率
print(payoff.mul(prob_state, axis=0))
```

```
        0台    1台    2台
好況  -40.0  120.0  280.0
不況  -60.0  180.0 -180.0
```

上記の結果に対して，選択肢ごとの合計値をとることで，選択肢ごとの期待金額が計算できます。

```
# 各々の行動をとったときの期待値
emv = payoff.mul(prob_state, axis=0).sum()
emv
```

```
0台   -100.0
1台    300.0
2台    100.0
dtype: float64
```

第２部第３章と同様に，最大値をとるインデックスを取得する関数を作ります。

```
# 最大値をとるインデックスを取得する。最大値が複数ある場合はすべて出力する
def argmax_list(series):
    return(list(series[series == series.max()].index))
```

argmax_list 関数を使うと，期待値が最大になる選択肢は「1台稼働」であることがわかります。

```
# 期待値が最大となる行動
argmax_list(emv)
```

```
['1台']
```

4.4.4　Python 実装：効率的な実装

最後に，上記の計算を関数にまとめます。

```
# 期待金額最大化に基づく意思決定を行う関数
def max_emv(probs, payoff_table):
    emv = payoff_table.mul(probs, axis=0).sum()
    max_emv = emv.max()
    a_star = argmax_list(emv)
    return(pd.Series([a_star, max_emv], index=['選択肢', '期待金額']))
```

max_emv 関数を使うと，期待金額を最大にする選択肢と，そのときの期待

金額があわせて出力されます。

```
max_emv(prob_state, payoff)
```

```
選択肢        [1台]
期待金額        300
dtype: object
```

4.5 期待値のシミュレーション

例えば「2台稼働a_3」を選び, 期待金額が100万円になったとしましょう。この100万円はどのような意味を持つでしょうか。Pythonによるシミュレーションを通して期待値のイメージをつかんでいただきます。

4.5.1 Pythonによる乱数生成

確率0.4で「700」が，確率0.6で「−300」が出る乱数10個を，2回続けて生成してみます。

```
# 確率0.4で「700」が，確率0.6で「-300」が出る
print(np.random.choice([700, -300], size=10, p=[0.4, 0.6]))
print(np.random.choice([700, -300], size=10, p=[0.4, 0.6]))
```

```
[-300  700 -300 -300 -300  700  700 -300  700  700]
[-300 -300  700 -300  700 -300 -300 -300 -300  700]
```

numpyのrandom.choice関数を使いました。1つ目の引数には「700」と「−300」が入ったlistを入れます。size=10とすることで乱数を10個生成します。p=[0.4, 0.6]とすることで，listの各要素が得られる確率を指定します。

結果を見ると「−300」の方がやや多く出現していることがわかります。乱数は実行するたびに結果が変わります。2回の結果を比較すると，異なっていることがわかります。

乱数の結果を固定するために，乱数の種を指定します。np.random.seed関数を使います。この関数を実行することで，得られる乱数の値が固定されます。下記の結果を見ると，2回連続でまったく同じ並びで「700」と「−300」

が得られているのがわかります。本書の結果を，読者の方がご自身のパソコンで再現しやすくするために設定しておきました。

```
# 乱数の種を指定する
np.random.seed(1)
print(np.random.choice([700, -300], size=10, p=[0.4, 0.6]))
np.random.seed(1)
print(np.random.choice([700, -300], size=10, p=[0.4, 0.6]))
```

```
[-300 -300  700  700  700  700  700  700  700 -300]
[-300 -300  700  700  700  700  700  700  700 -300]
```

4.5.2 期待値のシミュレーション

ここからが本番です。少し多めに 500 万個の乱数を生成します。

```
# 500 万個の乱数の生成
np.random.seed(1)
simulation = np.random.choice([700, -300], size=5000000, p=[0.4, 0.6])
```

500 万個の乱数の平均値と，確率から計算された期待値は，ほぼ同じ値になります。なお，round(1) として小数点以下第 1 位で丸めています。

```
# 期待値と平均値
print('期待値：', np.sum(np.array([700, -300]) * np.array([0.4, 0.6])))
print('平均値：', simulation.mean().round(1))
```

```
期待値： 100.0
平均値： 100.0
```

同じ確率分布に従って何度も何度も結果が得られるとした場合，その結果の平均値が期待値とほぼ等しくなっているわけです。

期待値を使って意思決定を行う方法論はしばしば利用されますが，期待値のイメージはしっかりとつかんでおく必要があります。リスク下の意思決定問題においては，期待値は「次の 1 回に何が起こるかを見ている」というよりかはむしろ「何度も何度も同じ意思決定の問題に直面すると想定して，その平均的な挙動を見ている」ことに注意が必要です。

4.6　期待金額に基づく意思決定の問題点

期待金額に基づく意思決定を行う人を**期待金額者**と呼びます。意思決定者に期待金額者を仮定することはしばしば行われます。しかし，これはあくまでも仮定であることに注意してください。

例えば，以下の2つの選択肢では，どちらの方が好ましいと感じるでしょうか。

- 50%の確率で10万円もらえるが，50%の確率でまったくお金がもらえないという賭けに参加する→期待金額は5万円
- 確実に（確率1で）5万円もらう→期待金額は5万円

生粋の期待金額者であれば，上記の2つの選択肢は，まったく同じくらい好ましいことになります。

しかし，人によってはそのように考えないこともあるでしょう。例えば私ならば，確実に5万円もらえる方がうれしいのでこちらを積極的に採用したいです。もちろん逆に，「より多くの金額がもらえるチャンスがある」という理由で積極的に賭けに参加する人もいるでしょう。

どちらでも構わないのですが，ここでは選択肢に優劣をつけたいと感じる人がいるという事実が重要です。すなわち，すべての意思決定者を生粋の期待金額者だとみなすことには無理があるということです。

この問題に関しては，第4部で再度取り上げます。この問題が意思決定の結果に変化をもたらすこともあります。逆に，期待金額者として近似しても，結果に大差ないこともあります。本書では，第3部までは意思決定者を期待金額者だと仮定して議論を進めていきます。

4.7　決定木（デシジョン・ツリー）

結果の査定と確率の査定を両方とも行う場合，意思決定に考慮する要素が増えます。本章の事例は簡単でしたが，問題が複雑になると，考慮すべき事項が膨大になります。多くの事項を整理して提示する技術を知っておくと便

利です。ここで紹介する**決定木（デシジョン・ツリー：decision tree）**は，意思決定の過程を可視化するために使われます。

memo

機械学習で用いられるCARTなどのアルゴリズムは登場しないので注意してください。ここでは状況を可視化するという目的のみで使われます。

機械の稼働台数を決める問題における決定木は，図2.4.1のようになります。左側の決定木が一般的なもので，右側の決定木には今回の決定問題にあわせて数値を書き入れています。

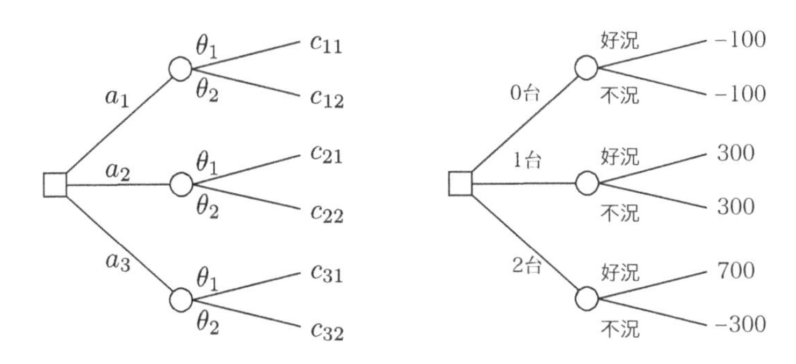

図2.4.1　決定木の例

決定木は節（node）と枝（branch）からなります。節は，植物における茎や葉が出てくるところを指します。

四角印（□）は**決定ノード**と呼ばれ，丸印（○）は**チャンスノード**と呼ばれます。決定ノードは選択肢が分岐する箇所です。チャンスノードは自然の状態が分岐する箇所です。節（ノード）から伸びる枝の終点が，最終的に得られる利得です。図2.4.1は利得行列を図式化したものだと言えます。

図2.4.2は，チャンスノードに付与される確率と，チャンスノードごとに

利得の期待値を書き入れたものです。今回の事例では金額の期待値が使われましたが，もちろん金額以外の利得を書き入れても構いません。

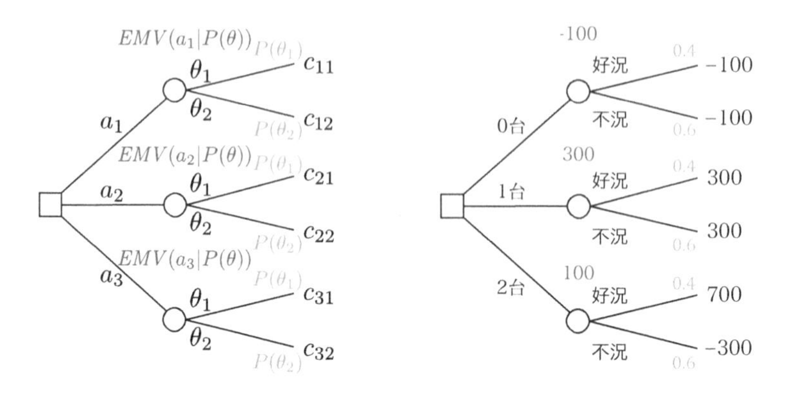

図 2.4.2　期待値を書き入れた決定木の例

4.8　展開型分析

意思決定分析の手順の1つが**展開型分析**です。展開型分析は以下の4つの段階からなります（Raiffa(1972) を改変）

Step1：決定木の形（節と枝）を作る

Step2：枝の末尾に利得（金額以外でも可）を書き入れる

Step3：チャンスノードに確率を書き入れる

Step4：利得の期待値に基づいて意思決定を行う

計算の処理的には以下のようになります。本書ではしばしば決定木を省略します。

Step1：選択肢ごと自然の状態ごとに利得を整理する

Step2：自然の状態に対して確率を割り振る

Step3：利得の期待値に基づいて意思決定を行う

本書の第2部では展開型分析を中心とした決定分析を進めていきます。

第5章 情報の量

テーマ

本章では，情報の取り扱いを解説します。そのうえで，情報の量を定義します。情報量の定義を学ぶことで，不確実性の取り扱いを理解していただくのが大きな目的です。情報を活用した意思決定については次章で解説します。

本章はシャノンの情報理論を基礎とした情報量の解説となります。これは情報という言葉の持つ一面にすぎないことに注意してください。ここの解説は平田 (2003) と甘利 (2011) などを参考にしています。

概要

- **情報の基本**

  Python による分析の準備
  → 情報とは → 情報量のイメージ → 自己情報量

- **エントロピーと情報量**

  平均情報量と情報エントロピー → 情報エントロピーの性質

- **予測の持つ情報量**

  情報としての予測 → 同時分布・周辺分布・条件付き分布
  → 条件付きエントロピー → 相互情報量 → Python による計算
  → 相互情報量の計算例 → 相対エントロピー
  → 相対エントロピーの性質 → 相対エントロピーと相互情報量の関係

5.1 Python による分析の準備

本章では，数式と Python を併用します。まずはその準備としてライブラリの読み込みなどを行います。

```
# 数値計算に使うライブラリ
import numpy as np
import pandas as pd
# DataFrameの全角文字の出力をきれいにする
pd.set_option('display.unicode.east_asian_width', True)
# 本文の数値とあわせるために，小数点以下3桁で丸める
pd.set_option('display.precision', 3)
```

5.2　情報とは

厳密な定義ではありませんが，何かを教えてくれるものを広く**情報**と呼べるかと思います。本書では市川 (1983) に従って，自然の状態についての記述を情報と呼び，情報を発するものを**情報源**と呼ぶことにします。

例えば天気予報で「東京都では，今日の午後から雨になるでしょう」という情報が発せられた場合は，天気予報が情報源です。あるいは実際に東京都で雨が降ったことが観測されたというニュースがあった場合は，この報告が情報であり，ニュースが情報源です。

5.3　情報量のイメージ

本章では情報の量を定義したうえで，これを計算する方法を解説します。最初から数式を使った解説だととっつきにくいかもしれません。ここでは日本語で簡単なイメージをつかんでいただきます。

情報量は，不確実性の減少量として定義できます。ただし，この定義では，情報量という未定義の言葉を，不確実性というまた別の未定義の言葉で説明しているので，イメージがつかみにくいかと思います。

情報量のイメージよりも「情報量がない発言」のイメージの方がつきやすいように感じます。「情報量がない発言」の例をいくつか挙げます。

■詐欺事件の犯人を捜す「迷」探偵の発言

犯人は0歳から150歳までの年齢で，日本国内あるいは日本国外に居住している。

■情報量のない天気予報

明日の天気は，雨が降る，もしくは，雨が降らないかのどちらかになる。

■サイコロ投げの結果を聞いたときの返答
サイコロの目は1，2，3，4，5，6のどれかでした。

情報量がない発言は「当たり前」の内容を発言しています。150歳を超える人は2020年現在一人もいません。「0歳から150歳までの年齢で，日本国内あるいは日本国外に居住している人」は全人類が対象となっています。全人類の誰かが犯人であるという当たり前のことを言われても，その発言に情報量はありません。知らないことや当たり前ではないことを教えてもらったときに，その発言は情報量を持ちます。

5.4　自己情報量

自己情報量の定義を導入します。

5.4.1　情報量と確率

情報量について説明する際にしばしば言われるのは「珍しいことが起こったことが知らされると情報量が多い」ということです。珍しいというのは「発生する確率が低いこと」と言えます。逆に言えば「発生する確率がとても高い『当たり前』のこと」を聞いても情報量は少ないわけです。

全人類が対象だったとします。このときに，ある人が「0歳から150歳までの年齢で，日本国内あるいは日本国外に居住している人」である確率はほぼ1です。よってこの発言は情報量がありません。

他の事例も同様です。「雨が降る，もしくは，雨が降らない」以外の天気は存在しません。確率1で生じる内容について教えてもらっても，うれしくありませんね。

サイコロの目は1，2，3，4，5，6のどれかです。このどれかが出てくる確率は1です。よって「サイコロの目は1，2，3，4，5，6のどれかでした」という発言に情報量はありません。

一方で「偶数の目が出た」といった記述には情報量があります。サイコロで偶数の目が出る確率は0.5です。やや珍しいことが起こったわけです。

以上の議論をまとめると，情報量の持つ性質として，確率の減少関数であることが想定されます。これを数式で表現します。ただし，事象xが起こったことを知らされたときの情報量を$i(x)$とします。また事象xが起こる確率を$P(x)$とします。

$$i(x) = i(P(x)) \tag{2.27}$$

このとき$i(P(x))$は$P(x)$の減少関数となります。すなわち$P(x)$が増加すると$i(P(x))$が小さくなります（起こる確率が高いものほど，それを教えてもらっても情報量が少ない）。

5.4.2　情報量の加法性

続いて**情報量の加法性**に注目します。情報をまとめて教えられた場合と，独立な情報を小出しにして教えられた場合で，情報の総量は変わらないはずです。なお，独立という用語は後ほど定義を解説します。平たく言えば「関係のない事象」くらいの意味です。例えば「偶数の目が出る」と「3の倍数の目が出る」は互いに独立です。一方で「偶数の目が出る」と「6の目が出る」は独立ではありません（6の目は確実に偶数なので）。

例えば「サイコロで6の目が出た」と教えてもらったとします。このときの情報量は「偶数の目が出た」という発言の情報量と「3の倍数の目が出た」という発言の情報量の合計値になるはずです（偶数かつ3の倍数の目は6しかありませんので，この2つの情報で目を1つに絞ることができます）。

数式で表現すると以下のようになります。

$$i\left(6\text{ の目}\right) = i\left(\text{偶数の目}\right) + i\left(3\text{ の倍数の目}\right) \tag{2.28}$$

ここで，情報量が事象の確率の関数であることを思い出すと，以下のようになります。ただし6の目が出る確率は1/6であり，偶数の目が出る確率は1/2であり，3の倍数の目が出る確率は1/3です。

$$i\left(\frac{1}{6}\right)=i\left(\frac{1}{2}\right)+i\left(\frac{1}{3}\right) \tag{2.29}$$

一般的には以下のようになります。ただし x と y は互いに独立な事象です。

$$i\left(P\left(x\right)\cdot P\left(y\right)\right)=i\left(P\left(x\right)\right)+i\left(P\left(y\right)\right) \tag{2.30}$$

5.4.3　自己情報量の定義

情報量が満たしていてほしい性質を整理します。

- 情報量は確率の減少関数である
- 情報量は加法性を満たす

上記 2 つの性質を持ち，それでいて微分可能であるという条件をつけると，「確率 $P\left(x\right)$ で現れる事象 x が発生したことを教えてもらったとき」の**自己情報量**は以下のように定義できます。

$$i\left(x\right)=-\log_b P\left(x\right) \tag{2.31}$$

ただし b は対数の底です。対数の底が 2 であるときの情報量の単位を bit（ビット）と呼びます。なお，対数が自然対数であるときは，情報量の単位を nat（ナット）と呼び，対数の底が 10 であるときは decit（デシット）と呼びます。本書では，対数の底には，断りがない限り 2 を使います。

サイコロの例を使って自己情報量を計算します。

「6 の目が出た」とわかったときの情報量は，$-\log_2\left(1/6\right)\approx 2.58$ です。なお「≈」はほぼ等しいという意味です。

「偶数の目が出た」とわかったときの情報量は $-\log_2\left(1/2\right)=1$ です。

「3 の倍数の目が出た」とわかったときの情報量は，$-\log_2\left(1/3\right)\approx 1.58$ です。$-\log_2\left(1/6\right)=-\log_2\left(1/2\right)-\log_2\left(1/3\right)$ であることから，加法性を満たしていることがわかります。

5.4.4　Python 実装：関数の作成

自己情報量をPythonで計算します。自己情報量を計算する関数 self_info を作ります。底が2である対数を計算するときには np.log2 関数を使います。

```
def self_info(prob):
    return(-1 * np.log2(prob))
```

5.4.5　Python 実装：自己情報量の計算例

サイコロで「6の目が出た（1/6の確率で発生する事象が起こったと教えてもらった)」ときの情報量を計算すると，およそ2.58になります。

```
i_6 = self_info(1/6)
print(f'6の目が出たとわかったときの自己情報量：{i_6:.3g}')
```

```
6の目が出たとわかったときの自己情報量：2.58
```

print 関数の中で，いわゆる **f-string** を使っています。クォーテーション（'）で囲まれた文字列の前に f とつけると，式の結果を得ることができます。{i_6:.3g} は i_6（6の目が出たときの情報量）を，有効数字3桁で丸めるという式です。中カッコで囲まれた式を使うことで，自由にフォーマットした文字列を出力できます。

出力をきれいにするために，本書では積極的にf-stringを使います。この機能はPython 3.6から追加されました。古いバージョンのPythonを使うことは（本書での勉強にかかわらず）お勧めしません。Python 3.6以上のバージョンを使ってください。

続いて，「3の倍数の目が出た」と教えてもらったときの情報量と，「偶数の目が出た」と教えてもらったときの情報量を計算します。この合計値が「6の目が出た」と教えてもらったときの情報量と等しくなることに注意してください。

```
i_3mul = self_info(1/3)
i_even = self_info(1/2)
print(f'3の倍数とわかったときの自己情報量　:{i_3mul:.3g}')
print(f'偶数であるとわかったときの自己情報量:{i_even:.3g}')
print(f'情報を小出しにされたときの合計値　　:{i_3mul + i_even:.3g}')
```

```
3の倍数とわかったときの自己情報量　:1.58
偶数であるとわかったときの自己情報量:1
情報を小出しにされたときの合計値　　:2.58
```


5.5 平均情報量と情報エントロピー

本節では，自己情報量の期待値を対象とします。なお，本節からは，意思決定の問題を意識して，自然の状態を対象として情報量を計算します。自然の状態の集合はΘとします。Θは有限集合であり，その要素の個数は$\#\Theta$です。

5.5.1 期待値の復習

第2部第4章でも解説しましたが，期待値の復習をします。期待値は「何度も何度も同じ意思決定の問題に直面すると想定して，その平均的な挙動を見ている」ものでした。

例えば「天気が晴れだとわかりました」や「景気が悪い（需要量が少ない）とわかりました」という情報が得られたときの情報は自己情報量で評価できます。一方で自己情報量の期待値を対象とすることで「何度も何度も同じ情報源から情報を取得すると想定して，その平均的な情報の量を見る」ことができるようになります。

5.5.2 平均情報量の定義

平均情報量を紹介します。これは下記のように，自己情報量の期待値をとったものです。ただし$I(\theta)$は自然の状態の平均情報量です。$i(\theta_i)$は自然の状態がθ_iだとわかったときの自己情報量です。$P(\theta_i)$は自然の状態がθ_iである確率です。

$$I(\theta) = \sum_{i=1}^{\#\Theta} P(\theta_i) \cdot i(\theta_i) \tag{2.32}$$

自己情報量の定義を代入します。対数の底は２とします。

$$I(\theta) = -\sum_{i=1}^{\#\Theta} P(\theta_i) \cdot \log_2 P(\theta_i) \tag{2.33}$$

なお確率$P(\theta_i) = 0$のときは，$0 \cdot \log_2 0 = 0$とみなします。

5.5.3　数値例

数値例を挙げます。自然の状態を景気の動向とします。θ_1が好況で，θ_2が不況です。仮に表 2.5.1 のような確率分布になっていたとします。

表 2.5.1　景気の動向に関する確率分布

自然の状態Θ	好況 θ_1	$P(\theta_1) = 0.4$
	不況 θ_2	$P(\theta_2) = 0.6$

まだ景気の動向がどうなるかわかっていなかったとします。明日，景気の動向が発表されます。この結果を確認することで得られるだろう情報量の期待値は以下のように計算されます。およそ 0.971 となります。

$$I(\theta) = -0.4 \cdot \log_2 0.4 - 0.6 \cdot \log_2 0.6 \approx 0.971 \tag{2.34}$$

「好況になりました」と教えてもらえるならば$-\log_2 0.4$の情報量が得られ，「不況になりました」と教えてもらえるならば$-\log_2 0.6$の情報量が得られます。両者の期待値をとると 0.971 となります。この情報源からは，長い目で見ると，平均して 0.971 の情報量が得られるわけです。これが平均情報量です。

5.5.4　情報エントロピー

平均情報量は**エントロピー**とも呼ばれます。本書では**情報エントロピー**と呼ぶことにします。情報エントロピーは不確実性の大きさと解釈されます。

自然の状態に対する情報エントロピーを$H(\theta)$と表記することにします。情報エントロピーは平均情報量と定義がまったく同じです。すなわち$I(\theta) = H(\theta)$です。平均情報量と，不確実性の大きさ（情報エントロピー）の定義が同じというのは，少し理解がしにくいと思います。この点について補足します。

最も直観的な解釈は「情報量とは，不確実性の減少量である」という定義に戻ることです。不確実性が最初$H(\theta)$あったとします。自然の状態が明らかになると，この不確実性が0になります。不確実性が$H(\theta)$から0になったわけですから，「不確実性の減少量 = 情報量」は$H(\theta)$そのものです。

もう1つの解釈は「不確実性が大きい状況下でもらえる情報はうれしい（情報量が多い）」というものです。例えば「来月が好況になるか不況になるか，わからない」ときに自然の状態を教えてくれると，情報量があると感じるでしょう。一方で「来月は好況になるとわかりきっている（確率1で好況になる）」ときには，情報を得ても仕方がありません。不確実性が大きいからこそ，得られる情報の量が大きいと感じられるわけですね。

5.5.5　Python 実装：計算方法の確認

情報エントロピー（平均情報量）を計算します。まずは景気の動向の確率分布を用意します。

```
# 好況と不況の確率
prob_state = pd.Series([0.4, 0.6])
prob_state.index = ['好況', '不況']
prob_state
```

```
好況    0.4
不況    0.6
dtype: float64
```

定義通りに情報エントロピーを計算します。なお，行末についた \ 記号は，改行の印です。

```
# エントロピー計算
H = prob_state[0] * self_info(prob_state[0]) + \
    prob_state[1] * self_info(prob_state[1])
print(f'{H:.3g}')
```

```
0.971
```

5.5.6 Python 実装：効率的な実装

scipy と呼ばれるライブラリが，情報エントロピーを計算する entropy 関数を提供しています。これを使います。まずは関数をインポートします。

```
from scipy.stats import entropy
```

情報エントロピーを計算します。entropy 関数の引数に，確率分布と，対数の底を指定します。定義通りに計算した結果とまったく同じです。

```
H_stats = entropy(prob_state, base=2)
print(f'{H_stats:.3g}')
```

```
0.971
```

entropy 関数の引数に指定した確率分布が，仮に $\{0.2, 0.3\}$ であり，合計値が 1 になっていなかったとします。このとき，entropy 関数は気を利かせて，確率の合計が 1 になるように標準化してからエントロピーの計算を行います。

```
# 確率の合計が 1 になっていない場合は，勝手に標準化される
H_normalize = entropy(pd.Series([0.2, 0.3]), base=2)
print(f'{H_normalize:.3g}')
```

```
0.971
```

便利ですが，誤解を招く原因にもなるので，本書ではこの機能を使いません（ただし，この機能を使うと，条件付き分布の計算を端折ってコードを短くできるときがあります。上級者向けなので本書では省略)。

5.6 情報エントロピーの性質

さまざまな確率分布に対して情報エントロピーを計算し，その特徴を見ていきます。$\{P(\theta_1) = 0, P(\theta_2) = 1\}$ という不確実性がない（確実に θ_2 が出る）分布からはじめて，$\{P(\theta_1) = 0.1, P(\theta_2) = 0.9\}$ そして $\{P(\theta_1) = 0.2, P(\theta_2) = 0.8\}$ ……と 0.1 ずつ $P(\theta_1)$ を増やしていきなが

ら，情報エントロピーを計算します。たとえば$P(\theta_1) = 0$，$P(\theta_2) = 1$のときの情報エントロピーは，$-0 \cdot \log_2 0 - 1 \cdot \log_2 1 = 0$と計算されます（$0 \cdot \log_2 0 = 0$とみなしていることに注意）。

Pythonで実装します。まずは11種類の確率分布をまとめたDataFrameを作ります。np.arange(start=0, stop=1.1, step=0.1)は「startからstep区切りの等差数列を作る。stopになったら終了」という関数です。head(3)で最初の3行だけを取得します。


```
# 11種類の確率分布を作る
prob_df = pd.DataFrame({
    'p1': np.arange(start=0, stop=1.1, step=0.1),
    'p2': 1 - np.arange(start=0, stop=1.1, step=0.1)
})
print(prob_df.head(3))
```

```
    p1   p2
0  0.0  1.0
1  0.1  0.9
2  0.2  0.8
```

最終列に，情報エントロピーの計算結果を加えます。apply(axis=1)を適用することで，行ごとに関数の演算結果を得ることができます。

```
# エントロピーの列を作る
prob_df['entropy'] = prob_df[['p1', 'p2']].apply(entropy, axis=1, base=2)
print(prob_df.head(3))
```

```
    p1   p2  entropy
0  0.0  1.0    0.000
1  0.1  0.9    0.469
2  0.2  0.8    0.722
```

prob_dfのplot関数を実行すると，折れ線グラフが描けます（図2.5.1）。

```
prob_df.plot(x='p1', y='entropy')
```

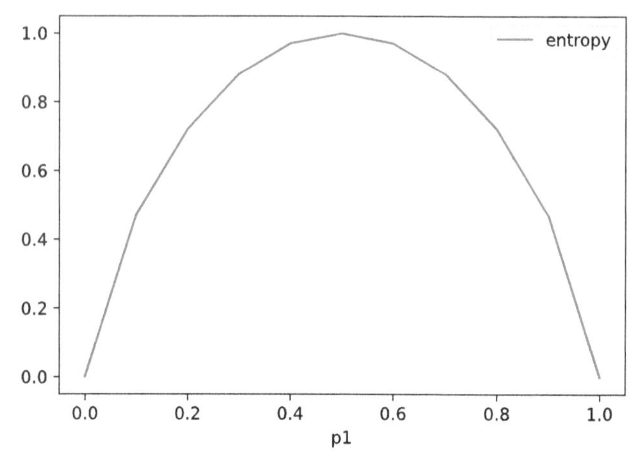

図 2.5.1　情報エントロピーの性質

図 2.5.1 を見ると，$P(\theta_1)$が 0.5 に近い（すなわち $P(\theta_2)$も 0.5 に近い）ときに，情報エントロピーが大きくなっています。θ_1になるかθ_2になるのか予想できないとき，不確実性が大きくなるわけです。

逆に$P(\theta_1)$が 1 に近いときは，「θ_1になるだろう」と予想がつくので不確実性は小さくなります。$P(\theta_1)$が 0 に近いときもやはり「θ_2になるだろう」と予想がつくので不確実性は小さくなります。

5.7　情報としての予測

今までは，自然の状態が何なのか確実に教えてくれる情報を対象としていました。しかし，実際の需要予測や天気予報などは，予測の結果と実際の状態が食い違うことがあります。

ここからは自然の状態と，自然の状態について何かを教えてくれる情報の関係性をより詳細に見ていきます。情報にはさまざまな形態がありますが，本章では予測を対象にします。もちろん，予測以外の情報源であっても同様の議論ができます。本章では需要予測を例に挙げます。以下では情報のことを予測値と記します。実際の自然の状態は，区別するために実測値と表記します。

予測値の集合はFと表記します。個別の予測値はf_kであり，$f_k \in F$です。集合Fは有限集合とし，その要素数の個数を$\#F$とします。

5.8 同時分布・周辺分布・条件付き分布

予測の持つ情報量を計算する前に，確率の表記法を整理します。まずは確率の形式的な表記を解説します。その後で数値例を見ます。

5.8.1 定義

表 2.5.2 のように，実測値と予測値の**分割表**があったとします。θ_1が好況，θ_2が不況，f_1が好況予測，f_2が不況予測とします。

表 2.5.2　自然の状態と予測値の同時分布

		予測値 F		
		好況予測 f_1	不況予測 f_2	合計
自然の状態Θ	好況 θ_1	$P(\theta_1, f_1)$	$P(\theta_1, f_2)$	$P(\theta_1)$
	不況 θ_2	$P(\theta_2, f_1)$	$P(\theta_2, f_2)$	$P(\theta_2)$
	合計	$P(f_1)$	$P(f_2)$	1

ここで$P(\theta_i, f_k)$は自然の状態がθ_iであり，かつ，予測結果がf_kである**同時確率**です。同時確率の分布を**同時分布**と呼びます。予測値と実測値が一致する確率は$P(\theta_1, f_1) + P(\theta_2, f_2)$で計算されます。これが予測の的中率です。

$P(\theta_1)$は自然の状態がθ_1である確率です。これは同時確率の和として計算できます。例えば$P(\theta_1) = P(\theta_1, f_1) + P(\theta_1, f_2)$です。同様に$P(\theta_2) = P(\theta_2, f_1) + P(\theta_2, f_2)$と計算されます。

一般には下記のようになります。同時確率における「相手」を変更しながら合計値を計算するイメージです。この計算を**周辺化**と呼びます。

$$P(\theta_i) = \sum_{k=1}^{\#F} P(\theta_i, f_k) \tag{2.35}$$

同様に，$P(f_k)$は以下のように計算されます。

$$P(f_k) = \sum_{i=1}^{\#\Theta} P(\theta_i, f_k) \tag{2.36}$$

θ_iやf_kの分布は**周辺分布**と呼びます。

予測f_1が出たという条件で，実際に自然の状態がθ_1になる確率を$P(\theta_1|f_1)$と表記します。$P(\theta_1|f_1) = P(\theta_1, f_1) \div P(f_1)$と計算されます。これを**条件付き確率**と呼びます。条件付き確率の分布を**条件付き分布**と呼びます。一般には以下のようになります。

$$P(\theta_i|f_k) = \frac{P(\theta_i, f_k)}{P(f_k)} \tag{2.37}$$

表 2.5.3　自然の状態の，予測値に対する条件付き分布 $P(\theta|f)$

		予測値 F	
		好況予測 f_1	不況予測 f_2
自然の状態Θ	好況 θ_1	$\frac{P(\theta_1, f_1)}{P(f_1)} = P(\theta_1\|f_1)$	$\frac{P(\theta_1, f_2)}{P(f_2)} = P(\theta_1\|f_2)$
	不況 θ_2	$\frac{P(\theta_2, f_1)}{P(f_1)} = P(\theta_2\|f_1)$	$\frac{P(\theta_2, f_2)}{P(f_2)} = P(\theta_2\|f_2)$
	合計	1	1

条件付き確率の定義を式変形すると以下のようになります。

$$P(\theta_i, f_k) = P(\theta_i|f_k)\,P(f_k) \tag{2.38}$$

同時確率は，「条件付き確率×条件が発生する確率」で計算できるわけです。すべてのi, kにおいて$P(\theta_i, f_k) = P(\theta_i)\,P(f_k)$と計算されるとき，$\theta$と$f$が**独立**であると言います。独立であるときには$P(\theta_i|f_k) = P(\theta_i)$になります。「予測があってもなくても，実測値の分布がまったく変わらない」ときに，予測値と実測値が独立となります。

5.8.2 数値例

数値例を見ます。表 2.5.4 のように同時分布が得られているとします。

表 2.5.4　自然の状態と予測値の同時分布 $P(\theta, f)$

		予測値 F		
		好況予測 f_1	不況予測 f_2	合計
自然の状態 Θ	好況 θ_1	$P(\theta_1, f_1) = 0.35$	$P(\theta_1, f_2) = 0.05$	$P(\theta_1) = 0.4$
	不況 θ_2	$P(\theta_2, f_1) = 0.1$	$P(\theta_2, f_2) = 0.5$	$P(\theta_2) = 0.6$
	合計	$P(f_1) = 0.45$	$P(f_2) = 0.55$	1

好況と予測して，実際に好況になる確率 $P(\theta_1, f_1)$ は 0.35 です。不況と予測して実際に不況になる確率 $P(\theta_2, f_2)$ が 0.5 です。予測の的中率は $0.35 + 0.5 = 0.85$ です。

予測を評価する際は，予測が出されたという条件の下での条件付き分布 $P(\theta|f)$ を参照することが多いです。条件付き分布を表 2.5.5 にまとめました。なお，見やすさのために少数点以下3桁で丸めています。例えば $P(\theta_1|f_1) = 0.35 \div 0.45 \approx 0.778$ です。

表 2.5.5　自然の状態の，予測値に対する条件付き分布 $P(\theta|f)$

		予測値 F	
		好況予測 f_1	不況予測 f_2
自然の状態 Θ	好況 θ_1	$P(\theta_1|f_1) = 0.778$	$P(\theta_1|f_2) = 0.091$
	不況 θ_2	$P(\theta_2|f_1) = 0.222$	$P(\theta_2|f_2) = 0.909$
	合計	1	1

条件付き分布における好況予測 f_1 の列を見ると「好況と予測されたとき，実際にはどのような景気になっているか」がわかります。およそ 78% が予測通りに好況となっており，22% は予測が外れて不況となっています。

同様に不況予測 f_2 の列を見ると「不況と予測されたとき，実際にはどのような景気になっているか」がわかります。およそ 91% が予測通りに不況となっており，9% は予測が外れて好況となっています。不況予測は好況予測よりも正確に予測ができていそうです。

$P(\theta_1|f_1) = 0.778$ と $P(\theta_1) = 0.4$ が異なるので，予測値と実測値は独立ではないことがわかります。

5.9　条件付きエントロピー

予測を出した後に，まだ残っている不確実性は，予測に対する**条件付きエントロピー**で評価します。

5.9.1　定義

条件付きエントロピー $H(\theta|f)$ は以下のように計算されます。

$$H(\theta|f) = -\sum_{i=1}^{\#\Theta}\sum_{k=1}^{\#F} P(\theta_i, f_k) \log_2 P(\theta_i|f_k) \tag{2.39}$$

定義通りの計算式はやや解釈が難しいので，式の変形をします。同時確率 $P(\theta_i, f_k)$ は $P(\theta_i|f_k)\,P(f_k)$ に分解できます。

$$H(\theta|f) = -\sum_{i=1}^{\#\Theta}\sum_{k=1}^{\#F} P(\theta_i|f_k)\,P(f_k) \log_2 P(\theta_i|f_k) \tag{2.40}$$

Σ記号の左右を入れ替えたうえで，Σの中身を分解します。

$$H(\theta|f) = -\sum_{k=1}^{\#F} P(f_k) \sum_{i=1}^{\#\Theta} P(\theta_i|f_k) \log_2 P(\theta_i|f_k) \tag{2.41}$$

条件付き分布 $P(\theta_i|f_k)$ の情報エントロピーを，$P(f_k)$ で乗じてから和をとることで，期待値を計算していると解釈できます。

5.9.2　数値例

具体的な数値を入れて確認します。以下の手順で計算します。

Step1：予測の内容ごとに，条件付き分布の情報エントロピーを計算する

Step2：上記の結果の期待値をとる

まずはStep1から進めましょう。$k=1$に固定する（好況予測が出たときだけを考える）と，以下のようになります。これが「好況予測が出た後に残った不確実性」です。

$$H(\theta|f_1) = -\sum_{i=1}^{\#\Theta} P(\theta_i|f_1)\log_2 P(\theta_i|f_1) \tag{2.42}$$

表2.5.5の数値を入れると以下のようになります。

$$H(\theta|f_1) = -0.778\cdot\log_2 0.778 - 0.222\cdot\log_2 0.222 \approx 0.764 \tag{2.43}$$

同様に，$k=2$に固定する（不況予測が出たときだけを考える）と，以下のようになります。これが「不況予測が出た後に残った不確実性」です。

$$H(\theta|f_2) = -\sum_{i=1}^{\#\Theta} P(\theta_i|f_2)\log_2 P(\theta_i|f_2) \tag{2.44}$$

表2.5.5の数値を入れると以下のようになります。

$$H(\theta|f_2) = -0.091\cdot\log_2 0.091 - 0.909\cdot\log_2 0.909 \approx 0.439 \tag{2.45}$$

不況予測の方が小さな不確実性になりました。これは表2.5.5の数値から納得できるかと思います。

最後に，各々の予測（好況予測と不況予測）が出される確率を乗じて，期待値を計算すれば完成です。$P(f_1)$と$P(f_2)$は同時分布の表（表2.5.4）の数値を使います。

$$\begin{aligned}H(\theta|f) &= P(f_1)H(\theta|f_1) + P(f_2)H(\theta|f_2)\\ &= 0.45\cdot H(\theta|f_1) + 0.55\cdot H(\theta|f_2)\\ &\approx 0.45\times 0.764 + 0.55\times 0.439\\ &\approx 0.586\end{aligned} \tag{2.46}$$

5.10 相互情報量

予測の持つ情報量を評価する指標として，相互情報量を紹介します。

5.10.1 定義

自然の状態がもともと持っていた不確実性$H(\theta)$から，予測が出された後に残っている不確実性$H(\theta|f)$を差し引いたものを**相互情報量**と呼びます。

$$I(\theta; f) = H(\theta) - H(\theta|f) \tag{2.47}$$

相互情報量は「予測を使うことで減らせた，自然の状態の不確実性」と解釈できます。不確実性の減少量を情報量と呼ぶなら，相互情報量は予測が自然の状態に対して持っている情報量だと言えるでしょう。

5.10.2 数値例

表 2.5.4 の数値を使うと，相互情報量は以下のように計算できます。

$$I(\theta; f) \approx 0.971 - 0.586 = 0.385 \tag{2.48}$$

5.10.3 同時分布による表記

相互情報量の数式を整理します。単なる式変形なので，飛ばして結果だけ確認しても大丈夫です。見やすさのためにカッコを多めに入れています。なお，以下の式変形では 5.8 節で紹介した$P(\theta_i) = \sum_{k=1}^{\#F} P(\theta_i, f_k)$の変形を使います。

$$
\begin{aligned}
I(\theta;f) &= H(\theta) - H(\theta|f) \\
&= \left[-\sum_{i=1}^{\#\Theta} P(\theta_i)\cdot\log_2 P(\theta_i)\right] - \left[-\sum_{i=1}^{\#\Theta}\sum_{k=1}^{\#F} P(\theta_i, f_k)\log_2 P(\theta_i|f_k)\right] \\
&= \left[-\sum_{i=1}^{\#\Theta} P(\theta_i)\cdot\log_2 P(\theta_i)\right] + \left[\sum_{i=1}^{\#\Theta}\sum_{k=1}^{\#F} P(\theta_i, f_k)\log_2 P(\theta_i|f_k)\right] \\
&= \left[-\sum_{i=1}^{\#\Theta}\sum_{k=1}^{\#F} P(\theta_i, f_k)\log_2 P(\theta_i)\right] + \left[\sum_{i=1}^{\#\Theta}\sum_{k=1}^{\#F} P(\theta_i, f_k)\log_2 P(\theta_i|f_k)\right] \qquad (2.49) \\
&= \sum_{i=1}^{\#\Theta}\sum_{k=1}^{\#F} P(\theta_i, f_k)\left[\left[-\log_2 P(\theta_i)\right] + \left[\log_2 P(\theta_i|f_k)\right]\right] \\
&= \sum_{i=1}^{\#\Theta}\sum_{k=1}^{\#F} P(\theta_i, f_k)\log_2 \frac{P(\theta_i|f_k)}{P(\theta_i)} \\
&= \sum_{i=1}^{\#\Theta}\sum_{k=1}^{\#F} P(\theta_i, f_k)\log_2 \frac{P(\theta_i, f_k)}{P(\theta_i)P(f_k)}
\end{aligned}
$$

1 行目：相互情報量の定義

2 行目：情報エントロピーと条件付きエントロピーの定義式を代入

3 行目：条件付きエントロピーのマイナス記号をなくした

4 行目：周辺化の公式 (2.35) を使って $P(\theta_i)$ を $P(\theta_i, f_k)$ の形にする

5 行目：両辺を $P(\theta_i, f_k)$ でくくりだして，まとめる

6 行目：対数の外側の引き算を，対数の中の割り算にする

$\log_2 x - \log_2 y = \log_2 (x/y)$ です。

7 行目：分母と分子に $P(f_k)$ をかける

条件付き確率の定義から $P(\theta_i, f_k) = P(\theta_i|f_k)P(f_k)$ です。

最終的な式を見ればわかるように $I(\theta;f) = I(f;\theta)$ となります。すなわち方向性は関係ないということです。「予測を聞くことで得られる，自然の状態に対する情報量」は「自然の状態を聞くことで得られる，予測に対する情報量」と同じになります。例えば自然の状態が不況だということがわかれば，きっと不況予測が出されていたんだろうなと推測できます。

5.11 Pythonによる相互情報量の計算

Pythonを使って相互情報量を計算します。

5.11.1 同時分布・周辺分布・条件付き分布

まずは自然の状態に対する予測値と実測値の同時分布を用意します。

```
joint_forecast_state = pd.DataFrame({
    '好況予測': [0.35, 0.1],
    '不況予測': [0.05, 0.5]
})
joint_forecast_state.index = ['好況', '不況']
print(joint_forecast_state)
```

```
      好況予測  不況予測
好況      0.35      0.05
不況      0.10      0.50
```

予測値の周辺分布を計算します。

```
marginal_forecast = joint_forecast_state.sum(axis=0)
marginal_forecast
```

```
好況予測    0.45
不況予測    0.55
dtype: float64
```

予測を100回出したならば，およそ45回が好況予測で，55回が不況予測になるようです。

続いて実測値の周辺分布を計算します。

```
marginal_state = joint_forecast_state.sum(axis=1)
marginal_state
```

```
好況    0.4
不況    0.6
dtype: float64
```

続いて，条件付き分布$P(\theta|f)$を計算します。

```
# 予測が得られた後の条件付き分布
conditional_forecast = joint_forecast_state.div(marginal_forecast, axis=1)
print(conditional_forecast)
```

```
       好況予測  不況予測
好況    0.778    0.091
不況    0.222    0.909
```


5.11.2 条件付きエントロピー

条件付きエントロピー$H(\theta|f)$を計算します。まずは好況予測が出た後と，不況予測が出た後の情報エントロピーを各々計算します。条件付き分布を対象として計算していることに注意してください。

```
# 予測結果ごとの不確実性
H_by_f = conditional_forecast.apply(entropy, axis=0, base=2)
H_by_f
```

```
好況予測    0.764
不況予測    0.439
dtype: float64
```

続いて，各々のエントロピーに対して，予測の周辺分布で乗じてから和を求めることで，期待値を計算します。これが条件付きエントロピーです。

```
# 予測が得られた後の条件付きエントロピー
H_conditional = H_by_f.mul(marginal_forecast).sum()
print(f'{H_conditional:.3g}')
```

```
0.586
```

5.11.3 相互情報量

相互情報量を計算します。まずは（予測が得られる前に）自然の状態が持つもともとの不確実性の大きさとして，自然の状態の周辺分布に対してエントロピー$H(\theta)$を計算します。

```
# 景気に対する，もともとの不確実性
H_state = entropy(marginal_state, base=2)
print(f'{H_state:.3g}')
```

```
0.971
```

もともとあった不確実性から，予測が出された後に残った不確実性（条件付きエントロピー）を差し引くと，相互情報量が得られます。

```
# 予測によって減少した不確実性
# 予測が持っている情報量
# 相互情報量
MI = H_state - H_conditional
print(f'{MI:.3g}')
```

```
0.385
```

5.12 相互情報量の計算例

さまざまな同時分布を対象として相互情報量を計算します。相互情報量のイメージをつかんでいただくのが目的です。

5.12.1 相互情報量を計算する関数の作成

同時分布を入力して，相互情報量を返す関数 `calc_mi` を作ります。

```
def calc_mi(joint_prob_df):
    marginal_forecast = joint_prob_df.sum(axis=0)
    marginal_state = joint_prob_df.sum(axis=1)
    conditional_forecast = joint_prob_df.div(marginal_forecast, axis=1)
    H_by_f = conditional_forecast.apply(entropy, axis=0, base=2)
    H_conditional = H_by_f.mul(marginal_forecast).sum()
    H_state = entropy(marginal_state, base=2)
    MI = H_state - H_conditional
    return(MI)
```

動作確認をします。

```
print(f'需要予測の相互情報量：{calc_mi(joint_forecast_state):.3g}')
```

```
需要予測の相互情報量：0.385
```

5.12.2 コイン投げ予測の相互情報量

まずは「コインを投げて表なら好況，裏なら不況と主張する」という情報の持つ相互情報量を計算します。同時分布は以下の通りです。

```
coin_result = pd.DataFrame({
    '好況予測': [0.2, 0.3],
    '不況予測': [0.2, 0.3]
})
coin_result.index = ['好況', '不況']
print(coin_result)
```

```
      好況予測  不況予測
好況      0.2      0.2
不況      0.3      0.3
```

好況予測が出されたときと，不況予測が出されたときで，条件付き分布はまったく変わりません。このような予測（予測と言えるかも疑わしい）は，当然のことながら，相互情報量が0となります。なお，相互情報量が負の値になることはありません。相互情報量が0になるのは，予測値と実測値が独立であるときだけです。

```
print(f'コイン投げの相互情報量：{calc_mi(coin_result):.3g}')
```

```
コイン投げの相互情報量：0
```

5.12.3 完全的中予測の相互情報量

続いて，絶対に的中する予測を対象として，相互情報量を計算します。このような情報を**完全情報**と呼びます。同時分布は以下の通りです。

```
perfect_forecast = pd.DataFrame({
    '好況予測': [0.4, 0],
    '不況予測': [0, 0.6]
})
perfect_forecast.index = ['好況', '不況']
print(perfect_forecast)
```

```
      好況予測  不況予測
好況      0.4      0.0
不況      0.0      0.6
```

このときの相互情報量は 0.971 となります。

```
print(f'完全情報の相互情報量：{calc_mi(perfect_forecast):.3g}')
```

```
完全情報の相互情報量：0.971
```

完全情報の持つ相互情報量は，景気が持つ，もともとの不確実性と一致します。

```
# 景気に対する，もともとの不確実性
marginal_state = perfect_forecast.sum(axis=1)
H_state = entropy(marginal_state, base=2)
print(f'自然の状態が持つ不確実性：{H_state:.3g}')
```

```
自然の状態が持つ不確実性：0.971
```

5.12.4 天邪鬼予測の相互情報量

最後に「好況と予測したら，確実に不況になる」そして「不況と予測したら，確実に好況になる」という，予測値と実測値が常に逆になるときの相互情報量を計算します。同時分布は以下の通りです。

```
perversity_forecast = pd.DataFrame({
    '好況予測': [0, 0.6],
    '不況予測': [0.4, 0]
})
perversity_forecast.index = ['好況', '不況']
print(perversity_forecast)
```

```
      好況予測  不況予測
好況       0.0       0.4
不況       0.6       0.0
```

このときの相互情報量は，完全情報の相互情報量と等しくなります。

```
print(f'常に逆を提示する情報の相互情報量：{calc_mi(perversity_forecast):.3g}')
```

```
常に逆を提示する情報の相互情報量：0.971
```

相互情報量は，予測が当たるか当たらないかという点には頓着していないことに注意してください。予測は単に，自然の状態と対応するシグナルとみなされます。

5.13 相対エントロピー

情報の量を評価する別の指標として，相対エントロピーを紹介します。

5.13.1 定義

独立の定義を復習すると，すべてのi,kにおいて$P(\theta_i|f_k)=P(\theta_i)$の状況でした。予測値と実測値が独立であるならば，予測値は自然の状態に関して情報量を持っていないと言えます。

ここで「$P(\theta_i|f_k)$と$P(\theta_i)$がよく似ていれば，情報量が小さい」ことの逆を考えて「$P(\theta_i|f_k)$と$P(\theta_i)$が大きく異なっていれば，情報量が大きい」のではないかと想像できます。そのため$P(\theta_i|f_k)$と$P(\theta_i)$の差異の大きさは，情報の量を評価する指標になりそうです。

相対エントロピーは，2つの確率分布の差異を測る指標です。**Kullback–Leiblerの情報量**（**KL情報量**）とも呼ばれます。予測値f_kが得られたときの条件付き分布$P(\theta|f_k)$と周辺分布$P(\theta)$の差異を$KL(P(\theta|f_k)||P(\theta))$とすると，KL情報量は以下のように定義されます。

$$KL(P(\theta|f_k)||P(\theta))=\sum_{i=1}^{\#\Theta}P(\theta_i|f_k)\log_2\frac{P(\theta_i|f_k)}{P(\theta_i)} \tag{2.50}$$

上記の定義だと差異を測る指標であることがわかりにくいかもしれません。対数の中の割り算は対数の外側に出すと引き算になります。以下の形にすると確率分布の差異を評価しているというイメージがつきやすいかもしれません。

$$KL(P(\theta|f_k)||P(\theta))=\sum_{i=1}^{\#\Theta}P(\theta_i|f_k)\left[\log_2 P(\theta_i|f_k)-\log_2 P(\theta_i)\right] \tag{2.51}$$

5.13.2　Python 実装：計算方法の確認

Python を用いて相対エントロピーを計算します。まずは予測値 f_k ごとに条件付き分布を取り出します。

```
# 予測値別に，条件付き分布を取得
conditional_boom = conditional_forecast['好況予測']
conditional_slump = conditional_forecast['不況予測']
```

例えば好況予測 f_1 における相対エントロピー $KL\left(P\left(\theta|f_1\right)||P\left(\theta\right)\right)$ は以下のように計算されます。

```
# 相対エントロピーの計算
conditional_boom[0] * np.log2(conditional_boom[0] / marginal_state[0]) + \
    conditional_boom[1] * np.log2(conditional_boom[1] / marginal_state[1])
```

```
0.4277319215518185
```

5.13.3　Python 実装：効率的な実装

情報エントロピーを求める際に使った entropy 関数を使うこともできます。こちらの方が簡単です。

```
KL_boom = entropy(conditional_boom, base=2, qk=marginal_state)
print(f'好況予測の相対エントロピー：{KL_boom:.3g}')
```

```
好況予測の相対エントロピー：0.428
```

同様に，不況予測の相対エントロピーを求めます。

```
KL_slump = entropy(conditional_slump, base=2, qk=marginal_state)
print(f'不況予測の相対エントロピー：{KL_slump:.3g}')
```

```
不況予測の相対エントロピー：0.351
```

apply 関数を使うと，以下のようにまとめて結果が得られます。

```
KL = conditional_forecast.apply(entropy, axis=0, base=2, qk=marginal_state)
KL
```

```
好況予測    0.428
不況予測    0.351
dtype: float64
```

5.14 相対エントロピーの性質

相対エントロピーは確率分布間の差異を測る指標ですが,「距離」とはみなせないことに注意してください。まず,対称性が満たされません。すなわち,一般的に$KL\left(P\left(\theta|f_k\right)||P\left(\theta\right)\right) \neq KL\left(P\left(\theta\right)||P\left(\theta|f_k\right)\right)$です。これは以下のようにして簡単に確認できます。

```
KL_boom_2 = entropy(marginal_state, base=2, qk=conditional_boom)
print(f'好況予測の相対エントロピー          :{KL_boom:.3g}')
print(f'好況予測の相対エントロピー(順序逆):{KL_boom_2:.3g}')
```

```
好況予測の相対エントロピー          :0.428
好況予測の相対エントロピー(順序逆):0.476
```

たとえて言うならば,まったく同じ道なのに,行きと帰りで距離が変わるようなものです。これを距離と呼ぶのには無理があります。

なお,対称性を満たすだけならば,行きと帰りを合計した値である$KL\left(P\left(\theta|f_k\right)||P\left(\theta\right)\right) + KL\left(P\left(\theta\right)||P\left(\theta|f_k\right)\right)$を使えばよいですが,こちらも三角不等式を満たしません(仁木(2009))。

相対エントロピーは,非負であることが知られています。そのため「違いの大きさ」を測るのには適した指標ですが,向きにより大きさが変わることには注意してください。

5.15 相対エントロピーと相互情報量の関係

相互情報量と相対エントロピーという2つの観点から予測の持つ情報の量について調べてきました。ここではDelSole(2004)を参考にして両者の関係を見ていきます。

予測値ごとに得られた相対エントロピーを,予測の周辺分布$P\left(f\right)$で期待値をとることで,相互情報量が得られます。以下のようにして確認できます。

$$
\begin{aligned}
&\sum_{k=1}^{\#F} P(f_k) \cdot KL(P(\theta|f_k)||P(\theta)) \\
&= \sum_{k=1}^{\#F} P(f_k) \sum_{i=1}^{\#\Theta} P(\theta_i|f_k) \log_2 \frac{P(\theta_i|f_k)}{P(\theta_i)} \\
&= \sum_{k=1}^{\#F} \sum_{i=1}^{\#\Theta} P(f_k) P(\theta_i|f_k) \log_2 \frac{P(\theta_i|f_k)}{P(\theta_i)} \\
&= \sum_{k=1}^{\#F} \sum_{i=1}^{\#\Theta} P(\theta_i, f_k) \log_2 \frac{P(\theta_i|f_k)}{P(\theta_i)} \\
&= \sum_{i=1}^{\#\Theta} \sum_{k=1}^{\#F} P(\theta_i, f_k) \log_2 \frac{P(\theta_i, f_k)}{P(\theta_i) P(f_k)}
\end{aligned}
\tag{2.52}
$$

1 行目：相対エントロピーの期待値

2 行目：相対エントロピーの定義式を代入

3 行目：$P(f_k)$の位置を移動

4 行目：条件付き確率の公式を使って$P(f_k)P(\theta_i|f_k)$を$P(\theta_i, f_k)$にする

5 行目：分母と分子に$P(f_k)$をかける。Σ記号の位置を変える

Python を使って確認します。相対エントロピーの期待値を求めます。

```
# 相対エントロピーの期待値
mean_KL = KL.mul(marginal_forecast).sum()
```

相互情報量と等しいことがわかります。

```
# 相対エントロピーの期待値は，相互情報量と等しい
print(f'相対エントロピーの期待値：{mean_KL:.3g}')
print(f'需要予測の相互情報量　　：{calc_mi(joint_forecast_state):.3g}')
```

```
相対エントロピーの期待値：0.385
需要予測の相互情報量　　：0.385
```

予測を評価する際，しばしば「予測値と実測値が等しいかどうか」が注目されます。予測の目的からして，自然な評価の方法だと思います。しかし，例えば砂漠において「明日は晴れるでしょう」と主張し続けて的中率を向上

させても，その予測が役に立つとは思えません。

情報の量に基づく予測の評価では「予測がないとき」と「予測があるとき」の差異に着目します。

相互情報量：予測がないときの不確実性と，予測があるときの不確実性の差異

相対エントロピー：予測がないときの周辺分布と，予測があるときの条件付き分布の差異

予測値が得られても「計算されただけで，何の変化ももたらさない」というのではさみしい限りですね。予測がないときと，あるときの差異に着目すると，予測の活用のイメージがつきやすいのではないかと思います。次章で解説する情報の価値においても，似たような考え方が登場します。

第 6 章

情報の価値

テーマ

本章では，情報を活用した意思決定について述べた後，情報から得られる価値を評価します。

最初に，情報が得られたという条件付き分布を使って，金額の条件付き期待値を計算します。条件付き期待値を最大にする行動を選ぶという方針で意思決定をします。

次に，情報の価値を評価します。情報を使わないときの金額の期待値と，情報を使うときの金額の期待値の差額が情報の価値です。情報の価値を求めることができれば，情報を得るために費用をかけるべきか否かを検討できます。最後に，情報が価値を生み出すシチュエーションについて若干の考察を記します。

概要

- **情報を活用した意思決定**

  Python による分析の準備 → 意思決定問題の構成要素
  → 条件付き期待金額に基づく意思決定

- **情報の価値の評価**

  情報を使わないときの期待金額 → 事後分析による情報の価値評価
  → 事前分析による情報の価値評価 → 完全情報の価値評価
  → 情報の価値の計算例 → 情報の有効性
  → 期待リグレットと不確実性の費用 → 情報の価値の定義に関する考察

- **まとめ**

  記号の整理

6.1 Pythonによる分析の準備

本章では，数式とPythonを併用します。まずはその準備としてライブラリの読み込みなどを行います。

```
# 数値計算に使うライブラリ
import numpy as np
import pandas as pd
# DataFrameの全角文字の出力をきれいにする
pd.set_option('display.unicode.east_asian_width', True)
# 本文の数値とあわせるために，小数点以下3桁で丸める
pd.set_option('display.precision', 3)
```

関数を作ります。argmax_list関数の詳細は第2部第3章を参照してください。

```
# 最大値をとるインデックスを取得する。最大値が複数ある場合はすべて出力する
def argmax_list(series):
    return(list(series[series == series.max()].index))
```

期待金額を最大にする選択肢とそのときの期待金額を出力する関数max_emvを作ります。詳細は第2部第4章を参照してください。

```
# 期待金額最大化に基づく意思決定を行う関数
def max_emv(probs, payoff_table):
    emv = payoff_table.mul(probs, axis=0).sum()
    max_emv = emv.max()
    a_star = argmax_list(emv)
    return(pd.Series([a_star, max_emv], index=['選択肢', '期待金額']))
```

6.2 意思決定問題の構成要素

今回扱う意思決定問題の構成要素を整理します。

6.2.1 情報を使った意思決定問題の一般的な表現

本章で解説する意思決定問題を構成する要素を整理すると下記のようにな

ります。ただし，Aは選択肢の集合，Θは自然の状態の集合，Fは情報の集合，cは選択肢と自然の状態が定まった場合の利得，$P(\theta, f)$は自然の状態と情報の同時分布です。なお，A, Θ, Fは有限集合であり，その要素の個数を各々$\#A, \#\Theta, \#F$とします。

$$D = \{A, \Theta, F, c, P(\theta, f)\} \tag{2.53}$$

6.2.2　今回扱う事例

今回も，第2部第1章から続く，工場での機械稼働台数の決定問題を対象とします。利得行列は表2.6.1の通りです。利得行列の行名が自然の状態であり，列名が選択肢です。

なお，第2部第1章で記したように「0台稼働」は「1台稼働」に対して優越される選択肢です。考慮する必要性が薄いので除きました。「1台稼働a_1」と「2台稼働a_2」の2つの選択肢から選ぶ問題となります。第2部第4章以前とは，選択肢の添え字が変わっているので注意してください。

表2.6.1　利得行列

	1台稼働 a_1	**2台稼働** a_2
好況 θ_1	$c(a_1, \theta_1) = 300$	$c(a_2, \theta_1) = 700$
不況 θ_2	$c(a_1, \theta_2) = 300$	$c(a_2, \theta_2) = -300$

情報と自然の状態の同時分布$P(\theta, f)$は表2.6.2の通りです。情報として需要予測が与えられていることを想定します。分布は第2部第5章と同じものを対象とします。

表2.6.2　自然の状態と予測値の同時分布 $P(\theta, f)$

		予測値 F		
		好況予測 f_1	不況予測 f_2	合計
自然の状態 Θ	好況 θ_1	$P(\theta_1, f_1) = 0.35$	$P(\theta_1, f_2) = 0.05$	$P(\theta_1) = 0.4$
	不況 θ_2	$P(\theta_2, f_1) = 0.1$	$P(\theta_2, f_2) = 0.5$	$P(\theta_2) = 0.6$
	合計	$P(f_1) = 0.45$	$P(f_2) = 0.55$	1

後ほど Python を使って計算しますが，$P(\theta_i|f_k) = P(\theta_i, f_k) \div P(f_k)$ という計算で条件付き分布が得られます。条件付き分布は表 2.6.3 の通りです。第 2 部第 5 章でも登場しましたが，解釈を復習しておきます。予測が得られたという条件付き分布は，各々の列の合計値が 1 になります。こうすることで例えば「好況予測が出されたという条件においては，そのうちの 77.8% が実際に好況になる」ことがわかります。また，好況予測が出されたときに不況になる確率はおよそ 22.2% とわかります。不況予測に関しても同様です。

表 2.6.3　自然の状態の，予測値に対する条件付き分布 $P(\theta|f)$

		予測値 F	
		好況予測 f_1	不況予測 f_2
自然の状態 Θ	好況 θ_1	$P(\theta_1|f_1) = 0.778$	$P(\theta_1|f_2) = 0.091$
	不況 θ_2	$P(\theta_2|f_1) = 0.222$	$P(\theta_2|f_2) = 0.909$
	合計	1	1

6.2.3　Python 実装：利得行列と同時分布

表 2.6.1 に対応する利得行列を実装します。

```
payoff = pd.DataFrame({
    '1 台 ': [300, 300],
    '2 台 ': [700, -300]
})
payoff.index = [' 好況 ', ' 不況 ']
print(payoff)
```

```
      1 台  2 台
好況   300   700
不況   300  -300
```

表 2.6.2 に対応する同時分布 $P(\theta, f)$ を実装します。

```
joint_forecast_state = pd.DataFrame({
    ' 好況予測 ': [0.35, 0.1],
    ' 不況予測 ': [0.05, 0.5]
})
joint_forecast_state.index = [' 好況 ', ' 不況 ']
```

```
print(joint_forecast_state)
```

```
      好況予測  不況予測
好況    0.35    0.05
不況    0.10    0.50
```

6.2.4 Python実装：周辺分布と条件付き分布

後ほど利用する確率分布を用意します。予測の周辺分布$P(f)$を実装します。

```
marginal_forecast = joint_forecast_state.sum(axis=0)
marginal_forecast
```

```
好況予測    0.45
不況予測    0.55
dtype: float64
```

自然の状態の周辺分布$P(\theta)$を実装します。

```
marginal_state = joint_forecast_state.sum(axis=1)
marginal_state
```

```
好況    0.4
不況    0.6
dtype: float64
```

表2.6.3に対応する条件付き分布$P(\theta|f)$を実装します。

```
# 予測が得られた後の条件付き分布
conditional_forecast = joint_forecast_state.div(marginal_forecast, axis=1)
print(conditional_forecast)
```

```
      好況予測  不況予測
好況   0.778   0.091
不況   0.222   0.909
```

6.3 条件付き期待金額に基づく意思決定

意思決定問題$D = \{A, \Theta, F, c, P(\theta, f)\}$における意思決定の手続きを解説します。

6.3.1 基本的な考え方

天気予報や需要予測の結果など，情報が与えられたときの意思決定も，基本的には第2部第4章「期待値に基づく意思決定」と同様に行います。期待金額を計算して，それを最大にする選択肢を選ぶ方針です。

ここで，情報が自然の状態と独立でないと考えます。この状況では，自然の状態の，情報が与えられたという条件付き分布$P(\theta|f)$は，情報が得られていないときの分布$P(\theta)$とは異なっているはずです。そこで，$P(\theta)$の代わりに，条件付き分布$P(\theta|f)$を使って条件付き期待金額を計算し，それを最大にする選択肢を選ぶという方針で意思決定を行います。

6.3.2 数式による表現

情報f_kが与えられたときに，何らかの選択a_jを行ったときの期待金額$EMV(a_j|P(\theta|f_k))$は以下のように計算できます。これを金額の**条件付き期待値**と呼びます。

$$EMV(a_j|P(\theta|f_k)) = \sum_{i=1}^{\#\Theta} P(\theta_i|f_k) \cdot c(a_j, \theta_i) \tag{2.54}$$

$EMV(a_j|P(\theta|f_k))$を最大にする選択肢を$a^*_{f_k}$と表記することにします。得られた情報f_kにあわせて，選択肢$a^*_{f_k}$を採用することになります。

$$a^*_{f_k} = \underset{a_j}{\operatorname{argmax}}\, EMV(a_j|P(\theta|f_k)) \tag{2.55}$$

ところで，この計算には条件付き分布$P(\theta|f)$しか使われていませんね。条件付き期待金額を最大にする選択肢を選ぶだけならば，$P(\theta|f)$だけで十分です。しかし，後ほど解説するように，予測の価値を評価する際には同時分

布$P(\theta, f)$が必要となります。

6.3.3 数値例

具体的な数値を入れて確認します。情報は「好況予測f_1」と「不況予測f_2」があります。まずは$k=1$に固定します(好況予測が出たときだけを考える)。

選択肢として「1台稼働a_1」を採用したときの条件付き期待金額を求めます。これが「『好況予測』が出たという条件において，『1台稼働』を採用したときの条件付き期待金額」となります。表2.6.1の$c(a_j, \theta_i)$と，表2.6.3の$P(\theta_i|f_k)$を代入します。

$$\begin{aligned} EMV(a_1|P(\theta|f_1)) &= \sum_{i=1}^{2} P(\theta_i|f_1) \cdot c(a_1, \theta_i) \\ &= P(\theta_1|f_1) \cdot c(a_1, \theta_1) + P(\theta_2|f_1) \cdot c(a_1, \theta_2) \\ &= 0.778 \cdot 300 + 0.222 \cdot 300 \\ &= 300 \end{aligned} \tag{2.56}$$

同様に「2台稼働a_2」を採用したときの条件付き期待金額を求めます。

$$EMV(a_2|P(\theta|f_1)) = 0.778 \cdot 700 + 0.222 \cdot (-300) = 478 \tag{2.57}$$

「好況予測f_1」が出たときには「2台稼働a_2」を選んだ方が，条件付き期待金額が大きくなるようです。

続いて，$k=2$に固定します（不況予測が出たときだけを考える)。「1台稼働a_1」を採用したときの条件付き期待金額を求めます。

$$EMV(a_1|P(\theta|f_2)) = 0.091 \cdot 300 + 0.909 \cdot 300 = 300 \tag{2.58}$$

同様に「2台稼働a_2」を採用したときの条件付き期待金額を求めます。

$$EMV(a_2|P(\theta|f_2)) = 0.091 \cdot 700 + 0.909 \cdot (-300) = -209 \tag{2.59}$$

「不況予測 f_2」が出たときには「1台稼働 a_1」を選んだ方が，条件付き期待金額が大きくなるようです。

6.3.4 Python 実装

Python を用いて結果を確認します。条件付き分布 `conditional_forecast` を対象にして，`max_emv` 関数を適用します。`apply` 関数を使うと，予測結果ごとに `max_emv` 関数が適用されます。

```
info_decision = \
    conditional_forecast.apply(max_emv, axis=0, payoff_table=payoff)
print(info_decision)
```

	好況予測	不況予測
選択肢	[2台]	[1台]
期待金額	478	300

数値例で確認した結果と同じになりました。すなわち好況と予測されたときには，機械を2台稼働させると期待金額が最大になります。このときの期待金額は478万円です。すなわち $a^*_{f_1}$ は「2台稼働 a_2」であり，このとき $EMV\left(a^*_{f_1}\middle|P\left(\theta|f_1\right)\right)=478$ となります。

一方の不況のときには，製品を作りすぎても仕方がないですね。不況予測が出されたときには，機械を1台稼働させたときに，期待金額の最大値300万円が見込まれます。すなわち $a^*_{f_2}$ は「1台稼働 a_1」であり，このとき $EMV\left(a^*_{f_2}\middle|P\left(\theta|f_2\right)\right)=300$ となります。

6.4 情報を使わないときの期待金額

ここからは**情報の価値**の解説に移ります。情報の価値は，情報を使って意思決定したときの評価値と，情報を使わないで意思決定したときの評価値の差分として定義されます。今回の事例では期待金額が評価値となります。もちろん期待金額以外を評価値としても構いません。

情報を使わないで意思決定した結果を確認します。第2部第4章の復習となります。情報を使わない場合は，自然の状態の確率分布$P(\theta)$を対象として，期待金額$EMV(a_j|P(\theta))$を計算し，これを最大にします。期待金額を最大にする選択肢をa^*と記すことにします。max_emv関数を使えば簡単に結果が出ます。

```
naive_decision = max_emv(marginal_state, payoff)
naive_decision
```

```
選択肢        [1台]
期待金額        300
dtype: object
```

a^*は「1台稼働」という選択であり，このとき$EMV(a^*|P(\theta)) = 300$となることがわかります。

期待金額だけを取り出します。

```
emv_naive = naive_decision['期待金額']
print(f'予測を使わないときの期待金額：{emv_naive:.3g}万円')
```

```
予測を使わないときの期待金額：300万円
```

6.5　情報の価値：事後分析

情報の価値を計算します。まずは事後分析と呼ばれる方法で価値を求めます。

6.5.1　定義

情報が得られた後の情報の価値を本書では**情報の事後価値**と呼ぶことにします。事後価値を評価することを**事後分析**（ex-post assessment）と呼びます。情報の事後価値は以下のように計算されます。

$$V_{f_k} = EMV\left(a^*_{f_k}\middle|P(\theta|f_k)\right) - EMV(a^*|P(\theta)) \tag{2.60}$$

すなわち，情報を使って意思決定したときの条件付き期待値の最大値 $EMV\left(a^*_{f_k}\middle|P(\theta|f_k)\right)$から，情報を使わないで意思決定したときの期待値の最大値$EMV(a^*|P(\theta))$を差し引いたものが情報の事後価値となります。

6.5.2 数値例

情報の事後価値は，好況予測が出たときと，不況予測が出たときとで，個別に算出されます。f_1を好況予測，f_2を不況予測とします。まずは好況予測f_1が得られた後に評価される情報の価値V_{f_1}を計算します。

$$\begin{aligned} V_{f_1} &= EMV\left(a^*_{f_1}\middle|P(\theta|f_1)\right) - EMV(a^*|P(\theta)) \\ &= 478 - 300 \\ &= 178 \end{aligned} \tag{2.61}$$

不況予測f_2が得られた後に評価される情報の価値V_{f_2}を計算します。

$$\begin{aligned} V_{f_2} &= EMV\left(a^*_{f_2}\middle|P(\theta|f_2)\right) - EMV(a^*|P(\theta)) \\ &= 300 - 300 \\ &= 0 \end{aligned} \tag{2.62}$$

事後価値の直観的な解釈を述べます。情報がない場合には常に「1台稼働」を選び続け，300万円を得ます。一方で，好況予測f_1が出されたなら，普段と異なる「2台稼働」を選ぶことで478万円の利益が期待できます。そのため差額の178万円だけ得したことになります。これが情報の事後価値です。

ところで不況予測f_2が出された場合には，情報がない場合と同じく「1台稼働」が最適な選択肢です。情報が得られたときと，情報がないときで，とるべき行動が変わりません。情報が得られても行動が変わらないということは，情報は価値を生み出していないということです。そのため不況予測f_2が出された場合の情報の事後価値は0となります。

6.5.3　Python 実装

Python で確認します。好況予測が出たときの情報の価値を計算します。

```
post_value_boom = info_decision.loc['期待金額', '好況予測'] - emv_naive
print(f'好況予測が出たときの期待金額の差：{post_value_boom:.3g}万円')
```

```
好況予測が出たときの期待金額の差： 178 万円
```

続いて不況予測が出たときの情報の価値を計算します。e-14 は 10 のマイナス 14 乗の意味なので，ほぼ 0 です。

```
post_value_slump = info_decision.loc['期待金額', '不況予測'] - emv_naive
print(f'不況予測が出たときの期待金額の差：{post_value_slump:.3g}万円')
```

```
不況予測が出たときの期待金額の差： -5.68e-14 万円
```

6.6　情報の価値：事前分析

情報が得られる前に，情報の価値を評価したいことがあります。例えば情報を手に入れるのに費用がかかることを考えます。情報に大きな価値があるなら費用を惜しむべきではありません。逆に情報の価値が小さいならば，情報を得るのに費用をかけるべきではありません。情報を得るためにどれほどの費用をかけるべきかを検討するのに，情報の価値の評価は役立ちます。

情報が得られる前の，平均的な情報の価値を本書では**情報の事前価値**と呼ぶことにします。事前価値を評価することを**事前分析**（ex-ante assessment）と呼びます。なお，本書ではほとんどの場面で情報の事前価値を対象とします。そのため本書では，情報の事前価値を単に情報の価値と呼ぶこともあります。

6.6.1　定義

情報が与えられる予定であるときの最大の期待金額を求めます。これは，条件付き期待値の最大値 $EMV\left(a^*_{f_k}\middle|P\left(\theta|f_k\right)\right)$ を対象として，情報に関する周辺分布 $P\left(f\right)$ で期待値をとることで得られます。この結果は最終的に同時分布から計算できるので，この金額を $EMV\left(a^*_f\middle|P\left(\theta,f\right)\right)$ と表記します。

$$\begin{aligned} EMV\left(a_f^* \middle| P(\theta, f)\right) &= \sum_{k=1}^{\#F} P(f_k) \cdot EMV\left(a_{f_k}^* \middle| P(\theta|f_k)\right) \\ &= \sum_{k=1}^{\#F} P(f_k) \sum_{i=1}^{\#\Theta} P(\theta_i|f_k) \cdot c\left(a_{f_k}^*, \theta_i\right) \\ &= \sum_{i=1}^{\#\Theta} \sum_{k=1}^{\#F} P(\theta_i, f_k) \cdot c\left(a_{f_k}^*, \theta_i\right) \end{aligned} \tag{2.63}$$

1 行目：情報が得られた後の条件付き期待値 $EMV\left(a_{f_k}^* \middle| P(\theta|f_k)\right)$ を対象として，周辺分布 $P(f)$ で期待値をとる

2 行目：$EMV\left(a_{f_k}^* \middle| P(\theta|f_k)\right)$ の定義を代入する

3 行目：条件付き確率の定義より $P(f_k) \cdot P(\theta_i|f_k) = P(\theta_i, f_k)$ であるのを利用して式を整理する。

プログラムを書く場合には同時分布 $P(\theta_i, f_k)$ を使う式を使うと簡単ですが，理解しやすいのは 1 行目の式かと思います。「好況予測 f_1」が出されたら，機械をフル稼働させることで売上が増やせます。うれしいことですが，年がら年中「好況予測 f_1」が出るわけではありません。そのため「好況予測 f_1」が出たときの条件付き期待金額と，「不況予測 f_2」が出たときの条件付き期待金額に対して，さらに予測の周辺分布 $P(f)$ で期待値をとります。これが 1 行目の式の意味です。

情報が与えられる予定であるときの最大の期待金額から，情報を使わないときの最大の期待金額を差し引くことで，情報の事前価値が計算できます。

$$V_f = EMV\left(a_f^* \middle| P(\theta, f)\right) - EMV\left(a^* | P(\theta)\right) \tag{2.64}$$

6.6.2 数値例

$EMV\left(a_{f_k}^* \middle| P(\theta|f_k)\right)$ はすでに得られているので，式 (2.63) の 1 行目の計算式に従って数値をあてはめていきます。`marginal_forecast` にあるように $P(f_1) = 0.45$ であり，$P(f_2) = 0.55$ であることに注意してください。

$$
\begin{aligned}
EMV\left(a_f^* \middle| P(\theta, f)\right) &\approx 0.45 \times 478 + 0.55 \times 300 \\
&\approx 215 + 165 \\
&= 380
\end{aligned}
\tag{2.65}
$$

情報の事前価値V_fは，以下で計算されます。情報は，平均的には80万円の価値があると計算されます。

$$
\begin{aligned}
V_f &= EMV\left(a_f^* \middle| P(\theta, f)\right) - EMV\left(a^* | P(\theta)\right) \\
&= 380 - 300 \\
&= 80
\end{aligned}
\tag{2.66}
$$

情報を得るためにかかる費用が月額80万円未満ならば，情報を使うことで利益が増えることが期待できます。このように計算される情報の価値を**EVSI**（Expected Value of Sample Information）　や**VOI**（Value of Information）と呼ぶこともあります。なお，ここで計算された価値は「情報を手に入れるために必要な経費」を勘案していません。そのため**情報の粗価値**と呼ぶこともあります。

6.6.3　Python実装

Pythonで確認します。まずは条件付き期待値`info_decision`を対象にして，周辺分布$P(f)$で期待値をとることで$EMV\left(a_f^* \middle| P(\theta, f)\right)$を計算します。

```
emv_forecast = info_decision.loc['期待金額'].mul(marginal_forecast).sum()
print(f'情報を使ったときの期待金額：{emv_forecast:.3g}万円')
```

```
情報を使ったときの期待金額：380万円
```

式(2.63)の計算式の3行目を見ればわかるように，この計算に条件付き分布は不要です。同時分布`joint_forecast_state`から直接計算しても同じ結果が得られます。

```
# 同時分布を使って計算しても良い
joint_forecast_state.apply(
    max_emv, axis=0, payoff_table=payoff).loc['期待金額'].sum()
```

```
380.0
```

情報の事前価値V_fを求めます。

```
ante_value = emv_forecast - emv_naive
print(f'情報の価値：{ante_value:.3g}万円')
```

```
情報の価値：80万円
```


6.7　完全情報の価値

自然の状態について確実に伝えてくれる情報を**完全情報**と呼びます。確実に的中する予測をイメージされると良いでしょう。完全情報を得た後は，自然の状態に対する情報エントロピーは0になります（第2部第5章参照）。ここでは完全情報の事前価値を計算します。

6.7.1　定義

自然の状態がわかっているときに利得を最大にする選択肢を$a^*_{\theta_i}$と表記します。$a^*_{\theta_i}$をとるときの期待金額$EMV\left(a^*_\theta|P\left(\theta\right)\right)$は下記のように計算できます。

$$EMV\left(a^*_\theta|P\left(\theta\right)\right)=\sum_{i=1}^{\#\Theta}P\left(\theta_i\right)\cdot c\left(a^*_{\theta_i},\theta_i\right) \tag{2.67}$$

完全情報の事前価値は以下のように計算されます。

$$V_{\text{perfect}}=EMV\left(a^*_\theta|P\left(\theta\right)\right)-EMV\left(a^*|P\left(\theta\right)\right) \tag{2.68}$$

このように計算される完全情報の価値は**EVPI**（Expected Value of Perfect Information）と呼ぶこともあります。

6.7.2　Python実装

Pythonを使って計算します。まずは自然の状態別の，最適な行動をとったときの利得$c\left(a^*_{\theta_i},\theta_i\right)$を得ます。

```
# 自然の状態別の最大利得
payoff.max(axis=1)
```

```
好況    700
不況    300
dtype: int64
```

この利得を，自然の状態の周辺分布 `marginal_state` で期待値をとります。これが $EMV\left(a_{\theta}^{*}|P\left(\theta\right)\right)$ です。

```
# 自然の状態にあわせて利得を最大にする行動をとったときの期待金額
emv_perfect = payoff.max(axis=1).mul(marginal_state).sum()
emv_perfect
```

```
460.0
```

ここから，情報を使わないで意思決定したときの期待金額 $EMV\left(a^{*}|P\left(\theta\right)\right)$ を差し引けば，完全情報の価値が得られます。これは事前分析での評価となります。

```
perfect_information_value = emv_perfect - emv_naive
print(f' 完全情報の価値： {perfect_information_value:.3g} 万円 ')
```

```
完全情報の価値： 160 万円
```

6.8　情報の価値の計算例

同時分布を変更して，いくつかの予測に対して情報の価値を計算します。

6.8.1　コイン投げ予測の情報の価値

第 2 部第 5 章で紹介したように「コインを投げて表なら好況，裏なら不況と主張する」という情報の場合，相互情報量で測定した情報量は 0 です。情報と自然の状態が独立である場合，情報量は 0 となるわけです。

情報と自然の状態が独立である場合は $P\left(\theta_i|f_k\right) = P\left(\theta_i\right)$ です。このとき，すべての k において $EMV\left(a_j|P\left(\theta|f_k\right)\right)$ と $EMV\left(a_j|P\left(\theta\right)\right)$ が等しくなります。情報があってもなくても，期待金額が一切変わりません。もちろん，情

報を使っても期待金額は増加しません。そのため，コイン投げの結果が持つ情報の価値は0となります。

Pythonを使って確認します。まずは同時分布を用意します。


```
#「コインを投げて表なら好況，裏なら不況と主張する」情報
coin_result = pd.DataFrame({
    '好況予測': [0.2, 0.3],
    '不況予測': [0.2, 0.3]
})
coin_result.index = ['好況', '不況']
print(coin_result)
```

```
      好況予測  不況予測
好況       0.2       0.2
不況       0.3       0.3
```

コイン投げの結果を使ったときの期待金額の最大値は300万円です。これは情報を使わないで意思決定したときの期待金額と変わりません。すなわち，情報の価値は0ということです。

```
# コイン投げの結果を使ったときの期待金額
emv_coin = coin_result.apply(
    max_emv, axis=0, payoff_table=payoff).loc['期待金額'].sum()
emv_coin
```

```
300.0
```

6.8.2　天邪鬼予測の情報の価値

続いて第2部第5章で紹介したように「予測値と実測値が常に逆になる情報」を対象として情報の価値を計算します。結論から言うと，完全情報の価値とまったく等しくなります。不況と予測されれば機械をたくさん動かし，好況と予測されたときには機械を動かさずに生産数を絞るという，あべこべの行動をとることで，期待金額を増やせます。

Pythonで確認します。まずは同時分布を用意します。

```
# 予測値と実測値が常に逆になる情報
perversity_forecast = pd.DataFrame({
    '好況予測': [0, 0.6],
    '不況予測': [0.4, 0]
})
perversity_forecast.index = ['好況', '不況']
print(perversity_forecast)
```

```
     好況予測  不況予測
好況     0.0     0.4
不況     0.6     0.0
```

perversity_forecast を使って意思決定したときの期待金額の最大値は，完全情報を使ったときの期待金額の最大値 460 万円と等しくなります。

```
# 予測値と実測値が常に逆になる情報を使ったときの期待金額
emv_perversity = perversity_forecast.apply(
    max_emv, axis=0, payoff_table=payoff).loc['期待金額'].sum()
emv_perversity
```

```
460.0
```

ここから情報を使わないで意思決定したときの期待金額の最大値 300 万円を差し引くと，情報の価値は 160 万円となり，完全情報の事前価値と一致しているのがわかります。

6.9　情報の有効性

期待金額を最大にするという行動原理で意思決定する場合は，情報の品質が悪いなら情報を無視して意思決定を行うことになります。そのため，情報の価値が負になることはありません。もちろん情報の価値が完全情報の価値を上回ることはないので，以下の関係が成り立ちます。

$$0 \leq V_f \leq V_{\mathrm{perfect}} \tag{2.69}$$

情報の価値を，完全情報の価値で割った比率を**情報の有効性**と呼びます。情報の有効性は 0 以上 1 以下をとります。

$$\text{efficiency} = \frac{V_f}{V_{\text{perfect}}} \tag{2.70}$$

Pythonで計算してみます。情報の有効性は0.5となりました。

```
efficiency = ante_value / perfect_information_value
print(f'情報の有効性：{efficiency:.3g}')
```

```
情報の有効性： 0.5
```

6.10　期待リグレットと不確実性の費用

情報はどのようなシチュエーションで価値を生み出すのでしょうか。ここでは不確実性がもたらす費用という観点からこの問題に向き合います。

第2部第1章でリグレット（機会損失）を紹介しました。復習するとリグレットは「自然の状態ごとに見た最大利得と比較した差額（機会損失）」です。自然の状態が明らかであるときに利得を最大にする選択肢を$a^*_{\theta_i}$と記すと，選択肢a_jをとったときのリグレット$r(a_j, \theta_i)$は$c\left(a^*_{\theta_i}, \theta_i\right) - c(a_j, \theta_i)$と計算できます。

自然の状態の周辺分布$P(\theta)$が与えられている下で，選択肢a_jをとったときの期待リグレット$R(a_j|P(\theta))$は以下のように計算されます。

$$\begin{aligned}
R(a_j|P(\theta)) &= \sum_{i=1}^{\#\Theta} P(\theta_i) \cdot r(a_j, \theta_i) \\
&= \sum_{i=1}^{\#\Theta} P(\theta_i) \cdot \left[c\left(a^*_{\theta_i}, \theta_i\right) - c(a_j, \theta_i)\right] \\
&= \sum_{i=1}^{\#\Theta} \left[P(\theta_i) \cdot c\left(a^*_{\theta_i}, \theta_i\right)\right] - \sum_{i=1}^{\#\Theta} \left[P(\theta_i) \cdot c(a_j, \theta_i)\right] \\
&= EMV(a^*_{\theta}|P(\theta)) - EMV(a_j|P(\theta))
\end{aligned} \tag{2.71}$$

1行目：期待リグレットの定義

2行目：リグレットの計算式を$r(a_j, \theta_i)$に代入
3行目：大カッコの中身を2つのΣに分割
4行目：期待金額の定義を代入

期待リグレットは，完全情報を使って意思決定したときの期待金額$EMV(a^*_\theta|P(\theta))$と，ある行動$a_j$をとったときの期待金額$EMV(a_j|P(\theta))$の差です。このとき，期待金額$EMV(a_j|P(\theta))$を最大にする行動は，期待リグレット$R(a_j|P(\theta))$を最小にする行動と等しくなります。

情報が得られないときは$EMV(a_j|P(\theta))$を最大にする選択肢a^*をとると考えます。このときの期待リグレットは，完全情報の価値の定義式（2.68）とまったく同じです。すなわち，完全情報の事前価値V_{perfect}は，自然の状態がわからない中で（期待金額が最大であるという意味で）最善を尽くした際に発生してしまう，期待リグレットの大きさだとみなせます。

完全情報の事前価値は「その情報を得るために支払うことができる最大の費用」とみなせます。例えば「利得を最大にする行動がとれなかったときのための保険」にいくらまで支払うことができるでしょうか。この保険に支払うことができる最大の金額が，完全情報の事前価値V_{perfect}にほかなりません。

仮に自然の状態に不確実性が一切なければ，保険にお金を支払う必要はありません。完全情報の事前価値V_{perfect}あるいは，期待リグレット$R(a^*|P(\theta))$は**不確実性の費用**とみなすことができます。

情報を活用することで，不確実性の費用を減らせるかもしれません。情報はどのようなシチュエーションで価値を生み出すのか。この1つの回答は，不確実性の費用が大きいときだと言えます。データ分析や予測のプロジェクトを立ち上げる前に，そもそも当該問題に不確実性の費用がどれほど存在するかを検討することは，たとえ概算あるいは定性的な議論であっても無駄にはならないと思います。

memo

複数の予測があった場合の，予測の価値の比較について補足します。第2部第4章で解説した通り，情報を使わないリスク下の意思決定問題は$D=\{A,\Theta,c,P(\theta)\}$の4つの要素から構成されます。予測の価値を比較する際は，予測を使わない場合において同一の意思決定問題だとみなせるのかどうか注意しましょう。

本文で解説した通り，予測の価値は，意思決定問題がもともと持っている不確実性の費用の大きさに左右されます。すなわち，どれほど品質の高い予測を提供したところで，不確実性の費用がなければ，予測は価値を生み出しません。よくある間違いは，$P(\theta)$が異なる対象に対して異なる予測手法を適用して，予測手法の優劣を議論するというものです。予測手法の優劣を議論する際は，予測手法以外の条件をそろえると，予測の品質の違いがもたらす影響が明確になります。6.8節の事例では，すべて$P(\theta)$が等しくなるようにしています。

6.11 情報の価値の定義に関する考察

最後に，やや教科書的な解説からは外れますが「決定分析における情報の価値」の定義に関して若干の考察を加えます。

「決定分析における情報の価値」の定義は明確です。事前分析による情報の価値は「追加の情報が得られることによって行動が変わり，それによって増加する期待金額の大きさ」です。本章では期待金額者を前提としていましたが，第4部で紹介する期待効用に置き換えても同様の議論が成り立ちます。

とはいえ「決定分析における情報の価値」の定義を無批判に受け入れるのは難しいかもしれません。想定される批判を整理すると以下の3つになります。

1. $EMV\left(a_f^*\middle|P(\theta,f)\right)$と比較すべきは，$EMV(a^*|P(\theta))$ではなく「現在のオペレーションをそのまま続けた場合の期待金額」ではないか
2. 行動の変化や，それがもたらした結果の差分が計測できないことがあるはずだ
3. 行動の変化をもたらさない価値（心の変化など）もあるはずだ

1番目の批判は，すでに何らかの方法で意思決定が行われていることを前提としています。このときに追加の情報を得ることで意思決定が改善されるかどうかを判断する際は，定義通りの「決定分析における情報の価値」にこだわる必要はないかもしれません。

すでに何らかの方法で意思決定が行われている場合は，既存のオペレーションを採用した場合の期待金額と $EMV\,(a^*|P\,(\theta))$，そして $EMV\left(a_f^*\middle|P\,(\theta,f)\right)$ の3つすべてで比較するのが理想的だと言えます。ちなみに，複雑なAI技術を使って予測値を計算しなくても，意思決定問題の要素を整理して，シンプルに $EMV\,(a^*|P\,(\theta))$ を達成するだけで，意思決定が改善されることはしばしばあります。この場合，予測が活用されなかったとしても，データ分析のプロジェクトとしては十分な成功と言えるかもしれません。

2番目の批判については，運用上とても重要な課題だと思います。「情報の価値の計測が困難であるので，この情報には価値がない」とみなすことは明らかな間違いです。価値の計測の簡単さと，価値の大きさには，直接の関係はありません。目先の問題の解決に役立たないからと言って，長期的には役立つかもしれない基礎研究をおろそかにして良い理由はありませんね。この点はぜひ注意してください。

1，2番については計測の方法に課題があるものの，情報の価値の定義そのものには問題がないとみなしていることになります。とはいえ2番において原理的に計測がほぼ不可能な対象に関しては，「決定分析における情報の価値」の定義は適していないかもしれません。

3番目については，情報の価値の定義そのものに対する疑問です。情報の価値は，決定分析という手続きにおける，あくまでも操作的な定義であることに留意してください。意思決定を伴わない情報の評価に関しては，情報の量といった観点が使用できるかもしれません。

ただし「データを使って意思決定を支援したい」と思っている個人や組織が「意思決定の変化がもたらした，結果の変化に興味がない」と主張する場合は，別の強い理由付けが必要になるように思います。強い理由がなければ，明確に定義された「決定分析における情報の価値」の定義を使ってはどうでしょうか。

6.12 記号の整理

第2部で登場した記号の一覧です。

名称	表記	補足・計算式
選択肢	a_j	
選択肢の集合	A	集合の要素の個数は $\#A$
自然の状態	θ_i	
自然の状態の集合	Θ	集合の要素の個数は $\#\Theta$
情報	f_k	本文中では予測と表記することもある
情報の集合	F	集合の要素の個数は $\#F$
θ_i のときに a_j を選んだ場合の利得	$c(a_j, \theta_i)$	
θ_i のときに a_j を選んだ場合のリグレット	$r(a_j, \theta_i)$	$= c\left(a^*_{\theta_i}, \theta_i\right) - c(a_j, \theta_i)$
自然の状態の確率分布	$P(\theta)$	周辺分布とも呼ぶ
情報の確率分布	$P(f)$	同上
自然の状態と情報の同時分布	$P(\theta, f)$	$P(\theta_i) = \sum_{k=1}^{\#F} P(\theta_i, f_k)$ の計算を周辺化と呼ぶ
情報が与えられた下での自然の状態の条件付き分布	$P(\theta \| f)$	定義 $P(\theta_i \| f_k) = \frac{P(\theta_i, f_k)}{P(f_k)}$ 以下の変形も頻繁に登場する $P(\theta_i, f_k) = P(\theta_i \| f_k) P(f_k)$
確率変数 θ が確率分布 $P(\theta)$ に従う	$\theta \sim P(\theta)$	実現値と確率変数の記号は同じ

名称	表記	補足・計算式
自然の状態がθ_iとなる確率	$P(\theta=\theta_i)$	単に$P(\theta_i)$と記すことも多い
自己情報量	$i(\theta_i)$	$=-\log_b P(\theta_i)$ 断りがない限り対数の底bは2
平均情報量	$I(\theta)$	$=-\sum_{i=1}^{\#\Theta} P(\theta_i)\cdot\log_2 P(\theta_i)$ ただし$0\cdot\log_2 0=0$と約束する
情報エントロピー	$H(\theta)$	平均情報量と同じ
条件付きエントロピー	$H(\theta\|f)$	$=-\sum_{i=1}^{\#\Theta}\sum_{k=1}^{\#F} P(\theta_i,f_k)\log_2 P(\theta_i\|f_k)$ $=-\sum_{k=1}^{\#F} P(f_k)\sum_{i=1}^{\#\Theta} P(\theta_i\|f_k)\log_2 P(\theta_i\|f_k)$
相互情報量	$I(\theta;f)$	$=H(\theta)-H(\theta\|f)$ $=\sum_{i=1}^{\#\Theta}\sum_{k=1}^{\#F} P(\theta_i,f_k)\log_2\frac{P(\theta_i,f_k)}{P(\theta_i)P(f_k)}$
相対エントロピー（KL情報量）	$KL(P(\theta\|f_k)\|\|P(\theta))$	$=\sum_{i=1}^{\#\Theta} P(\theta_i\|f_k)\log_2\frac{P(\theta_i\|f_k)}{P(\theta_i)}$
$P(\theta)$が与えられている下でa_jを選んだときの期待金額	$EMV(a_j\|P(\theta))$	$=\sum_{i=1}^{\#\Theta} P(\theta_i)\cdot c(a_j,\theta_i)$
$P(\theta\|f)$が与えられている下である情報f_kが得られたときにa_jを選んだときの条件付き期待金額	$EMV(a_j\|P(\theta\|f_k))$	$=\sum_{i=1}^{\#\Theta} P(\theta_i\|f_k)\cdot c(a_j,\theta_i)$
$EMV(a_j\|P(\theta))$を最大にする選択肢	a^*	$=\underset{a_j}{\operatorname{argmax}}\, EMV(a_j\|P(\theta))$

名称	表記	補足・計算式
$EMV\left(a_j \middle\| P\left(\theta \middle\| f_k\right)\right)$を最大にする選択肢	$a^*_{f_k}$	$= \underset{a_j}{\mathrm{argmax}}\, EMV\left(a_j \middle\| P\left(\theta \middle\| f_k\right)\right)$
自然の状態が明らかであるときに利得を最大にする選択肢	$a^*_{\theta_i}$	$= \underset{a_j}{\mathrm{argmax}}\, c\left(a_j, \theta_i\right)$
追加の情報がないときの最大の期待金額	$EMV\left(a^* \middle\| P\left(\theta\right)\right)$	$= \sum_{i=1}^{\#\Theta} P\left(\theta_i\right) \cdot c\left(a^*, \theta_i\right)$
ある情報f_kが与えられた後の最大の条件付き期待金額	$EMV\left(a^*_{f_k} \middle\| P\left(\theta \middle\| f_k\right)\right)$	$= \sum_{i=1}^{\#\Theta} P\left(\theta_i \middle\| f_k\right) \cdot c\left(a^*_{f_k}, \theta_i\right)$
情報fが与えられる予定であるときの最大の期待金額	$EMV\left(a^*_f \middle\| P\left(\theta, f\right)\right)$	$= \sum_{k=1}^{\#F} P\left(f_k\right) \cdot EMV\left(a^*_{f_k} \middle\| P\left(\theta \middle\| f_k\right)\right)$ $= \sum_{i=1}^{\#\Theta} \sum_{k=1}^{\#F} P\left(\theta_i, f_k\right) \cdot c\left(a^*_{f_k}, \theta_i\right)$
自然の状態が明らかであるときの最大の期待金額	$EMV\left(a^*_\theta \middle\| P\left(\theta\right)\right)$	$= \sum_{i=1}^{\#\Theta} P\left(\theta_i\right) \cdot c\left(a^*_{\theta_i}, \theta_i\right)$
ある情報f_kが与えられた後の情報の事後価値	V_{f_k}	$= EMV\left(a^*_{f_k} \middle\| P\left(\theta \middle\| f_k\right)\right) - EMV\left(a^* \middle\| P\left(\theta\right)\right)$
情報の事前価値（EVSI）	V_f	$= EMV\left(a^*_f \middle\| P\left(\theta, f\right)\right) - EMV\left(a^* \middle\| P\left(\theta\right)\right)$
完全情報の事前価値（EVPI）	V_{perfect}	$= EMV\left(a^*_\theta \middle\| P\left(\theta\right)\right) - EMV\left(a^* \middle\| P\left(\theta\right)\right)$
情報の有効性	efficiency	$= \dfrac{V_f}{V_{\mathrm{perfect}}}$

名称	表記	補足・計算式
$P(\theta)$ が与えられている下で a_j を選んだときの期待リグレット	$R(a_j \mid P(\theta))$	$= \sum_{i=1}^{\#\Theta} P(\theta_i) \cdot r(a_j, \theta_i)$ $= EMV(a_\theta^* \mid P(\theta)) - EMV(a_j \mid P(\theta))$

第3部

決定分析の活用

第1章 予測の評価

本章では，まず予測の評価にかかわる諸問題を簡単におさらいし，的中率などの単一の指標で予測を評価することが困難であることを示します。そのうえで予測の取り扱いを概説します。なお，ここでの議論は予測を対象としていますが，いわゆる分類問題においても参考になる議論だと思います。

概要

- **予測の評価の諸問題**

  予測の活用と予測の評価 → 的中率の問題点 → 予測の評価の３つの観点

- **一貫性・品質・価値の３つの観点から見た予測の評価**

  予測の一貫性 → 予測の品質 → 尺度指向と分布指向のアプローチ
  → 予測の分割表 → 分割表から計算できる指標
  → 数量予測を評価する指標 → 予測の価値

- **まとめ**

  記号の整理

1.1　予測の活用と予測の評価

本章では天気予報や需要予測などの予測の評価をテーマとします。多くの場合，予測値を得る際に追加の費用がかかります。例えばコンサルティングサービス会社から景気の動向についての調査結果を購入するならば，購入費用がかかります。自社で予測を作成する場合でも，分析にはコストがかかります。予測を評価して，予測を使うことのメリットがそのコストに見合うかどうかを検討することは，予測の活用という観点で重要です。

例えば「今日の天気は雨になるだろう」や「今月は好況となるだろう」といった予測を**カテゴリー予測**と呼びます。例えば「今日の気温は 20 度になるだろう」や「今月は商品が 4000 個売れるだろう」といった予測を**数量予測**と呼びます。本章ではカテゴリー予測を中心に解説します。第 3 部第 3 章の事例紹介では数量予測を扱います。

1.2　的中率の問題点

予測を評価するうえで，しばしば言及されるのが予測の正確性です。カテゴリー予測の場合は**的中率**が多く用いられます。後述しますが，予測を出した回数のうち，予測値と実測値が等しかったときの割合が的中率です。ただし，的中率には多くの問題があります。

例えば，砂漠の天気を予報することを考えます。砂漠で雨が降る日は少ないでしょう。そのため，毎日「明日の天気は晴れです」と予測していたら，的中率がとても高くなることが予想されます。

前書きにも記した通り，「明日の天気は，雨が降るか，雨が降らないかのどちらかになるでしょう」という主張は，必ず当たりますが，役に立つとは思えません。予測の正確性，あるいは「予測結果と実際の観測値との整合性」という観点だけでは，予測の評価の基準として不足しています。的中率が高くても役に立たない予測であることは十分にあり得るし，逆に的中率が低くても役に立つ予測であるかもしれません。

1.3　予測の評価の 3 つの観点

Murphy(1993) では，以下の 3 つの観点から予測を評価することを提案しています。

- 一貫性（consistency）
- 品質（quality）
- 価値（value）

一貫性から順に，以下の節で解説します。

1.4　予測の一貫性

１つ目の一貫性基準は，予測を出す際に用いられたさまざまな知識と，実際の予測結果との間の一貫性を指します。意思決定における一貫性とは異なる概念ですので注意してください。

例えば明日の天気を予測する際，前日の気温・湿度・大気の状態など，知りうるさまざまな知識を統合して１つの予測値を得ます。多くの場合，予測のユーザーは，天気を予測するのに必要とされた途中経過をすべて受け取りたいとは思わないはずです。「理屈はともかく，明日の天気を知りたい」こともあるでしょう。

まずは最終的に提出される予測を得るために使われたすべての知識を，予測のユーザーに提供するわけではないことに注意が必要です。これは仕方がないことだと思います。

ここで大切なことは，予測を算出するために使われた知識と，最終的に提出される予測が矛盾してはいけないということです。例えば，高気圧ならば晴れになりやすいという知識があるのに「なんか気が向かないし，明日は雨ってことにしとこうかなー」では困ります。怪しげな占い師に将来予測を依頼する場合は，その予測値の一貫性を評価するのは重要な課題になるかもしれません。

数値計算によって予測値を得る場合，一貫性は問題にならないように思えます。けれども，じつはなかなか難しい問題です。例えば，以下のシチュエーションではどちらもまったく同じ「雨予報」となります。

- 今の大気の状態を見ると，明日はおそらく雨が降るかな？
- ありとあらゆる指標がすべて明日の天気が雨だと示している

予測を提出する際の前提となった知識には開きがあります。それにもかかわらず，まったく同じ「明日は雨」という予測の結果が出力されるのは不満です。この問題は第５部で再度検討します。

1.5　予測の品質

予測の品質は，予測とそれに対応する観測値との関連性から評価されます。関連性という言葉はかなりあいまいですね。意図してこの言葉を使っています。品質の評価だけをとっても多くの観点があるからです。次節から予測の品質を評価する観点をいくつか紹介します。

1.6　尺度指向アプローチと分布指向アプローチ

的中率など個別の尺度を使って予測を評価するアプローチを**尺度指向アプローチ**(Measure-Oriented: MO)と呼び，予測値と実測値の同時確率分布を使って評価するアプローチを**分布指向アプローチ**（Distribution-Oriented: DO）と呼びます（Katz and Murphy(1997)）。少数の尺度を使って評価するのは，簡単ではあります。しかし，予測と実測値の関係性のうち，少数の側面しか評価できません。分布指向アプローチを使うと，より包括的な評価ができます。

1.7　予測の分割表

分布指向アプローチを採用することを考え，いくつかの評価の観点を紹介します。

1.7.1　カテゴリー予測の評価

2カテゴリー予測の場合は，表3.1.1のような**分割表**を得ることになります。ただし$P(\theta_i, f_k)$は自然の状態がθ_iであり，かつ予測結果がf_kである同時確率です。これは第2部第5章の表2.5.2と同一です。

表3.1.1　自然の状態と予測値の同時確率分布

		予測値 F		
		f_1	f_2	合計
自然の状態	θ_1	$P(\theta_1, f_1)$	$P(\theta_1, f_2)$	$P(\theta_1)$
（実測値）Θ	θ_2	$P(\theta_2, f_1)$	$P(\theta_2, f_2)$	$P(\theta_2)$
	合計	$P(f_1)$	$P(f_2)$	1

上記のような確率分布が得られれば，的中率などのさまざまな評価指標を簡単に計算できます。ただし，実際には，自然の状態と予測値の厳密な同時分布を得ることは困難です。そのため，それぞれのカテゴリーの実測値の度数をもとにして予測の評価を行うことになります。

表 3.1.2　カテゴリー予測の度数分布の表

		予測値 F		
		f_1	f_2	合計
自然の状態（実測値）Θ	θ_1	a	b	$a+b$
	θ_2	c	d	$c+d$
	合計	$a+c$	$b+d$	$N=a+b+c+d$

ここで評価の対象となった総予測回数を N とすると，$N=a+b+c+d$ となります。そして，表 3.1.2 の各度数を N で割った相対度数で予測の評価を行います。例えば同時確率 $P(\theta_1, f_1)$ は a/N と，$P(f_1)$ は $(a+c)/N$ と推定されます。条件付き確率 $P(\theta_1 \mid f_1)$ は $P(\theta_1, f_1)/P(f_1)=a/(a+c)$ と推定されます。

予測の評価をする際，表 3.1.2 の形式の分割表を示すことが極めて重要であることを強調しておきます。的中率や後ほど紹介する F 値など，予測を評価するために無数の指標が提案されています。本書でも多くの指標を提示します。しかし，これらの指標は先の分割表から計算されるものです。的中率などの個別の指標を使うことは，分割表の一面だけを見たにすぎません。**予測を総合的に評価するためには，分割表の形式で予測の結果が得られていることが必要**なのです。

この評価は，あくまでも過去の予測結果の評価となっていることに注意してください。多くの場合，検証されたときの予測の品質と，検証された後に運用される予測の品質は異なります。評価時の品質と，運用時の品質のずれを小さくするためには，度数分布の表を得る方法を工夫する必要があります。訓練データとテストデータを分けて評価を行うなど，さまざまな方法があります。

また，本章の議論は評価サンプルを得る際にバイアスが入っていないことを前提としていることに注意してください。例えば「θ_1とθ_2がちょうど半々になるよう，意図的にデータを選んでモデルを推定し，その予測値の評価をした」という結果ならば，$(a+b)/N$を$P(\theta_1)$とみなすことには無理があります。上記のようなシチュエーションの場合は，第3部第4章で解説するベイズの定理を使うことなどを検討します。

1.7.2　数量予測の評価

カテゴリー予測ではなく数量予測の場合でも，分割表で評価できないか検討してみましょう。分割表にすると，カテゴリー予測を評価するためのさまざまな考え方を流用できるので便利です。数量予測の場合は，データをいくつかの階級に区切って分割表を作ります。例えば気温の場合は「−1度以上，0度未満」「0度以上，1度未満」「1度以上，2度未満」……などです。階級の分け方によって結果が変わることには注意が必要です。

分割表を得るのが難しい場合でも，せめて，横軸に予測値を，縦軸に実測値をおいた散布図を描きましょう。視覚的には分割表と少し似ています。少なくとも後述するRMSEなど単一の指標のみで評価を行うのは危険です。単一の指標のみに頼ると，例えば「予測は常に実測値を過大に評価している」などの重要なバイアスを見逃す可能性があります。

実測値と予測値の関係に2次元正規分布などをあてはめる方法もあります。ただし，予測値と実測値の対応に特定の確率分布をあてはめることの是非は，データからチェックする必要があります。大きな外れ値が1つだけある，というような結果は，2次元正規分布をあてはめて，あてはめ結果のみを参照すると見えなくなってしまいます。

1.8　分割表から計算できる指標

尺度指向アプローチに沿って，分割表から計算される評価指標を有賀他(2018)，大脇(2019)からいくつか紹介します。記号は表3.1.1と表3.1.3に準じます。度数の形式と確率の形式をあわせて提示します。

表3.1.2と表3.1.3の記号は同じですが，イメージしやすくなるように，ラベルを変えておきました。「現象あり」には例えば「雨が降る」や「不景気になる」という状況をあてはめてください。

表 3.1.3　カテゴリー予測の度数分布の表（ラベル付き）

		予測値 F		
		現象なし	現象あり	合計
自然の状態	現象なし	a（TN: 的中）	b（FP: 空振り）	$a+b$
（実測値）Θ	現象あり	c（FN: 見逃し）	d（TP: 的中）	$c+d$
	合計	$a+c$	$b+d$	$N=a+b+c+d$

aとdの結果は**的中**と呼びます。bは現象ありと予測したのに実際はなかったので**空振り**と呼びます。cは実際のところ現象ありだったのにそれがわからなかったので**見逃し**と呼びます。空振りは**偽陽性**と，見逃しは**偽陰性**と呼ぶこともあります。

陰性を Negative, 陽性を Positive としたとき，以下のようにアルファベット 2 文字で区別することがしばしばあります。ただし,「見逃し」や「空振り」の方が直観的なので本書ではあまり使いません。

TN: True Negative　　FP: False Positive
FN: False Negative　　TP: True Positive

本書では空振りの回数を総数で除したb/Nは**空振り率**と呼びます。見逃しの回数を総数で除したc/Nは**見逃し率**と呼びます。なお$b/(b+d)$を空振り率と，$c/(c+d)$を見逃し率と呼ぶこともありますが，本書では分母をNとします。

1.8.1　的中率

的中率は，正解率とも呼ばれ，予測値と実測値が一致した割合として計算されます。

$$\text{Accuracy} = \frac{a+d}{N} = P(\theta_1, f_1) + P(\theta_2, f_2) \tag{3.1}$$

的中率は，1から空振り率（b/N）と見逃し率（c/N）を差し引いたものとも言えます。

1.8.2 適合率

適合率は精度とも呼ばれ，予測値が「現象あり」であるもののうち，実測値も「現象あり」だった割合です。

$$\text{Precision} = \frac{d}{b+d} = P(\theta_2|f_2) \tag{3.2}$$

1.8.3 再現率

再現率は実測値が「現象あり」であるもののうち，予測値も「現象あり」だった割合です。

$$\text{Recall} = \frac{d}{c+d} = P(f_2|\theta_2) \tag{3.3}$$

1.8.4 F値

F値は適合率と再現率の調和平均として計算されます。

$$\text{F 値} = \frac{2}{\frac{1}{\text{Precision}} + \frac{1}{\text{Recall}}} \tag{3.4}$$

的中率・適合率・再現率・F値は，すべて0から1の範囲の値をとります。完全的中予測ならすべて1です。

F値について補足します。再現率を無理やり上げようと思ったならば，常に「現象あり」と予測すればよいです。見逃しが絶対に発生しないため，再現率は最大値の1となります。しかし，逆に空振りが増えるので適合率は下がるはずです。すなわち，再現率を無理やり上げると，適合率は逆に下がるというトレードオフの関係があります。そこで，再現率と適合率の調和平均をとって，バランス良く評価したのがF値となります。

1.8.5 バイアススコア

同時分布ではなく周辺分布を対象とした指標を紹介します。**バイアススコ**

アは「実測値における現象ありの数」と「予測値における現象ありの数」の比をとったものです。

$$\mathrm{BI} = \frac{b+d}{c+d} = \frac{P(f_2)}{P(\theta_2)} \tag{3.5}$$

バイアススコアは0以上の値をとります。バイアススコアが1を下回れば「現象ありと予測した数が過少」であり，1を上回れば「現象ありと予測した数が過大」であることになります。1であれば，バイアスがありません。

1.8.6　出現率

出現率は文字通り，実測値における「現象あり」だった割合です。

$$P(\theta_2) = \frac{c+d}{N} \tag{3.6}$$

出現率は，予測値とは関係のない値です。しかし，予測を評価する際にはとても重要な指標です。出現率50%の現象を予測しているのか，出現率99.9%の現象を予測しているのかは，あらかじめ明示しておくと誤解を生みにくいです。

適合率・再現率・F値などは，出現率の影響を（的中率と比べると）ある程度緩和できることがあります。それでも，個別の指標のみを提示するのは，予測の評価として不十分です。予測を評価する際は，指標を計算する前提となった分割表を確実にチェックしましょう。

1.9　数量予測を評価する指標

1.7節で解説したように，数量予測も分割表を作成して評価できます。しかし，分割表を経由することなく計算できる評価指標も複数提案されているので，ここで紹介します。主にHyndman and Athanasopoulos(2018)を参考としています。

1.9.1 平均誤差

平均誤差（Mean Error: **ME**）はあまり使われることのない指標ですが，他の指標の意味を理解するのに役立ちます。平均誤差は以下のように計算されます。ただしNはサンプルサイズ，$y^{(i)}$は実測値，$\widehat{y}^{(i)}$は予測値です。

$$\mathrm{ME} = \frac{1}{N}\sum_{i=1}^{N}\left(y^{(i)} - \widehat{y}^{(i)}\right) \tag{3.7}$$

実測値から予測値を引いた$y^{(i)} - \widehat{y}^{(i)}$を**予測誤差**や**予測残差**と呼びます。これの平均値をとったものが平均誤差です。

平均誤差が予測の評価指標として使われることはまれです。例えば以下の2つの予測はまったく同じ平均誤差を持ちます。

予測 A：+1 の誤差と−1の誤差を持つ　　　$\mathrm{ME} = 0$
予測 B：+1000 の誤差と −1000 の誤差を持つ $\mathrm{ME} = 0$

直観的には予測 B よりも予測 A の方が小さい誤差を持つように思えますが，平均誤差は予測 A，B ともに 0 となります。

とはいえ平均誤差は，予測値のバイアスを見るのに役立ちます。平均誤差が 0 よりも大きければ予測値が実測値と比べて過少となっており，0 よりも小さければ過大となっていることがわかります。

1.9.2 MAE

MAE は Mean Absolute Error の略で，以下のように計算されます。

$$\mathrm{MAE} = \frac{1}{N}\sum_{i=1}^{N}\left|y^{(i)} - \widehat{y}^{(i)}\right| \tag{3.8}$$

MAE は誤差の絶対値を使うことで，誤差の符号をすべてプラスにしています。そのため，予測 A と B の違いを識別できます。

予測 A：+1 の誤差と−1の誤差を持つ　　　$\mathrm{MAE} = 1$

予測 B：+1000 の誤差と −1000 の誤差を持つ MAE = 1000

1.9.3 MSE

MSE は Mean Squared Error の略で，以下のように計算されます。

$$\mathrm{MSE} = \frac{1}{N}\sum_{i=1}^{N}\left(y^{(i)} - \widehat{y}^{(i)}\right)^2 \tag{3.9}$$

絶対値の代わりに 2 乗した値を使います。2 乗することで，誤差の符号をすべてプラスにしています。

1.9.4 RMSE

RMSE は Root Mean Squared Error の略で，MSE の平方根をとったものです。

$$\mathrm{RMSE} = \sqrt{\mathrm{MSE}} = \sqrt{\frac{1}{N}\sum_{i=1}^{N}\left(y^{(i)} - \widehat{y}^{(i)}\right)^2} \tag{3.10}$$

MAE と RMSE は似た用途で用いられますが，性質が若干異なるので注意してください。誤差の絶対値が大きいときは，絶対誤差よりも 2 乗誤差の方が大きくなります。そのため，外れ値のような大きく外すデータがあった場合，RMSE は MAE よりも大きくなりやすいです。

予測 A：+50 の誤差と +50 の誤差を持つ　　MAE = 50，RMSE = 50
予測 B：+1 の誤差と +100 の誤差を持つ　　MAE ≈ 51，RMSE ≈ 71

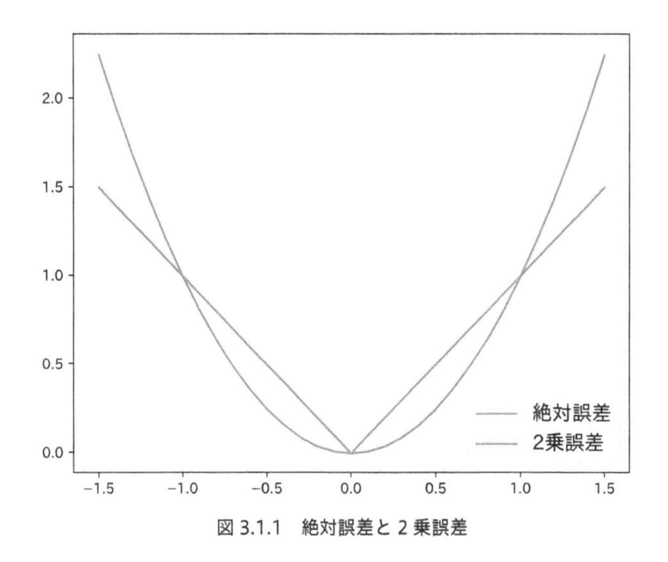

図 3.1.1　絶対誤差と 2 乗誤差

1.9.5　MAPE

MAPE は Mean Absolute Percentage Error の略で，以下のように計算されます。

$$\text{MAPE} = \frac{1}{N}\sum_{i=1}^{N}\left|100 \times \frac{y^{(i)} - \widehat{y}^{(i)}}{y^{(i)}}\right| \tag{3.11}$$

MAPE は「実測値に占める誤差の比率（%）」を評価した指標です。比率であるため，単位をなくせるのが大きな利点です。例えばペットボトル飲料の需要を予測する際，1 本単位で予測するか，1 ケース当たりで予測するか，1 ミリリットル単位で予測するかで，MAE や RMSE は大きく変わります。複数の予測の性能を比較する際には問題です。そのため，単位をなくした MAPE がしばしば使われます。

MAPE は便利な指標ではありますが，万能ではありません。例えば分母の $y^{(i)}$ が 0 に近い値だった場合，誤差が小さくても MAPE はとても大きな値をとります。対象データが 0 近辺の値をとらないかどうかを確認してから使うようにしましょう。一般的に，分母に個別のデータがくるような変換手法を使う場合は注意が必要です。

1.9.6 MASE

MASE は Mean Absolute Scaled Error の略で，主に時系列予測を評価する際に用いられます。とはいえ，時系列予測をしない場合でも，MASE のアイデアは参考になると思います。

MASE は，「単純な予測ロジック」を使って予測したときの MAE で，評価したい予測手法の誤差をスケーリングする手法です。時系列予測の場合「単純な予測ロジック」として「1 時点前と同じ値を予測値として使う」方法がしばしば用いられます。

MASE を計算する場合は，データを訓練データとテストデータに分割します。訓練データを使って予測モデルを学習させ，テストデータに予測を適用させて，予測の能力を調べます。

具体的な計算方法を見ていきます。テストデータにおけるある i 時点での予測誤差を $e^{(i)}$ とします。$e^{(i)} = y^{(i)} - \widehat{y}^{(i)}$ です。今までは $e^{(i)}$ の絶対値の平均をとって MAE を計算するなどしてきました。しかし，MASE では $e^{(i)}$ をそのままでは使いません。$e^{(i)}$ をスケーリングします。

ここで，単純なロジックで予測したときの MAE である $\mathrm{MAE}_{\mathrm{naive}}$ を計算します。これは訓練データで計算されます。訓練データのサンプルサイズを T とするとき，$\mathrm{MAE}_{\mathrm{naive}}$ は以下のように計算されます。

$$\mathrm{MAE}_{\mathrm{naive}} = \frac{1}{T-1}\sum_{t=2}^{T}\left|y^{(t)} - y^{(t-1)}\right| \tag{3.12}$$

予測のための単純なロジックは「1 時点前と同じ値を予測値として使う」方法を採用しました。そのため予測値 $\widehat{y}^{(i)}$ は $y^{(t-1)}$ となります。$y^{(t-1)}$ は 1 時点前の値を意味します。

テストデータにおける予測誤差 $e^{(i)}$ を $\mathrm{MAE}_{\mathrm{naive}}$ でスケーリングします。

$$q^{(i)} = \frac{e^{(i)}}{\mathrm{MAE}_{\mathrm{naive}}} \tag{3.13}$$

スケーリングされた予測誤差である $q^{(i)}$ を対象に，MAE のように絶対値をとってから平均したものが MASE です。以下のように計算されます。ただしテストデータのサンプルサイズを N とします。

$$\mathrm{MASE} = \frac{1}{N} \sum_{i=1}^{N} \left| q^{(i)} \right| \tag{3.14}$$

MASEは，スケーリングされているため単位がありません。また分母が「特定の1つのデータ」というわけではないので，「ときたま分母が0に近くなって，誤差が極端に大きくなってしまう」という問題も回避できます。単純な予測ロジックとの性能比較の結果を指標とする考え方は，応用が利くと思います。

とはいえ，MASEがどれほど優れた指標であったとしても，単一の指標に頼っていては，予測の品質の一面しか明らかになりません。少なくとも予測値と実測値の散布図は確実に描いてください。具体例は第3部第3章で紹介します。

1.10　予測の価値

予測の一貫性，予測の品質を今まで解説してきました。最後に残る評価の観点が予測の価値です。

予測の価値は，第2部第6章で解説した情報の価値を，予測に適用したものです。予測値と実測値の分割表を，同時分布の形で得ることができれば，第2部第6章と同じ手順で計算ができます。期待金額を最大にすることを目的とする場合は，予測を使って意思決定したときの期待金額と，予測を使わないで意思決定したときの期待金額の差分を予測の価値とみなします。「予測を使うことで増加した期待金額」が予測の価値です。

予測の価値評価は，予測の品質評価と同様に，あくまでも過去の予測結果の評価となっていることに注意してください。予測値と実測値の分割表を得る際には，訓練データとテストデータに分けるといった工夫が求められます。

予測値と実測値の分割表だけでは，予測の価値を評価できません。予測を使うユーザーの利得行列が追加で必要です。予測の価値は，予測ユーザーの利得の構造を加味したうえで予測を評価するものだと言えるでしょう。この性質は，予測の品質の評価と大きく異なります。

予測の価値を評価する際の課題の1つに，予測を使って意思決定する意思決定者の利得行列を得るのが難しいことがあります。次章では，利得行列にコスト / ロス比のシチュエーションを仮定して，簡便に予測の価値を評価する方法を解説します。

1.11　記号の整理

第３部では，テーマが複数にわかれるため，章ごとに記号のまとめを行います。

カテゴリー予測の度数分布の表

		予測値 F		
		現象なし	現象あり	合計
自然の状態	現象なし	a（TN: 的中）	b（FP: 空振り）	$a+b$
（実測値）Θ	現象あり	c（FN: 見逃し）	d（TP: 的中）	$c+d$
	合計	$a+c$	$b+d$	$N=a+b+c+d$

TN: True Negative　　FP: False Positive
FN: False Negative　　TP: True Positive

同時分布の形式の分割表

		予測値 F		
		現象なしf_1	現象ありf_2	合計
自然の状態	現象なしθ_1	$P(\theta_1, f_1)$	$P(\theta_1, f_2)$	$P(\theta_1)$
（実測値）Θ	現象ありθ_2	$P(\theta_2, f_1)$	$P(\theta_2, f_2)$	$P(\theta_2)$
	合計	$P(f_1)$	$P(f_2)$	1

予測の評価指標

名称	表記	補足・計算式
的中率（正解率）	Accuracy	$=\dfrac{a+d}{N}=P(\theta_1, f_1)+P(\theta_2, f_2)$
適合率（精度）	Precision	$=\dfrac{d}{b+d}=P(\theta_2 \mid f_2)$
再現率	Recall	$=\dfrac{d}{c+d}=P(f_2 \mid \theta_2)$

名称	表記	補足・計算式
F 値	F値	$= \dfrac{2}{\frac{1}{\mathrm{Precision}} + \frac{1}{\mathrm{Recall}}}$
バイアススコア	BI	$= \dfrac{b+d}{c+d} = \dfrac{P(f_2)}{P(\theta_2)}$
出現率	$P(\theta_2)$	$= \dfrac{c+d}{N}$
実測値	$y^{(i)}$	
予測値	$\widehat{y}^{(i)}$	
平均誤差	ME	$= \dfrac{1}{N}\sum_{i=1}^{N}\left(y^{(i)} - \widehat{y}^{(i)}\right)$
Mean Absolute Error	MAE	$= \dfrac{1}{N}\sum_{i=1}^{N}\left\|y^{(i)} - \widehat{y}^{(i)}\right\|$
Mean Squared Error	MSE	$= \dfrac{1}{N}\sum_{i=1}^{N}\left(y^{(i)} - \widehat{y}^{(i)}\right)^2$
Root Mean Squared Error	RMSE	$= \sqrt{\dfrac{1}{N}\sum_{i=1}^{N}\left(y^{(i)} - \widehat{y}^{(i)}\right)^2}$
Mean Absolute Percentage Error	MAPE	$= \dfrac{1}{N}\sum_{i=1}^{N}\left\|100 \times \dfrac{y^{(i)} - \widehat{y}^{(i)}}{y^{(i)}}\right\|$
Mean Absolute Scaled Error	MASE	$= \dfrac{1}{N}\sum_{i=1}^{N}\left\|q^{(i)}\right\|$ ただし Tは訓練データのサンプルサイズ $e^{(i)} = y^{(i)} - \widehat{y}^{(i)}$としたとき $\mathrm{MAE}_{\mathrm{naive}} = \dfrac{1}{T-1}\sum_{t=2}^{T}\left\|y^{(t)} - y^{(t-1)}\right\|$ $q^{(i)} = \dfrac{e^{(i)}}{\mathrm{MAE}_{\mathrm{naive}}}$

第2章 コスト / ロスモデルと予測の価値

本章では，意思決定のモデルとしてコスト / ロスモデルを解説します。予測が価値を生み出すかどうかを評価する方法，そして予測が価値を生み出す条件について理解していただくことを主な目的として執筆しました。

本章では，コスト / ロスモデルの基本をまずは解説します。そして，予測の品質（特に的中率）と予測の価値の関係性，予測の価値を向上させる方法，コスト / ロスモデルを使って予測を評価する方法を解説します。

概要

コスト / ロスモデルの基本

コスト / ロスモデルとは → コスト / ロスモデルにおける利得行列
→ 適用事例 → コスト / ロスモデルで明らかにすること

予測が価値を生み出す条件

予測を使わないときの期待利得 → 予測に忠実に従うときの期待利得
→予測が価値を生み出す条件 → Python による分析の準備
→ Python によるコスト / ロスモデルの結果の確認
→ 予測の的中率と予測の価値の関係 → 予測の最適化

コスト / ロスモデルを用いた予測の評価

完全的中予測の価値 → 予測の有効性
→ Clayton のスキルスコア → Peirce のスキルスコア

コスト / ロスモデルの拡張

より一般的なコスト / ロスモデル

まとめ

記号の整理

2.1 コスト / ロスモデルとは

予測がもたらす価値は，予測の品質だけではなく，予測を使って意思決定する人（以下では予測ユーザーと呼ぶ）の特性によっても変わります。第2部第6章のように利得行列が得られていれば，予測の価値の計算ができます。しかし，予測ユーザーの利得行列をあらかじめ把握するのが難しいこともあります。

そこで登場するのが**コスト / ロスモデル**です。これは，予測ユーザーの利得行列をコスト / ロス比と呼ばれる指標を使って表現する意思決定のモデルです。コスト / ロスモデルを使うことで，「ある単一の予測が，さまざまな利得行列を持つユーザーに使われる可能性がある」ときの予測の価値を，ユーザーの利得行列ごとに計算できます。

コスト / ロスモデルは，予測ユーザーの利得行列がピンポイントでわかっていない場合でも使えるのが魅力です。また，仮想的にさまざまなユーザーに予測を使ってもらう状況を設定できるので，予測が価値を生み出す条件について調べることにも役立ちます。

2.2 コスト / ロスモデルにおける利得行列

コスト / ロスモデルは，主に気象予報の活用と評価のために用いられてきた意思決定モデルです。多くの場合，2つの自然の状態・2つの選択肢が与えられている中でのリスク下の意思決定問題を表現するのに使われます。3つ以上の自然の状態や選択肢に適用することもできますが，まずは基本となる2つの自然の状態・2つの選択肢の問題を扱います。

2.2.1 コスト / ロスモデルが想定するシチュエーション

Thompson and Brier(1955)に従い，以下のシチュエーションを想定します。

都合の良い自然の状態θ_1のときには，利益Tを得る
都合の悪い自然の状態θ_2になると，利益Tから損失Lが差し引かれる
コストCをかけることで，損失Lをなくせる

対策コスト C や損失 L が 0 以下になることはありません。$0 < C$ かつ $0 < L$ です。また損失を軽減させるためにコストを支払うはずなので，$C < L$ です。1 万円の損失を守るために 100 万円を支払うことはあり得ませんね。このシチュエーションを利得行列で表現すると表 3.2.1 となります。

表 3.2.1　コスト / ロスモデルが想定する利得行列

	対策なし a_1	対策あり a_2
問題なし θ_1	T	$T-C$
問題あり θ_2	$T-L$	$T-C$

何事も問題がなければ利益 T が得られるが，自然の状態によっては損失 L が発生するかもしれない。損失 L を防ぐためにコスト C を支払って対策するべきか否かを考えるのが，コスト / ロスモデルが想定する意思決定問題です。

気象予報では，例えば「工事中に雨が降ると，工事を中止せざるを得なくなって損失が出る」というようなシチュエーションが想定されます。この場合，θ_1 は「雨が降らない」，θ_2 は「雨が降る」，a_1 は「工事をする」，a_2 は「あらかじめ工事を一時休止する」などとなるでしょう。

利益や損失は，多くの場合金額で評価されます。しかし，第 4 部で紹介する効用関数表現を使うこともできます。

2.2.2　コストとロスで表現する利得行列

表 3.2.1 のすべてのマス目に利益 T が入っています。すべてのマス目から等しい値を加減しても，期待値の大小関係に基づく選択肢の優劣は変わりません。すべてのマス目から利益 T を差し引いた利得行列を表 3.2.2 に記します。

表 3.2.2　利益 T を差し引いた利得行列

	対策なし a_1	対策あり a_2
問題なし θ_1	0	$-C$
問題あり θ_2	$-L$	$-C$

2.2.3 コストとロスで表現する損失行列

正負の符号を反転させることで，表 3.2.3 のように損失行列が得られます。文献によっては損失行列が使われることもあります。利得を最大にする行動は損失を最小にする行動と等しいため，どちらの形式を使っても同じ議論ができます。本書では，第 2 部第 6 章の表記とあわせるために，表 3.2.2 の利得行列を使った表現を採用します。

表 3.2.3　コスト／ロスモデルが想定する損失行列

	対策なし a_1	対策あり a_2
問題なし θ_1	0	C
問題あり θ_2	L	C

2.2.4 コスト／ロス比で表現する利得行列

表 3.2.2 の利得行列のすべてのマス目を，損失 L で割ってスケーリングしたものが表 3.2.4 です。$0 < L$ であるため，すべてのマス目を L で割っても，期待値の大小関係に基づく選択肢の優劣は変わりません。

表 3.2.4　スケーリングされた利得行列

	対策なし a_1	対策あり a_2
問題なし θ_1	0	$-C/L$
問題あり θ_2	-1	$-C/L$

ここで $0 < C < L$ であるため，$0 < C/L < 1$ であることに注目してください。予測ユーザーにはさまざまな利得行列を持つ意思決定者がいるはずです。しかし，コスト／ロス比を使って利得行列を表現すると「コスト／ロス比を 0 から 1 の範囲内で動かす」ことで，さまざまな意思決定者の利得行列を表現できます。このような利得行列（あるいは損失行列）を使って意思決定するシチュエーションを，**コスト／ロス比のシチュエーション**と呼びます。

利得行列がピンポイントでわかっていないときに，コスト／ロスモデルは役に立ちます。また，コスト／ロス比と予測の価値の関係性を調べることで，予測が価値を生み出す条件についての理解が深まるでしょう。

2.3　ある需要予測ユーザーに対する適用

第２部第６章で取り上げた，好況・不況を予測する需要予測を例にして，コスト / ロスモデルでの表現を試みます。

2.3.1　利得行列

まずは利得行列を再掲します。数値は第２部第６章と同じです。ただし列の位置が左右逆になっているので注意してください。

表 3.2.5　ある需要予測ユーザーの利得行列

	２台稼働（対策なし）a_1	１台稼働（対策あり）a_2
好況（問題なし）θ_1	700	300
不況（問題あり）θ_2	−300	300

この利得行列を，コスト / ロスモデルの記号を使って表現します。都合の良い自然の状態（好況）のときには，利益 $T = 700$ 万円が得られます。しかし，不況になると 1000 万円分の商品が売れ残るため，損失 $L = 1000$ 万円となります。商品の作りすぎがもたらす損失を防ぐため，稼働させる機械の数を減らすという対策があります。対策をとると，好況のときは利益が 400 万円少なくなるため，対策コスト $C = 400$ 万円となります。

もとの利得行列から，利益 $T = 700$ 万円を差し引くと，コストやロスが見やすくなります。

表 3.2.6　利益 T を差し引いた，ある需要予測ユーザーの利得行列

	２台稼働（対策なし）a_1	１台稼働（対策あり）a_2
好況（問題なし）θ_1	0	−400
不況（問題あり）θ_2	−1000	−400

損失$L = 1000$万円でスケーリングした利得行列は以下のようになります。コスト / ロス比が0.4であることがわかります。

表 3.2.7　損失Lでスケーリングされた，ある需要予測ユーザーの利得行列

	2台稼働（対策なし） a_1	1台稼働（対策あり） a_2
好況（問題なし） θ_1	0	−0.4
不況（問題あり） θ_2	−1	−0.4

本章では，表3.2.7の利得行列を持つ意思決定者を対象とした議論と，さまざまなコスト / ロス比を持つ意思決定者たち一般を対象とした議論をともに行います。これを見分けるために，前者を「ある需要予測ユーザー」と呼び分けることにします。

2.3.2　予測値と実測値の同時分布

自然の状態と予測値の同時確率分布は表3.2.8のように表記します。

表 3.2.8　自然の状態と予測値の同時確率分布

		予測値F		
		問題なし f_1	問題あり f_2	合計
自然の状態Θ	問題なし θ_1	$P(\theta_1, f_1)$	$P(\theta_1, f_2)$	$P(\theta_1)$
	問題あり θ_2	$P(\theta_2, f_1)$	$P(\theta_2, f_2)$	$P(\theta_2)$
	合計	$P(f_1)$	$P(f_2)$	1

基本的には，予測一般の価値評価を試みるため，表3.2.8の表記に従います。ただし，計算のイメージをつかんでいただくために，表3.2.9のような需要予測があった場合の数値例をしばしば提示します。この需要予測は第2部第6章で対象となったものと同じです。

表 3.2.9　ある需要予測の同時分布の例

		予測値 F		
		好況予測（問題なし）f_1	不況予測（問題あり）f_2	合計
自然の状態 Θ	好況（問題なし）θ_1	$P(\theta_1, f_1) = 0.35$	$P(\theta_1, f_2) = 0.05$	$P(\theta_1) = 0.4$
	不況（問題あり）θ_2	$P(\theta_2, f_1) = 0.1$	$P(\theta_2, f_2) = 0.5$	$P(\theta_2) = 0.6$
	合計	$P(f_1) = 0.45$	$P(f_2) = 0.55$	1

2.4　コスト / ロスモデルを使って明らかにする内容

これから，コスト / ロス比で表現された利得行列を使い，意思決定を行ったときの期待利得を計算します。そして第2部の議論と同様に，期待利得を最大にする行動を調べます。そのうえで，予測が価値を生み出す条件を調べます。

なお，第2部においては，期待利得を期待金額 EMV で評価していました。本章では，T と L でスケーリングした利得を対象とするため，便宜的に ESV（Expected Scaled Value）と呼ぶことにします。なお ESV は本書でのみ使われる用語ですので注意してください。また，ESV を最大にする選択肢を最適な行動，あるいは最適戦略と呼ぶことにします。

2.5　予測を使わないときの期待利得

予測を使わないときの ESV を求めます。そのうえで ESV を最大にする行動を調べます。

2.5.1　予測を使わないときの ESV の定義

自然の状態の周辺分布が $P(\theta)$ であるとき，選択肢として a_j を採用したときの ESV は以下のように計算されます。

$$ESV(a_j|P(\theta)) = \sum_{i=1}^{2} P(\theta_i) \cdot c'(a_j, \theta_i) \tag{3.15}$$

ただし$c'(a_j, \theta_i)$は以下で計算されます。

$$c'(a_j, \theta_i) = \frac{c(a_j, \theta_i) - T}{L} \tag{3.16}$$

表 3.2.4 と中身は同一ですが，$c'(a_j, \theta_i)$の記号を添えた利得行列を再掲します（表 3.2.10）。

表 3.2.10　スケーリングされた利得行列

	対策なし a_1	対策あり a_2
問題なし θ_1	$c'(a_1, \theta_1) = 0$	$c'(a_2, \theta_1) = -C/L$
問題あり θ_2	$c'(a_1, \theta_2) = -1$	$c'(a_2, \theta_2) = -C/L$

2.5.2　コスト / ロス比を用いた *ESV* の表現

コスト / ロス比C/Lを用いて，ESVを表現します。まずは選択肢a_1，すなわち「対策なし」を採用したときの期待利得を求めます。標準化された期待利得$c'(a_j, \theta_i)$は表 3.2.10 の記号を使うことに注意してください。

$$\begin{aligned} ESV(a_1|P(\theta)) &= \sum_{i=1}^{2} P(\theta_i) \cdot c'(a_1, \theta_i) \\ &= P(\theta_1) \cdot c'(a_1, \theta_1) + P(\theta_2) \cdot c'(a_1, \theta_2) \\ &= P(\theta_1) \cdot 0 - P(\theta_2) \cdot 1 \\ &= -P(\theta_2) \end{aligned} \tag{3.17}$$

続いて選択肢a_2，すなわち「対策あり」を採用したときの期待利得を求めます。$P(\theta_1) + P(\theta_2) = 1$であることに注意してください。

$$\begin{aligned} ESV(a_2|P(\theta)) &= \sum_{i=1}^{2} P(\theta_i) \cdot c'(a_2, \theta_i) \\ &= P(\theta_1) \cdot c'(a_2, \theta_1) + P(\theta_2) \cdot c'(a_2, \theta_2) \\ &= -P(\theta_1) \cdot \frac{C}{L} - P(\theta_2) \cdot \frac{C}{L} \\ &= -\frac{C}{L} \end{aligned} \tag{3.18}$$

2.5.3　無技術最良予測

ESV を最大にする選択肢は，問題のある自然の状態の発生確率 $P(\theta_2)$ とコスト / ロス比 C/L を使って，以下のように表記できます。なお，等号が成り立つときは，どちらの選択肢を採用しても期待利得は変わりません。この方法で期待利得を最大にする行動を**無技術最良予測**と呼びます。

$$a^* = \begin{cases} \frac{C}{L} > P(\theta_2) \text{ のとき，対策なし } a_1 \\ \frac{C}{L} < P(\theta_2) \text{ のとき，対策あり } a_2 \end{cases} \tag{3.19}$$

コスト / ロス比が大きいということは，対策コストが大きいか，対策しても防げる損失が小さい状況にあることを意味します。平たく言えば「コスト / ロス比が大きい意思決定者は，対策したくない（対策してもあまり得できない）」わけです。一方で $P(\theta_2)$ が大きいということは，損失が発生する可能性が高い（対策しないと，損失を受けやすい）ことを意味します。両者の大小関係で，「対策なし」と「対策あり」を使い分けることになります。

memo

表 3.2.7 の利得行列を持ち，表 3.2.9 の同時分布が与えられているという，ある需要予測ユーザーを対象にして，無技術最良予測を調べます。

この予測ユーザーでは $C/L = 0.4$ です。そして $P(\theta_2) = 0.6$ です。$C/L < P(\theta_2)$ であるため，予測を使わないときは「対策あり（機械を稼働させる台数を減らして 1 台だけにする）」を採用します。第 2 部第 4 章と同じ結果になることを確認してください。

2.6　予測に忠実に従うときの期待利得

予測に忠実に従って意思決定したときの ESV を求めます。

2.6.1　予測に忠実に従うときの選択肢

第 2 部第 6 章では予測を用いた期待金額の最大値 $EMV\left(a_f^* \middle| P(\theta, f)\right)$ に

ついて議論しました。今回は期待金額の最大値を達成するa_f^*ではなく，予測に忠実に従って行動するa_f（予測を盲目的に信じて行動するa_fとも言える）を対象とします。そして予測に忠実に従うべきか，それとも予測を無視して行動すべきかを検討します。予測を無視するべきという結論が得られた場合は，予測の価値を0とみなします。「予測に忠実に従う」という表現は，本書の造語なので注意してください。

予測f_kに忠実に従って意思決定したときにとられる選択肢をa_{f_k}と表記することにします。a_{f_k}は以下のように定義されます。なお$c'(a_j, \theta_k)$は$c(a_j, \theta_k)$としても同じです。θ_kはf_kに対応する自然の状態であり「予測 - 問題なし f_1」に対応するのは「問題なし θ_1」で，「予測 - 問題あり f_2」に対応するのは「問題あり θ_2」です。

$$a_{f_k} = \underset{a_j}{\mathrm{argmax}}\, c'(a_j, \theta_k) \tag{3.20}$$

「予測に忠実に従う」意思決定は「予測が外れることを想定しない」意思決定のことです。予測が確実に当たると信じて，予測に対応する自然の状態を想定し，そのときに最大の利得が得られるように選択肢を選びます。コスト/ロス比のシチュエーションにおいては，「予測 - 問題なし f_1」が出たならば「対策なし a_1」を採用します。「予測 - 問題あり f_2」が出たならば「対策あり a_2」を採用します。

2.6.2 予測に忠実に従うときの*ESV*の定義

「予測に忠実に従う」ときのESVは下記のように定義されます。これは第2部第6章6.6節とほぼ同じ式になります。

$$ESV(a_f | P(\theta, f)) = \sum_{i=1}^{2} \sum_{k=1}^{2} P(\theta_i, f_k) \cdot c'(a_{f_k}, \theta_i) \tag{3.21}$$

2.6.3 コスト/ロス比を用いた*ESV*の表現

予測に従ったときの期待利得を計算します。ただし$P(\theta_1, f_2) + P(\theta_2, f_2) = P(f_2)$であること，$a_{f_1} = a_1$，$a_{f_2} = a_2$であることに注意して

ください。難しければ結論だけ確認しても大丈夫です。

$$
\begin{aligned}
&ESV\left(a_f|P\left(\theta,f\right)\right)\\
&\quad=\sum_{i=1}^{2}\sum_{k=1}^{2}P\left(\theta_i,f_k\right)\cdot c'\left(a_{f_k},\theta_i\right)\\
&\quad=P\left(\theta_1,f_1\right)\cdot c'\left(a_{f_1},\theta_1\right)-P\left(\theta_2,f_1\right)\cdot c'\left(a_{f_1},\theta_2\right)\\
&\qquad-P\left(\theta_1,f_2\right)\cdot c'\left(a_{f_2},\theta_1\right)-P\left(\theta_2,f_2\right)\cdot c'\left(a_{f_2},\theta_2\right)\\
&\quad=P\left(\theta_1,f_1\right)\cdot 0-P\left(\theta_2,f_1\right)\cdot 1-P\left(\theta_1,f_2\right)\cdot\frac{C}{L}-P\left(\theta_2,f_2\right)\cdot\frac{C}{L}\\
&\quad=-P\left(\theta_2,f_1\right)-P\left(f_2\right)\cdot\frac{C}{L}
\end{aligned}
\tag{3.22}
$$

予測における見逃しがあったときは，対策をとれずに損失をまともに受けるため$P\left(\theta_2,f_1\right)$の確率で損失が発生します。一方で予測$f_2$が出たときには，必ず対策をします。このとき，損失は受けませんが，対策コストがかかります。

2.7　予測が価値を生み出す条件

山田(2004)を参考にして，予測が価値を生み出す条件，言い換えると$ESV\left(a_f|P\left(\theta,f\right)\right)>ESV\left(a^*|P\left(\theta\right)\right)$となる条件を調べます。$a^*$は$C/L$と$P\left(\theta_2\right)$の大小関係で変化するので，2つに場合分けします。途中式を端折らずに載せていますが，難しければ結論だけ確認しても大丈夫です。

1　$C/L>P\left(\theta_2\right)$のとき。すなわち$a^*$が「対策なし$a_1$」のとき

$$
\begin{aligned}
ESV\left(a_f|P\left(\theta,f\right)\right)&>ESV\left(a_1|P\left(\theta\right)\right)\\
-P\left(\theta_2,f_1\right)-P\left(f_2\right)\cdot\frac{C}{L}&>-P\left(\theta_2\right)\\
-P\left(f_2\right)\cdot\frac{C}{L}&>-P\left(\theta_2\right)+P\left(\theta_2,f_1\right)\\
P\left(f_2\right)\cdot\frac{C}{L}&<P\left(\theta_2\right)-P\left(\theta_2,f_1\right)\\
P\left(f_2\right)\cdot\frac{C}{L}&<P\left(\theta_2,f_2\right)\\
\frac{C}{L}&<\frac{P\left(\theta_2,f_2\right)}{P\left(f_2\right)}\\
\frac{C}{L}&<P\left(\theta_2|f_2\right)
\end{aligned}
\tag{3.23}
$$

2　$C/L < P(\theta_2)$のとき。すなわちa^*が「対策ありa_2」のとき

$$
\begin{aligned}
ESV(a_f|P(\theta, f)) &> ESV(a_2|P(\theta)) \\
-P(\theta_2, f_1) - P(f_2) \cdot \frac{C}{L} &> -\frac{C}{L} \\
(1 - P(f_2)) \cdot \frac{C}{L} &> P(\theta_2, f_1) \\
P(f_1) \cdot \frac{C}{L} &> P(\theta_2, f_1) \\
\frac{C}{L} &> \frac{P(\theta_2, f_1)}{P(f_1)} \\
\frac{C}{L} &> P(\theta_2|f_1)
\end{aligned}
\tag{3.24}
$$

表 3.2.11　予測が価値を生み出す条件

	$C/L > P(\theta_2)$のとき	$C/L < P(\theta_2)$のとき
無技術最良予測	対策なしa_1	対策ありa_2
予測が価値を生み出す条件	$C/L < P(\theta_2|f_2)$	$C/L > P(\theta_2|f_1)$

少々煩雑な式変形ですが，最後の式はとてもシンプルです。予測f_1は「対策しなくても大丈夫だ」というシグナルで，予測f_2は「対策するべきだ」というシグナルだとみなすと理解しやすいと思います。

$C/L > P(\theta_2)$のときは，予測がなければ「対策なしa_1」という行動をとります。予測に従って得できるか否かは，予測f_2「対策するべきだ」というシグナルに従って行動を変えることの是非にかかっています。そのため条件付き確率$P(\theta_2|f_2)$が重要となります。f_2と予測されたとき，本当にθ_2となる確率が十分に高い（予測の空振りが少ない）なら，予測に従って行動を変化させると期待利得が増えます。

逆も同様です。$C/L < P(\theta_2)$のときは，予測がなければ「対策ありa_2」という行動をとります。予測に従って得できるか否かは，予測f_1「対策しなくても大丈夫だ」というシグナルに従って行動を変えることの是非にかかっています。そのため条件付き確率$P(\theta_2|f_1)$が重要となります。f_1と予測されたときに，間違ってθ_2になる確率が十分に低い（予測の見逃しが少ない）なら，予測に従うことで期待利得を増やすことができます。

この結果により，予測が価値を生み出すために最低限達成しなければならない予測の品質が明らかとなります。予測モデルを構築する前に，目標とする精度指標を決めることはしばしばあります。この目標値の根拠付けの1つとして今回の結果を活用できます。

この条件を見ると，予測を適合率などの個別の指標だけで評価することの危険性がよくわかります。適合率は$P(\theta_2|f_2)$のみに着目した指標です。$C/L > P(\theta_2)$ならば重要な値ですが，$C/L < P(\theta_2)$の状況下ではあまり重要視するべき指標ではありません。適合率と再現率をバランス良く取り込んだF値もまた同様です。仮に，$P(\theta_2|f_1)$に強い興味があるならば，F値ではなく$P(\theta_2|f_1)$そのものを第1に参照するべきでしょう。最低限満たすべき予測の品質基準を達成したうえで，F値などの個別の指標を改善していけば良いと思います。

2.8 Pythonによる分析の準備

ここからは数式とPythonを併用します。まずはその準備としてライブラリの読み込みなどを行います。今回はグラフを描くためのライブラリも読み込んでいます。

```
# 数値計算に使うライブラリ
import numpy as np
import pandas as pd
# DataFrameの全角文字の出力をきれいにする
pd.set_option('display.unicode.east_asian_width', True)
# 本文の数値とあわせるために，小数点以下3桁で丸める
pd.set_option('display.precision', 3)
# グラフ描画
import matplotlib.pyplot as plt
import seaborn as sns
sns.set()
# グラフの日本語表記
from matplotlib import rcParams
rcParams['font.family'] = 'sans-serif'
rcParams['font.sans-serif'] = 'Meiryo'
```

対象となる予測の同時分布をjoint_forecast_stateとします。これは表3.2.9と同じ値です。まずは予測の分布を固定して，予測ユーザーのコスト / ロス比が変わることがもたらす影響を調べます。

```
joint_forecast_state = pd.DataFrame({
    '予測-問題なし': [0.35, 0.1],
    '予測-問題あり': [0.05, 0.5]
})
joint_forecast_state.index = ['問題なし', '問題あり']
print(joint_forecast_state)
```

```
         予測-問題なし  予測-問題あり
問題なし         0.35          0.05
問題あり         0.10          0.50
```

予測の周辺分布を得ます。$P(f_1) = 0.45$で$P(f_2) = 0.55$です。

```
marginal_forecast = joint_forecast_state.sum(axis=0)
marginal_forecast
```

```
予測-問題なし    0.45
予測-問題あり    0.55
dtype: float64
```

自然の状態の周辺分布を得ます。$P(\theta_1) = 0.4$で$P(\theta_2) = 0.6$です。

```
marginal_state = joint_forecast_state.sum(axis=1)
marginal_state
```

```
問題なし    0.4
問題あり    0.6
dtype: float64
```

予測が得られた後の条件付き分布$P(\theta|f)$を得ます。

```
conditional_forecast = joint_forecast_state.div(marginal_forecast, axis=1)
print(conditional_forecast)
```

```
         予測-問題なし  予測-問題あり
問題なし        0.778         0.091
問題あり        0.222         0.909
```

2.9 Pythonによるコスト / ロスモデルの結果の確認

グラフを用いて，コスト / ロスモデルの結論を視覚的に確認します。

2.9.1 コスト / ロス比別の*ESV*

予測の同時分布 joint_forecast_state を対象として，ESVを計算します。決定方式（常に対策なし・常に対策あり・予測に忠実に従う）別に，コスト / ロス比を 0 から 1 まで変化させて，ESVの変化をグラフで確認します。

数式とコードの対応関係を確認します。$P(\theta_2)$は marginal_state['問題あり'] です。$P(\theta_2, f_1)$は joint_forecast_state.loc['問題あり', '予測-問題なし'] と対応しており，$P(f_2)$は marginal_forecast['予測-問題あり'] と対応しています。コスト / ロス比を 0.01 から 0.99 まで 0.01 区切りで変化させながら，3つの決定方式別に期待利得を求めました。

```
# コスト / ロス比は 0 から 1 の範囲をとる
cl_ratio_array = np.arange(0.01, 1, 0.01)

# スケーリングされた期待利得
# 常に対策なし
esv_naive_1 = -1 * np.repeat(marginal_state['問題あり'], len(cl_ratio_array))
# 常に対策あり
esv_naive_2 = -1 * cl_ratio_array
# 予測に忠実に従う
esv_f = -1 * joint_forecast_state.loc['問題あり', '予測-問題なし'] \
        - cl_ratio_array * marginal_forecast['予測-問題あり']
```

横軸にコスト / ロス比を，縦軸にESVをおいた折れ線グラフを描きます。matplotlib を使ってグラフを描く方法はいくつかありますが，本書では基本的に以下の手順で進めます。この方法だと，比較的複雑なグラフでも統一的に描けます。

1. plt.subplots 関数を使って描画オブジェクトを作る
2. この描画オブジェクトにいろいろな要素を付け加えていく

描画オブジェクトに追加する要素の意味は，コードのコメントを参照してください。

```
# 描画オブジェクトを生成
fig, ax = plt.subplots(figsize=(7, 4))
# 折れ線グラフの描画
ax.plot(cl_ratio_array, esv_naive_1, label='常に対策なし')
ax.plot(cl_ratio_array, esv_naive_2, label='常に対策あり')
ax.plot(cl_ratio_array, esv_f, label='予測に忠実に従う')
# グラフの装飾
ax.set_title('スケーリングされた期待利得', fontsize=15)  # タイトル
ax.set_xlabel('CL比')                                   # X軸ラベル
ax.legend(loc='upper right')                            # 凡例
```

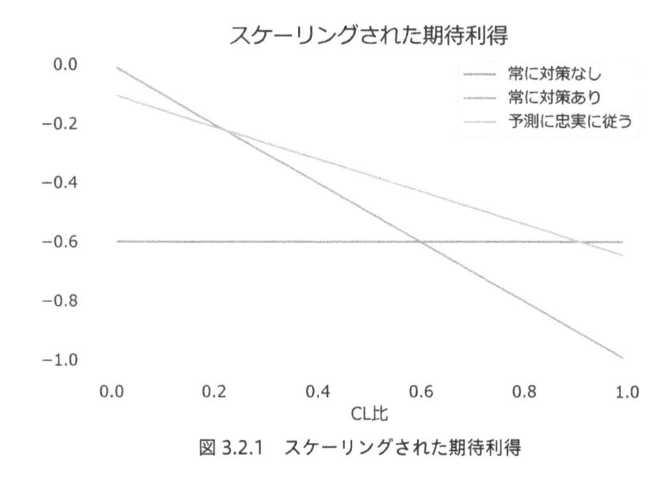

図 3.2.1　スケーリングされた期待利得

緑色の線が，予測に従ったときの期待利得です。緑の線が一番上にある範囲において，予測が価値を生み出すことになります。

2.9.2　予測が価値を生み出すコスト / ロス比の範囲

2.7 節の結果に基づいて，予測が価値を生み出すコスト / ロス比の範囲を求めます。

```
# 予測が価値を生み出す範囲
lower = conditional_forecast.loc['問題あり', '予測 - 問題なし']
upper = conditional_forecast.loc['問題あり', '予測 - 問題あり']
print(f'予測が価値を生み出す CL 比の範囲：{lower:.3g} ～ {upper:.3g}')
```

```
予測が価値を生み出す CL 比の範囲：0.222 ～ 0.909
```

予測が価値を生み出すかどうか（期待利得を増やせるかどうか）を調べる際，利得行列を厳密に評価するのは大変です。コスト / ロスモデルを使うと，予測が価値を生み出す利得行列の一種の「幅」を示せるのが便利です。

2.9.3 コスト / ロス比別の予測の価値

続いて，予測の価値をグラフで確認します。まずは予測を使わない条件で，コスト / ロス比ごとに最大の期待利得 esv_naive を得ます。これが無技術最良予測に従うときの期待利得です。np.maximum は，引数で指定された複数の array の中から最大値を取得する関数です。そして，予測に従うときの期待利得 esv_f から，無技術最良予測に従うときの期待利得 esv_naive を差し引くことで，予測の価値が得られます。

グラフの描き方には大きな変更はありません。補足すると ax.vlines は，縦線を引く関数です。予測の価値が正となる範囲を示しています。ax.hlines は横線を引く関数です。予測の価値が 0 である基準線を示しています。

```
# 無技術最良予測に従うときの期待利得
esv_naive = np.maximum(esv_naive_1, esv_naive_2)
# 予測の価値
value_f = esv_f - esv_naive

# 描画オブジェクトを生成
fig, ax = plt.subplots(figsize=(7, 4))
# 折れ線グラフの描画
ax.plot(cl_ratio_array, value_f, label=' 予測の価値 ')
# 予測の価値が正である範囲
ax.vlines(x=lower, ymin=-0.1, ymax=0.15, linestyle='--')
ax.vlines(x=upper, ymin=-0.1, ymax=0.15, linestyle='--')
# グラフの装飾
ax.hlines(y=0, xmin=0, xmax=1, color='black')           # 高さ 0 の基準線
ax.set_title(' スケーリングされた予測の価値 ', fontsize=15)  # タイトル
ax.set_xlabel('CL 比 ')                                  # X 軸ラベル
ax.legend(loc='upper right')                            # 凡例
```

図 3.2.2 は，ある予測（今回は joint_forecast_state の同時分布が与えられた予測）を，いろいろな利得行列を持つユーザーが使ったときの予測の価値を見たものです。コスト / ロス比が 0.6 であるユーザーは，予測から比較

的高い価値を見出すことができます。一方でコスト / ロス比が 0.222 以下あるいは 0.909 以上である予測ユーザーにおいては，予測の価値は 0 以下となります。このようなユーザーは，予測を使わないで意思決定した方が，期待利得を大きくできます。

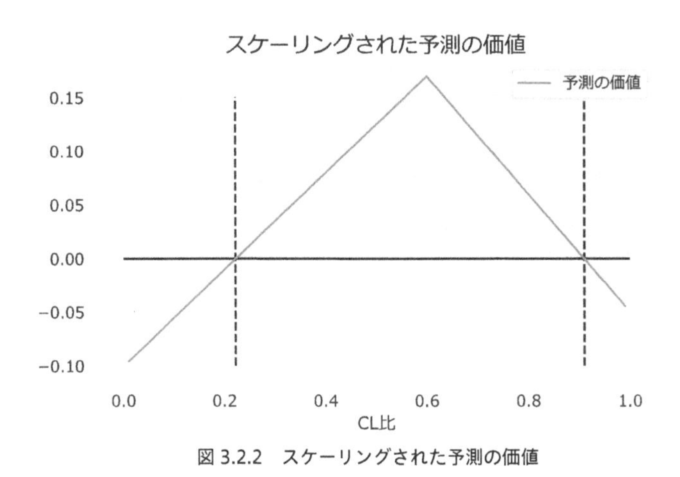

図 3.2.2　スケーリングされた予測の価値

2.9.4　予測の価値を計算する関数の作成

今後の作業を簡単にするため，予測の価値を計算する関数を作ります。

```
# スケーリングされた予測の価値を計算する関数
# 同時分布は以下の形式になっている必要がある
# 1列目「予測 - 問題なし」・2列目「予測 - 問題あり」
# 1行目「問題なし」・2行目「問題あり」
def forecast_value(cl_ratio, joint_prob):
    # 周辺分布
    marginal_forecast = joint_prob.sum(axis=0)
    marginal_state = joint_prob.sum(axis=1)

    # ESV の計算
    # 常に対策なし
    esv_naive_1 = -1 * marginal_state[1]
    # 常に対策あり
    esv_naive_2 = -1 * cl_ratio
    # 予測に忠実に従う
    esv_f = -1 * joint_prob.iloc[1, 0] - cl_ratio * marginal_forecast[1]
```

```
    # 予測の価値の計算
    # 無技術最良予測
    esv_naive = np.maximum(esv_naive_1, esv_naive_2)
    # 予測の価値
    value_f = esv_f - esv_naive
    return(value_f)
```

この関数を使うと，図 3.2.2 のグラフを描くために必要となった value_f は，以下のように簡単に作成できます。

```
# 関数を使うと，以下のようにして，CL 比を変化させたときの予測の価値を計算できる
value_f_func = np.apply_along_axis(func1d=forecast_value,
                                   axis=0,
                                   arr=cl_ratio_array,
                                   joint_prob=joint_forecast_state)
```

memo

表 3.2.5 の利得行列を持ち，表 3.2.9 の同時分布が与えられているという，ある需要予測ユーザーを対象にして，予測の価値を計算します。このユーザーでは$C/L = 0.4$であることに注意してください。

```
value_04 = forecast_value(0.4, joint_forecast_state)
print(f'CL 比が 0.4 のユーザーの予測の価値： {value_04:.3g}')
```

```
CL 比が 0.4 のユーザーの予測の価値： 0.08
```

2.3 節で解説したように，このユーザーの損失$L = 1000$万円です。そのため，コスト / ロス比に基づいて計算された価値 value_04 に 1000 をかけると，スケーリングされる前の予測の価値が計算できます。

```
print(f'CL 比が 0.4, L が 1000 万のユーザーの予測の価値： {value_04*1000:.3g} 万 ')
```

```
CL 比が 0.4, L が 1000 万のユーザーの予測の価値： 80 万
```

この金額が第 2 部第 6 章の結果と一致していることを確認してください。

2.10 予測の的中率と予測の価値の関係

今までは，予測を固定して，予測ユーザーの利得行列を（コスト／ロス比を変化させることで）変化させて，予測の価値がどのように変わるかを調べてきました。次は，「自然の状態と予測値の同時分布」も変化させて，予測が価値を生み出す条件をさらに深く調べます。

さまざまな観点から同時分布を変化させることができますが，今回はThompson(1952) に従い，バイアスのない予測を対象として，的中率と予測の価値の関係を調べることにします。具体的には「予測が価値を生み出すために最低限必要となる的中率」を求めます。

2.10.1 数式による表現

バイアスのない予測は，バイアススコア（第３部第１章参照）が１である予測です。すなわち$P(\theta_2) = P(f_2)$です。バイアスがなくなる条件は，見逃し率$P(\theta_2, f_1)$と空振り率$P(\theta_1, f_2)$が等しいことです。この条件が満たされているとき，的中率と見逃し率の関係は以下のようになります。

$$
\begin{aligned}
\text{Accuracy} &= P(\theta_1, f_1) + P(\theta_2, f_2) \\
\text{Accuracy} &= 1 - P(\theta_2, f_1) - P(\theta_1, f_2) \\
\text{Accuracy} &= 1 - 2 \cdot P(\theta_2, f_1) \\
P(\theta_2, f_1) &= \frac{1}{2} - \frac{\text{Accuracy}}{2}
\end{aligned}
\tag{3.25}
$$

この関係が満たされているときに，「予測が価値を生み出すために最低限必要となる的中率」をこれから計算します。$C/L > P(\theta_2)$か$C/L < P(\theta_2)$で場合分けした結果を示します。難しければ結論だけ確認しても大丈夫です。

1　$C/L > P(\theta_2)$のとき。すなわちa^*が「対策なしa_1」のとき

$$\begin{aligned}
ESV(a_f|P(\theta, f)) &> ESV(a_1|P(\theta)) \\
-P(\theta_2, f_1) - P(f_2) \cdot \frac{C}{L} &> -P(\theta_2) \\
-\left(\frac{1}{2} - \frac{\text{Accuracy}}{2}\right) - P(f_2) \cdot \frac{C}{L} &> -P(\theta_2) \\
\frac{\text{Accuracy}}{2} - \frac{1}{2} - P(f_2) \cdot \frac{C}{L} &> -P(\theta_2) \\
\text{Accuracy} &> 1 - 2 \cdot P(\theta_2) + 2 \cdot P(f_2) \cdot \frac{C}{L} \\
\text{Accuracy} &> 1 - 2 \cdot P(\theta_2) + 2 \cdot P(\theta_2) \cdot \frac{C}{L} \\
\text{Accuracy} &> 1 - 2 \cdot P(\theta_2)\left(1 - \frac{C}{L}\right)
\end{aligned} \tag{3.26}$$

3行目は式 (3.25) の関係を使っています。

6行目はバイアスがないので$P(\theta_2) = P(f_2)$である関係を使っています。

2　$C/L < P(\theta_2)$のとき。すなわちa^*が「対策ありa_2」のとき

$$\begin{aligned}
ESV(a_f|P(\theta, f)) &> ESV(a_2|P(\theta)) \\
-P(\theta_2, f_1) - P(f_2) \cdot \frac{C}{L} &> -\frac{C}{L} \\
-\left(\frac{1}{2} - \frac{\text{Accuracy}}{2}\right) - P(f_2) \cdot \frac{C}{L} &> -\frac{C}{L} \\
\frac{\text{Accuracy}}{2} - \frac{1}{2} - P(f_2) \cdot \frac{C}{L} &> -\frac{C}{L} \\
\text{Accuracy} &> 1 - 2 \cdot \frac{C}{L} + 2 \cdot P(f_2) \cdot \frac{C}{L} \\
\text{Accuracy} &> 1 - 2 \cdot \frac{C}{L} + 2 \cdot P(\theta_2) \cdot \frac{C}{L} \\
\text{Accuracy} &> 1 - 2 \cdot \frac{C}{L} \cdot (1 - P(\theta_2))
\end{aligned} \tag{3.27}$$

3行目は式 (3.25) の関係を使っています。

6行目はバイアスがないので$P(\theta_2) = P(f_2)$である関係を使っています。

2.10.2 Python 実装：関数の作成

先の結果を Python の関数にまとめます。後ほど array を対象として実行するので，条件分岐には np.where 関数を使っています。

```
# 予測が価値を生み出すために必要な的中率を求める関数
def required_accuracy(cl_ratio, p_theta):
    ret = np.where(cl_ratio >= p_theta,                      # 条件
                   1 - 2 * p_theta * (1 - cl_ratio),  # 条件を満たすとき
                   1 - 2 * cl_ratio * (1 - p_theta))  # 満たさないとき
    return(ret)
```

例えば，コスト / ロス比が 0.2 の意思決定者が予測を使うことを考えます。自然の状態における「問題あり」確率が 0.8 ($P(\theta_2) = 0.8$) であるならば，的中率が 92% を超えなければ，この予測は価値を生み出さないことがわかります。

```
required_accuracy(cl_ratio=0.2, p_theta=0.8)
```

```
array(0.92)
```

的中率 92% を超える予測でなければ役に立たないというのは，ハードルが高く感じますね。もちろん，予測ユーザーのコスト / ロス比と自然の状態の確率分布によって，必要とされる的中率は変わります。

2.10.3 Python 実装：予測の的中率と予測の価値の関係

コスト / ロス比と要求される的中率の関係を，視覚的に確認します（図 3.2.3）。以下のコードはやや長いですが，ほぼ同じ作業の繰り返しです。np.apply_along_axis(required_accuracy) として，予測が価値を生み出すために必要となる的中率を計算します。このとき，$P(\theta_2)$を 0.9, 0.7, 0.5, 0.3, 0.1 と 5 パターンに変化させました。5 パターン分の結果をまとめて折れ線グラフとして表示させます。

```
# CL 比
cl_ratio_array = np.arange(0.01, 1, 0.01)
```

```
# 予測が価値を生み出すために必要な的中率
req_acc09 = np.apply_along_axis(required_accuracy, 0, cl_ratio_array, 0.9)
req_acc07 = np.apply_along_axis(required_accuracy, 0, cl_ratio_array, 0.7)
req_acc05 = np.apply_along_axis(required_accuracy, 0, cl_ratio_array, 0.5)
req_acc03 = np.apply_along_axis(required_accuracy, 0, cl_ratio_array, 0.3)
req_acc01 = np.apply_along_axis(required_accuracy, 0, cl_ratio_array, 0.1)

# 描画オブジェクトを生成
fig, ax = plt.subplots(figsize=(7, 4))
# 折れ線グラフの描画
ax.plot(cl_ratio_array, req_acc09, label=r'$P(\theta_2)=0.9$')
ax.plot(cl_ratio_array, req_acc07, label=r'$P(\theta_2)=0.7$')
ax.plot(cl_ratio_array, req_acc05, label=r'$P(\theta_2)=0.5$')
ax.plot(cl_ratio_array, req_acc03, label=r'$P(\theta_2)=0.3$')
ax.plot(cl_ratio_array, req_acc01, label=r'$P(\theta_2)=0.1$')
# グラフの装飾
ax.set_title('予測が価値を生むために必要な的中率', fontsize=15)  # タイトル
ax.set_ylim(0.49, 1.01)                                          # Y軸の範囲
ax.set_xlabel('CL比')                                            # X軸ラベル
ax.set_ylabel('的中率')                                          # Y軸ラベル
ax.legend()                                                      # 凡例
```

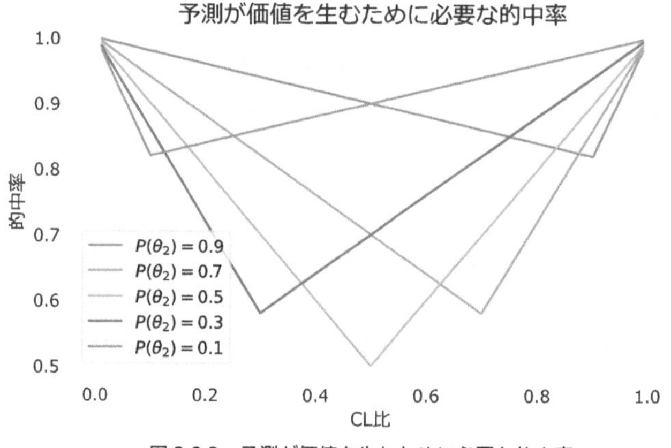

図 3.2.3　予測が価値を生むために必要な的中率

図3.2.3を見ると，総じて$P(\theta_2)$が0.5に近い方が，求められる的中率が低くなるようです。また，$P(\theta_2) = C/L$であるならば，求められる的中率は低くなります。$P(\theta_2) = C/L = 0.5$のときは，的中率が50%を上回りさえすれば，予測は価値を生み出します。的中率が51%でも価値を生み出せ

るというのは，とてもハードルが低いですね。

一方で$P(\theta_2)$が大きいときにC/Lが小さい場合，予測が価値を生むためにはとても高い的中率が要求されます。$P(\theta_2)$が大きいということは「対策をとらなければ，損失を受ける可能性が高い」ことを意味します。C/Lが小さいということは「コストが少ないので，対策がとりやすい」あるいは「損失が大きいので，なるべく対策をとりたい」ことを意味します。このような場合には，いちいち予測を使わずとも，常に対策を取り続けていればよいのです。$P(\theta_2)$が小さくC/Lが大きい場合も同様に，予測を使わず，常に対策をしないで放置していればよいことになります。

とるべき行動がある程度明確であるならば，行動を決めるための追加の情報が不要となることはしばしばあります。このような状況下では，よほど品質の高い予測でない限り，予測値を計算しても無用の長物となります。予測値が得られたとしても，期待利得の向上に寄与しないことは十分に考えられます。情報の価値が0になるのは，まったく珍しいことではありません。

本節の結果は，コスト/ロス比と自然の状態の周辺分布だけから得られます。予測値と実測値の同時分布などは不要です。そのため，予測値を実際に計算する前に検討できます。コスト/ロス比の値がピンポイントでわからなかったとしても，定性的な結果を理解しておくと「予測を使って価値を生み出す際のハードルの高さ」のイメージがつきやすくなるかと思います。

2.11　個別ユーザーのための予測の最適化

2.10節では，バイアスのない予測を対象としていました。次はバイアスのある予測を対象とします。すなわち$P(\theta_2) \neq P(f_2)$であるような予測です。バイアスがあることは悪いことだと思われるかもしれませんが，一概には言えません。ここでも予測ユーザーのコスト/ロス比が重要な役割を果たします。

2.11.1　的中率を計算する関数の作成

的中率と予測の価値の関係性を見るために，的中率を計算する関数を作ります。

```
# 的中率を求める関数
def accuracy(joint_prob):
    return(joint_prob.iloc[0, 0] + joint_prob.iloc[1, 1])
```

2.11.2 いろいろな同時分布を持つ予測

いろいろな同時分布を持つ予測を用意します。ただしすべての事例で$P(\theta_1) = P(\theta_2) = 0.5$とします。まずはバイアスのない予測を用意します。的中率は80%です。

```
# バイアスのない予測
zero_bias = pd.DataFrame({
    '予測-問題なし': [0.4, 0.1],
    '予測-問題あり': [0.1, 0.4]
})
zero_bias.index = ['問題なし', '問題あり']
print('的中率：', accuracy(zero_bias))
print(zero_bias)
```

```
的中率： 0.8
         予測-問題なし  予測-問題あり
問題なし           0.4          0.1
問題あり           0.1          0.4
```

続いて，見逃し率$P(\theta_2, f_1)$を半減させる代わりに，空振り率$P(\theta_1, f_2)$を2倍に増やした予測を用意します。的中率は75%に下がります。

```
# 見逃し（偽陰性：False Negative）を減らした予測
decrease_fn = pd.DataFrame({
    '予測-問題なし': [0.3, 0.05],
    '予測-問題あり': [0.2, 0.45]
})
decrease_fn.index = ['問題なし', '問題あり']
print('的中率：', accuracy(decrease_fn))
print(decrease_fn)
```

```
的中率： 0.75
          予測 - 問題なし  予測 - 問題あり
問題なし           0.30           0.20
問題あり           0.05           0.45
```

最後に，空振り率$P(\theta_1, f_2)$を半減させる代わりに見逃し率$P(\theta_2, f_1)$を2倍に増やした予測を用意します。こちらも的中率は75%です。

```
# 空振り（偽陽性：False Positive）を減らした予測
decrease_fp = pd.DataFrame({
    '予測 - 問題なし': [0.45, 0.2],
    '予測 - 問題あり': [0.05, 0.3]
})
decrease_fp.index = ['問題なし', '問題あり']
print('的中率：', accuracy(decrease_fp))
print(decrease_fp)
```

```
的中率： 0.75
          予測 - 問題なし  予測 - 問題あり
問題なし           0.45           0.05
問題あり           0.20           0.30
```

2.11.3　予測の同時分布・コスト/ロス比別の予測の価値比較

さて，どの予測が最も高い価値を生み出すでしょうか。結論から言うと，これは予測ユーザーのコスト/ロス比によって変わります。まずはコスト/ロス比が0.5である予測ユーザーを対象にします。このときは，バイアスがない予測の価値が最大となります。

```
print(f'バイアスなし予測の価値: {forecast_value(0.5, zero_bias):.3g}')
print(f'見逃し減少予測の価値  : {forecast_value(0.5, decrease_fn):.3g}')
print(f'空振り減少予測の価値  : {forecast_value(0.5, decrease_fp):.3g}')
```

```
バイアスなし予測の価値: 0.15
見逃し減少予測の価値  : 0.125
空振り減少予測の価値  : 0.125
```

続いて，コスト/ロス比が0.3である予測ユーザーを対象にします。このときは，見逃し減少予測の価値が最大となります。

```
print(f'バイアスなし予測の価値: {forecast_value(0.3, zero_bias):.3g}')
print(f'見逃し減少予測の価値  : {forecast_value(0.3, decrease_fn):.3g}')
print(f'空振り減少予測の価値  : {forecast_value(0.3, decrease_fp):.3g}')
```

```
バイアスなし予測の価値: 0.05
見逃し減少予測の価値  : 0.055
空振り減少予測の価値  : -0.005
```

最後に，コスト / ロス比が 0.7 である予測ユーザーを対象にします。このときは，空振り減少予測の価値が最大となります。

```
print(f'バイアスなし予測の価値: {forecast_value(0.7, zero_bias):.3g}')
print(f'見逃し減少予測の価値  : {forecast_value(0.7, decrease_fn):.3g}')
print(f'空振り減少予測の価値  : {forecast_value(0.7, decrease_fp):.3g}')
```

```
バイアスなし予測の価値: 0.05
見逃し減少予測の価値  : -0.005
空振り減少予測の価値  : 0.055
```

以上より「予測の価値は，誰がその予測を使うかによって変わる」という事実を再確認できました。コスト / ロス比が大きい予測ユーザーは，なるべく対策をとりたくない意思決定者であることを踏まえると，自然な結果です。この結果のポイントは2つあります。

1つ目のポイントは，予測値と実測値の同時分布だけを見て予測を評価するのには限界があるという点です。予測ユーザーの利得行列が変わることで，予測の価値の大小関係は簡単に入れ替わります。

2つ目のより重要なポイントは，個別の予測ユーザーのために最適化された予測を作ることができるという点です。予測ユーザーのコスト / ロス比を見て，これが小さいようなら見逃しを減らし，大きいようなら空振りを減らすように調整することで，予測の価値を増やせる可能性があります。任意のバイアスを組み込むことは簡単ではないかもしれません。1つの解決策は確率予測を活用することです。第5部で解説します。

2.12 完全的中予測の価値

コスト / ロスモデルは，個別の予測ユーザーを想定したうえで議論を進められるのが大きな利点だと著者は考えます。とはいえ，コスト / ロス比を 0

から1の範囲で変化させたときの全体の挙動を用いて予測を評価することもできます。ここからはコスト / ロスモデルを使った予測の評価指標をいくつか導入します。ただし，これはあくまでも1つの尺度にすぎず，予測を評価する際の無数の観点の1つであることに注意してください。

本節では，完全的中予測の性質を確認します。次節からは完全的中予測と比較した予測の価値の大きさという観点から予測を評価する指標を解説します。

2.12.1 数式による表現

完全的中予測の ESV は以下のように計算されます。ただし $a^*_{\theta_i}$ は自然の状態が明らかであるときに利得を最大にする選択肢です。すなわち「問題なし θ_1」ならば「対策なし a_1」をとり $c'(a_1, \theta_1) = 0$ です。「問題あり θ_2」ならば「対策あり a_2」をとり $c'(a_2, \theta_2) = -C/L$ です。

$$
\begin{aligned}
ESV\left(a^*_\theta | P(\theta)\right) &= \sum_{i=1}^{2} P(\theta_i) \cdot c'\left(a^*_{\theta_i}, \theta_i\right) \\
&= P(\theta_1) \cdot 0 - P(\theta_2) \cdot \frac{C}{L} \\
&= -P(\theta_2) \cdot \frac{C}{L}
\end{aligned}
\tag{3.28}
$$

問題が発生するときのみ対策をとるので，問題発生確率 $P(\theta_2)$ と標準化されたコストの大きさ C/L の積となります。

2.12.2 Python 実装

$ESV\left(a^*_\theta | P(\theta)\right)$ から無技術最良予測の ESV を差し引くことで，標準化された完全的中予測の価値が計算できます。これを計算する関数を作ります。

```
def perfect_forecast_value(cl_ratio, marginal_state):
    # ESV の計算
    # 常に対策なし
    esv_naive_1 = -1 * marginal_state[1]
    # 常に対策あり
```

```
esv_naive_2 = -1 * cl_ratio
# 完全的中予測に従う
esv_perfect = -1 * cl_ratio * marginal_state[1]

# 予測の価値の計算
# 無技術最良予測
esv_naive = np.maximum(esv_naive_1, esv_naive_2)
# 予測の価値
value_p = esv_perfect - esv_naive
return(value_p)
```

memo

表3.2.5の利得行列を持ち，表3.2.9の同時分布が与えられているという，ある需要予測ユーザーを対象にして，無技術最良予測を調べます。

このユーザーでは$C/L = 0.4$です。そして$P(\theta_2) = 0.6$です。

```
value_p = perfect_forecast_value(0.4, marginal_state)
print(f'CL比が0.4のユーザーの完全的中予測の価値： {value_p:.3g}')
```

```
CL比が0.4のユーザーの完全的中予測の価値： 0.16
```

2.3節で解説したように，このユーザーの損失$L = 1000$万円です。そのため，コスト / ロス比に基づいて計算された価値value_pに1000をかけると，スケーリングされる前の予測の価値が計算できます。この金額は160万円となり，第2部第6章の結果と一致します。

2.13　予測の有効性

対象となる予測の価値と，完全的中予測の価値の比を，予測の有効性と呼びます。これを計算します。

memo

表 3.2.5 の利得行列を持ち，表 3.2.9 の同時分布が与えられているという，ある需要予測ユーザーを対象にして，予測の有効性を計算します。この結果は第 2 部第 6 章と一致します。

```
# 予測の価値と，完全的中予測の価値
value_p = perfect_forecast_value(0.4, marginal_state)
value_f = forecast_value(0.4, joint_forecast_state)
# 予測の有効性
efficiency = value_f / value_p
print(f'予測の有効性：{efficiency:.3g}')
```

```
予測の有効性： 0.5
```

表 3.2.9 の同時分布を対象とし，コスト / ロス比を 0 から 1 までの範囲で動かしたときの，予測の価値と有効性の変化をグラフで確認します。

```
# CL比
cl_ratio_array = np.arange(0.01, 1, 0.01)
# 予測の価値
value_f = np.apply_along_axis(forecast_value, 0,
                              cl_ratio_array, joint_forecast_state)
# 完全的中予測の価値
value_p = np.apply_along_axis(perfect_forecast_value, 0,
                              cl_ratio_array, marginal_state)
# 完全的中予測の価値で標準化された予測の価値
efficiency = value_f / value_p

# 描画オブジェクトを生成
fig, ax = plt.subplots(figsize=(7, 4))
# 折れ線グラフの描画
ax.plot(cl_ratio_array, value_f, label='予測の価値')
ax.plot(cl_ratio_array, value_p, label='完全的中予測の価値')
ax.plot(cl_ratio_array, efficiency, label='予測の有効性')
# グラフの装飾
ax.set_title('予測の価値と有効性', fontsize=15)  # タイトル
ax.set_ylim(-0.01, 1.01)                         # Y軸の範囲
ax.set_xlabel('CL比')                            # X軸ラベル
ax.legend()                                      # 凡例
```

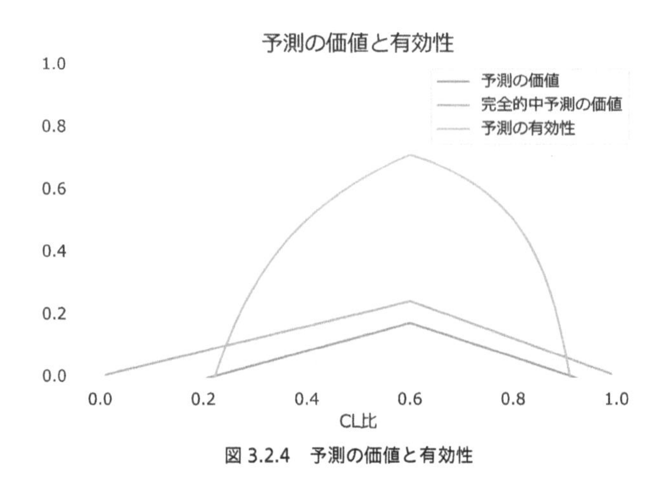

図 3.2.4　予測の価値と有効性

完全的中予測の価値は負にならないのがわかります。予測の有効性は$P(\theta_2) = C/L$のときに最大になるようです。

2.14 Clayton のスキルスコア

完全的中予測と比較した，対象の予測のスコアは，予測を評価するための指標となりえます。最初に紹介するのは **Clayton のスキルスコア**です。

完全的中予測は，すべてのコスト / ロス比を持つユーザーに対して価値を生み出します。一方で通常の予測は，予測が価値を生み出すコスト / ロス比の範囲が決まっています。そこで「予測が価値を生み出すコスト / ロス比の範囲」を評価指標として用いるのが Clayton のスキルスコアです。2.7 節から，予測が価値を生み出す条件が$P(\theta_2|f_1) < C/L < P(\theta_2|f_2)$であるとわかっているので，その結果を使います。

$$\text{Clayton のスキルスコア} = P(\theta_2|f_2) - P(\theta_2|f_1) \tag{3.29}$$

2.15 Peirce のスキルスコア

予測の有効性は，予測を評価するための指標になりそうです。予測の有効性の最大値は **Peirce のスキルスコア**と呼ばれます。Python で確認します。

```
print(f'Peirce のスキルスコア : {max(efficiency):.3g}')
```

```
Peirce のスキルスコア : 0.708
```

数値的に求めても構いませんが，同時分布の表からも計算できます。予測の有効性が$P(\theta_2) = C/L$のときに最大になることを利用すると，Peirce のスキルスコアは以下のように計算できます（導出は山田 (2004) を参照してください）。

$$\text{Peirce のスキルスコア} = P(f_2|\theta_2) - P(f_2|\theta_1) \tag{3.30}$$

Clayton のスキルスコアは，予測の条件付き分布から計算されました。Peirce のスキルスコアは自然の状態の条件付き分布から計算され，大変きれいな形になっています。

Python でも確認します。まずは自然の状態の条件付き分布を得ます。

```
conditional_state = joint_forecast_state.div(marginal_state, axis=0)
print(conditional_state)
```

```
          予測 - 問題なし  予測 - 問題あり
問題なし          0.875          0.125
問題あり          0.167          0.833
```

Peirce のスキルスコアは以下のように計算されます。

```
# 条件付き分布から Peirce のスキルスコアを求める
peirce = conditional_state.loc['問題あり', '予測 - 問題あり'] \
        - conditional_state.loc['問題なし', '予測 - 問題あり']
print(f'Peirce のスキルスコア : {peirce:.3g}')
```

```
Peirce のスキルスコア : 0.708
```

2.16　より一般的なコスト / ロスモデル

最後に，本章で紹介した単純なコスト / ロスモデルを拡張したモデルがいくつか提案されているので紹介します。

まずは，Murphy(1976) から損失をすべて防げるわけではないことを認めたモデルを解説します。これは，以下のような利得行列を想定します。ただし$L_1 > C + L_2$です。

表 3.2.12　一般的なコスト / ロスモデルが想定する利得行列

	対策なし a_1	対策あり a_2
問題なし θ_1	T	$T - C$
問題あり θ_2	$T - L_1$	$T - C - L_2$

単純なモデルでは，コストCをかけることで，損失をすべて防ぎました。今回のモデルは，損失を0にはできない前提です。コストCをかけることで，もともとの損失L_1をL_2へ軽減することを想定しています。2.3節の需要予測ユーザーの例で言うと，機械の稼働台数を減らしてもなお売れ残りが発生する状況をイメージされると良いでしょう。損失の額は軽減できますが，0にはできません。この場合，以下のように全体からTを引き，2行目にL_2を加えた表を対象にすると解釈が容易になります。

表 3.2.13　一般的なコスト / ロスモデルが想定する利得行列の変形

	対策なし a_1	対策あり a_2
問題なし θ_1	0	$-C$
問題あり θ_2	$-(L_1 - L_2)$	$-C$

後は，すべてのマス目を$(L_1 - L_2)$で除してスケーリングすることで，コスト / ロス比とほぼ同じ形式になります。

表 3.2.14　一般的なコスト / ロスモデルのスケーリングされた利得行列

	対策なし a_1	対策あり a_2
問題なし θ_1	0	$-C/(L_1 - L_2)$
問題あり θ_2	-1	$-C/(L_1 - L_2)$

ここからは，コストロス比C/Lの代わりに，$C/(L_1 - L_2)$を使うことで，今までと同じ議論ができます。損失額の代わりに「軽減できる損失の額」を使うわけです。

他にもMurphy(1985)では，2×2分割表ではなく，3×3以上の分割表を使うモデルなども提案されています。ただし，2×2 分割表のモデルよりも仮定が厳しくなっている（9 マスの数値をコスト / ロス比だけで表現するわけなので）ことに注意が必要です。

2.17 記号の整理

第 3 部第 2 章で登場した記号の一覧です。

コスト / ロスモデルが想定する利得行列

	対策なし a_1	対策あり a_2
問題なし θ_1	T	$T-C$
問題あり θ_2	$T-L$	$T-C$

スケーリングされた利得行列

	対策なし a_1	対策あり a_2
問題なし θ_1	0	$-C/L$
問題あり θ_2	-1	$-C/L$

コスト / ロスモデルの記号

名称	表記	補足・計算式
自然の状態：問題なし	θ_1	
自然の状態：問題あり	θ_2	
予測：問題なし	f_1	
予測：問題あり	f_2	
選択肢：対策なし	a_1	
選択肢：対策あり	a_2	
利益	T	
損失	L	
損失を軽減するための対策コスト	C	
標準化された利得	$c'(a_j,\theta_i)$	$=\dfrac{c(a_j,\theta_i)-T}{L}$

名称	表記	補足・計算式
$P(\theta)$が与えられている下でa_jを選んだときの標準化された期待利得	$ESV(a_j \mid P(\theta))$	$= \sum_{i=1}^{2} P(\theta_i) \cdot c'(a_j, \theta_i)$
a_1を選んだときの標準化された期待利得	$ESV(a_1 \mid P(\theta))$	$= -P(\theta_2)$
a_2を選んだときの標準化された期待利得	$ESV(a_2 \mid P(\theta))$	$= -\frac{C}{L}$
$ESV(a_j \mid P(\theta))$を最大にする選択肢（無技術最良予測）	a^*	$= \underset{a_j}{\operatorname{argmax}} ESV(a_j \mid P(\theta))$ $\frac{C}{L} > P(\theta_2)$なら$a^* = a_1$ $\frac{C}{L} < P(\theta_2)$なら$a^* = a_2$
「予測に忠実に従う」場合の選択肢	a_{f_k}	$= \underset{a_j}{\operatorname{argmax}} c'(a_j, \theta_k)$ 今回の事例では $a_{f_1} = a_1, a_{f_2} = a_2$
「予測に忠実に従う」ときの標準化された期待利得	$ESV(a_f \mid P(\theta, f))$	$= \sum_{i=1}^{2} \sum_{k=1}^{2} P(\theta_i, f_k) \cdot c'(a_{f_k}, \theta_i)$ $= -P(\theta_2, f_1) - P(f_2) \cdot \frac{C}{L}$
自然の状態が明らかであるときに利得を最大にする選択肢	$a^*_{\theta_i}$	
自然の状態が明らかであるときの最大の標準化された期待利得	$ESV(a^*_\theta \mid P(\theta))$	$= \sum_{i=1}^{2} P(\theta_i) \cdot c'\left(a^*_{\theta_i}, \theta_i\right)$ $= -P(\theta_2) \cdot \frac{C}{L}$
Claytonのスキルスコア	$P(\theta_2 \mid f_2) - P(\theta_2 \mid f_1)$	予測が価値を生み出すコスト／ロス比の範囲
Peirceのスキルスコア	$P(f_2 \mid \theta_2) - P(f_2 \mid \theta_1)$	予測の有効性の最大値

$ESV\left(a_f \mid P\left(\theta, f\right)\right) > ESV\left(a^* \mid P\left(\theta\right)\right)$となる条件（予測が価値を生み出す条件）		
観点	$\frac{C}{L}$と$P\left(\theta_2\right)$の関係	条件
予測の条件付き分布	$\frac{C}{L} > P\left(\theta_2\right)$	$\frac{C}{L} < P\left(\theta_2 \mid f_2\right)$
	$\frac{C}{L} < P\left(\theta_2\right)$	$\frac{C}{L} > P\left(\theta_2 \mid f_1\right)$
的中率（ただしバイアススコアが0のときに限る）	$\frac{C}{L} > P\left(\theta_2\right)$	$\mathrm{Accuracy} > 1 - 2 \cdot P\left(\theta_2\right)\left(1 - \frac{C}{L}\right)$
	$\frac{C}{L} < P\left(\theta_2\right)$	$\mathrm{Accuracy} > 1 - 2 \cdot \frac{C}{L} \cdot \left(1 - P\left(\theta_2\right)\right)$

第3章 決定分析の事例

テーマ

本章では，数量予測が与えられたときの意思決定と予測の価値評価の事例を紹介します。理論的に新しいテーマはありません。第3部第2章までで扱ったテーマの復習が中心です。そのうえで，やや実務的な問題もいくつか取り上げました。決定分析の作業の流れをイメージできるようになっていただくのが目標です。

まずは意思決定の問題を提示したうえで，利得行列を作成します。その後，予測の品質を，尺度指向・分布指向アプローチの両方を使って行います。そして予測を用いた意思決定を行い，予測の価値を評価します。

概要

- **利得行列の作成**

  事例の紹介 → 利得行列の作成方針
  → Python による分析の準備 → 利得行列の作成

- **予測の品質の評価**

  尺度指向アプローチによる評価 → 分布指向アプローチによる評価

- **予測を用いた意思決定の実行と予測の価値評価**

  意思決定問題の構成要素 → 予測の価値評価の準備
  → 予測を使わないときの期待金額 → 予測を使うときの期待金額
  → 予測の価値 → 予測に忠実に従うときの期待金額
  → 完全情報の価値 → 予測の有効性 → 予測の取り扱いに関する補足

3.1　今回扱う事例

今回は Katz et al.(1982) を参考にして，いわゆる「果樹園の霜問題」を簡略化した事例を扱います。本来の果樹園の霜問題は逐次決定問題として扱われますが，本章では 1 時点の決定のみとします。逐次決定問題は第 3 部第 5 章で解説します。また，果樹ではなく，お花を栽培している事業者を想像していただいた方が良いと思います。数値例はすべて著者がシミュレーションで作成したものであり，原著論文とは異なることに留意してください。

本章で扱う意思決定問題を紹介します。意思決定者は農家のオーナーです。意思決定者は期待金額者であり，毎日の期待利得（金額）を最大化したいと思っています。

この農家では，冬の時期に毎朝お花を出荷しています。お花は，前日の夜，つぼみに霜が降りてしまうと，商品価値を失います。ただし，すべてのつぼみから咲いた花を出荷するわけではありません。霜が降りてもその影響が小さいならば，枯れてしまうのは出荷対象とならない品質の悪いつぼみだけであるため，売上に影響はありません。ただし，広範囲に霜が降りると売上にも影響が出ます。

畑には発育段階の異なる苗が豊富にあり，毎日ほぼ同じ量のつぼみができます。霜が一切降りないときには，1 日に平均 200 万円の利益が生まれます。ただし，つぼみが損失したら，損失率に応じて売上が減少します。

霜が降りるのを防ぐために，大量の燃料を消費して温度を 3 度だけ上げることができます。これには 1 回で 20 万円かかるとします。温度を上げたからといって，すべてのつぼみを守ることができるとは限りません。一方で，温度が高くなりすぎたとしても，つぼみに悪影響はないものと考えます。

意思決定者は,「対策なし」と「対策あり（燃料を消費して温度を上げる)」の 2 通りの選択肢から 1 つを選びます。今回の事例では，説明の簡単のため，選択肢を 2 つだけとしています。選択肢が増えた場合でも，選択肢の数が有限ならば，本章とほとんど同じ手順で決定分析を実行できます。

意思決定する際に，毎日の最低気温予測を利用できます。そこで，予測を用いた（期待金額を最大化するという意味で）最適な決定方式を調べます。さらに，予測を使って意思決定した場合の期待金額と，予測を使わなかった場合の期待金額を比較して，予測の価値を評価します。

なお，対策するかしないかという意思決定は毎日行うものの，前日までの履歴を気にする必要はないと仮定します。花が咲く直前においてのみ，最低気温が問題となり，それ以外の段階（花が咲く2日以上前，花を収穫した後）においては，最低気温を気にする必要がないと考えてください。事実上，一度きりの意思決定だと考えても差し支えありません。

3.2　利得行列の作成方針

まずは利得行列を得るのを目標とします。気温別・対策の有無別の収益をまとめた表を作ります。気温は，−7度から4度まで1度ずつ12パターン考えることにします。選択肢は対策のなし・ありの2つだけなので，12行2列の利得行列となります。

対策の有無は，気温を3度増加させるか否かの違いです。そのため，気温を入力して収穫損失率を出力する計算式が得られればよさそうです。Katz et al.(1982) を参考にして「入力（気温）→出力（つぼみ損失率）」の関数と「入力（つぼみ損失率）→出力（収穫損失率）」の関数の2つを作り，これを組み合わせて気温から収穫損失率を求めることにします。

3.2.1　気温とつぼみ損失率の関係

気温とつぼみ損失率は以下の関係にあるとします。ただしbud loss ratioはつぼみ損失率でtemperatureはその日の最低気温で，β_0，β_1は定数とします。

$$\text{bud loss ratio} = \frac{1}{1 + \exp\left(-\left(\beta_0 + \beta_1 \cdot \text{temperature}\right)\right)} \tag{3.31}$$

本来この関係式は，ロジスティック回帰分析などを使うことで，データから推定します。今回は$\beta_0 = -2$，$\beta_1 = -1.5$と求められていることを前提として進めていきます。

3.2.2 つぼみ損失率と収穫損失率の関係

つぼみ損失率と収穫損失率（yield loss ratio）の関係式を提示します。ここで閾値（threshold）を導入します。$\text{bud loss ratio} < \text{threshold}$ ならば，収穫損失率は 0 とします。bud loss ratio が threshold 以上になったときに限って，以下の式に従って 0 よりも大きい収穫損失率が発生します。

$$\text{yield loss ratio} = \left(\frac{\text{bud loss ratio} - \text{threshold}}{1 - \text{threshold}} \right)^2 \tag{3.32}$$

本来この関係式や threshold の値は，実際の収穫データから求めることになります。今回は $\text{threshold} = 0.5$ として進めていきます。

3.3 Python による分析の準備

Python での分析を実行する準備として，ライブラリの読み込みなどを行います。sklearn は機械学習法を適用するためのライブラリです。今回は予測の尺度指向アプローチに基づく評価を行うために導入しました。

```
# 数値計算に使うライブラリ
import numpy as np
import pandas as pd
# DataFrame の全角文字の出力をきれいにする
pd.set_option('display.unicode.east_asian_width', True)
# 本文の数値とあわせるために，小数点以下 3 桁で丸める
pd.set_option('display.precision', 3)
# 評価指標
from sklearn.metrics import mean_absolute_error, mean_squared_error
# グラフ描画
import matplotlib.pyplot as plt
import seaborn as sns
sns.set()
# グラフの日本語表記
from matplotlib import rcParams
rcParams['font.family'] = 'sans-serif'
rcParams['font.sans-serif'] = 'Meiryo'
```

3.4　利得行列の作成

Python を用いて利得行列を作成します。

3.4.1　気温とつぼみ損失率の関係

式 (3.31) に従い，気温を引数としてつぼみ損失率を返す関数を作ります。

```
# つぼみ損失率を計算する関数
def calc_bud_loss_ratio(temperature, beta_0=-2, beta_1=-1.5):
    ret = 1 / (1 + np.exp(-(beta_0 + beta_1 * temperature)))
    return(ret)
```

気温とつぼみ損失率の関係を折れ線グラフで確認します（図 3.3.1)。気温は −7 度から 3.9 度まで 0.1 度区切りで変化させました。

```
# 気温
temperature = np.arange(-7, 4, 0.1)
# つぼみ損失率
bud_loss_ratio = calc_bud_loss_ratio(temperature)

# 描画オブジェクトを生成
fig, ax = plt.subplots(figsize=(7, 4))
# 折れ線グラフの描画
ax.plot(temperature, bud_loss_ratio)
ax.set_title('気温とつぼみ損失率の関係', fontsize=15)
ax.set_xlabel('気温')
ax.set_ylabel('つぼみ損失率')
```

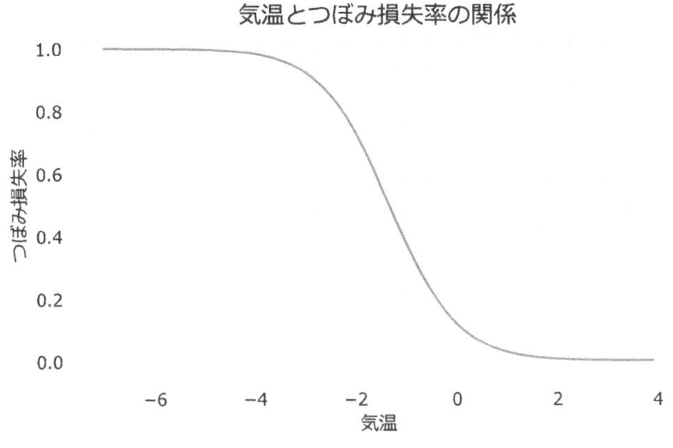

図 3.3.1　気温とつぼみ損失率の関係

気温が 0 度を超えるなら，つぼみの損失率は小さいようです。−2 度前後では無視できないほどのつぼみ損失率になります。

3.4.2 つぼみ損失率と収穫損失率の関係

続いて式 (3.32) に従って，つぼみ損失率を引数として収穫損失率を返す関数を作ります。

```
# 収穫損失率を計算する関数
def calc_yield_loss_ratio(bud_loss_ratio, threshold=0.5):
    ret = np.where(
        bud_loss_ratio >= threshold,                        # 条件
        ((bud_loss_ratio - threshold)/(1 - threshold))**2,  # 満たすとき
        0)                                                  # 満たさないとき
    return(ret)
```

つぼみ損失率と収穫損失率の関係を折れ線グラフで確認します。

```
# 収穫損失率
yield_loss_ratio = calc_yield_loss_ratio(bud_loss_ratio)

# 描画オブジェクトを生成
fig, ax = plt.subplots(figsize=(7, 4))
```

```
# 折れ線グラフの描画
ax.plot(bud_loss_ratio, yield_loss_ratio)
ax.set_title('つぼみ損失率と収穫損失率の関係', fontsize=15)
ax.set_xlabel('つぼみ損失率')
ax.set_ylabel('収穫損失率')
```

閾値を0.5としたので，つぼみ損失率が0.5以下のときには，収穫には影響がありません。つぼみ損失率が0.6を超えたあたりで，収穫損失率が急激に増加していくのがわかります（図3.3.2）。

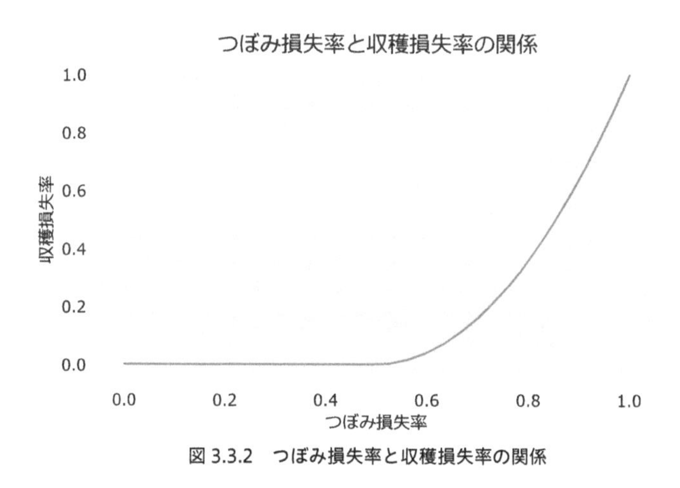

図3.3.2　つぼみ損失率と収穫損失率の関係

3.4.3　気温と収穫損失率の関係

気温と収穫損失率の関係を折れ線グラフで確認します。気温が−2度ほどになると，収穫が減るのがわかります（図3.3.3）。

```
# 描画オブジェクトを生成
fig, ax = plt.subplots(figsize=(7, 4))
# 折れ線グラフの描画
ax.plot(temperature, yield_loss_ratio)
ax.set_title('気温と収穫損失率の関係', fontsize=15)
ax.set_xlabel('気温')
ax.set_ylabel('収穫損失率')
```

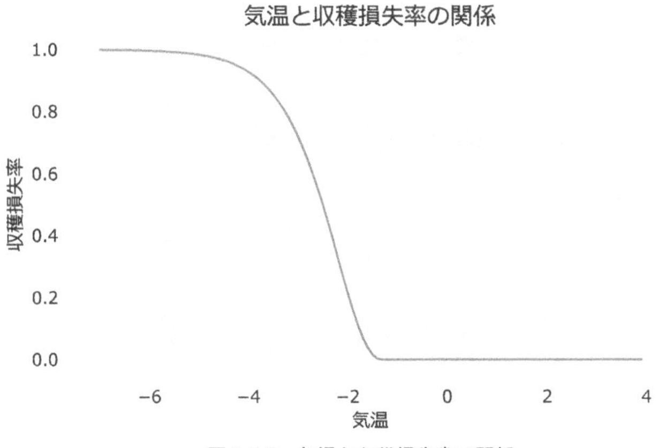

図 3.3.3　気温と収穫損失率の関係

3.4.4　気温別・対策の有無別の収益

気温と収穫損失率の関係を用いて，「気温別・対策の有無別の収益」を計算します。気温は −7 度から 4 度までの範囲で考えます。損失がまったくなかったときの 1 日当たりの収益 (200 万円) と対策にかかるコスト (20 万円)，対策をとることで増加できる温度 (3 度) を各々指定します。

```
temperature = np.arange(-7, 5, 1)  # 気温
T = 200                            # 1日当たりの収益
C = 20                             # 対策コスト
tmp_delta = 3                      # 対策をとることで増加できる温度
```

つぼみ損失率・収穫率・利得を各々計算します。収穫率は 1 から収穫損失率を引くことで得られます。

```
# つぼみ損失率
bud_loss_ratio_1 = calc_bud_loss_ratio(temperature)
bud_loss_ratio_2 = calc_bud_loss_ratio(temperature + tmp_delta)
# 収穫率
yield_ratio_1 = 1 - calc_yield_loss_ratio(bud_loss_ratio_1)
yield_ratio_2 = 1 - calc_yield_loss_ratio(bud_loss_ratio_2)
# 利得
return_1 =  yield_ratio_1 * T
return_2 =  yield_ratio_2 * T - C
```

折れ線グラフで結果を確認します（図 3.3.4）。

```
# 描画オブジェクトを生成
fig, ax = plt.subplots(figsize=(7, 4))
# 折れ線グラフの描画
ax.plot(temperature, return_1, label='常に対策なし')
ax.plot(temperature, return_2, label='常に対策あり')
# グラフの装飾
ax.set_title('気温別・対策の有無別の平均収益', fontsize=15)
ax.set_xlabel('気温')
ax.set_ylabel('期待収益')
ax.legend()
```

気温が-2度以下である場合には，対策をとって温度を上げると利得が増えます。逆に，気温が高い場合には，対策をとっても対策費がかさむだけです。対策をとると逆に利得が減ります。

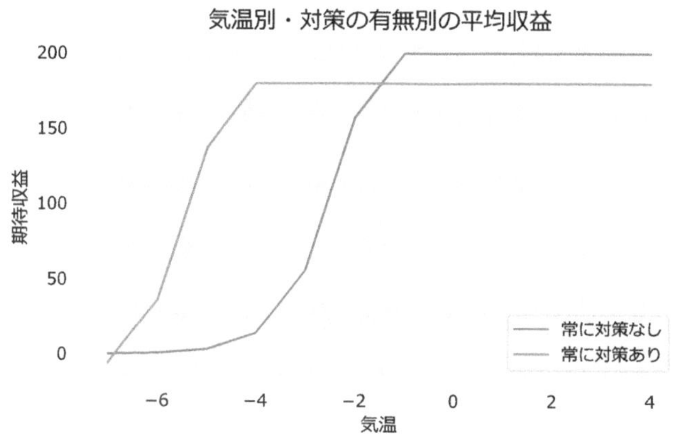

図 3.3.4　気温別・対策の有無別の平均収益

気温が-7度であるときは，あまりにも気温が低すぎて，対策しても効果が見込めません。そのため，対策しないときの収益の方がわずかに大きくなります。

3.4.5 利得行列の作成

payoff という名前で利得行列を作ります。行ラベルを作成するとき，気温の後ろに「度」という文字を付け加えています。これを達成するのが「np.char.add(temperature.astype('str'), '度')」というコードです。

```
# 利得行列の作成
payoff = pd.DataFrame({
    '対策なし': return_1,
    '対策あり': return_2
})
# 行ラベルの作成
index_name = np.char.add(temperature.astype('str'), '度')
payoff.index = index_name
# 結果の確認
print(payoff)
```

```
        対策なし    対策あり
-7度     0.163    -5.870
-6度     0.728    36.083
-5度     3.243   137.290
-4度    14.130   180.000
-3度    56.083   180.000
-2度   157.290   180.000
-1度   200.000   180.000
0度    200.000   180.000
1度    200.000   180.000
2度    200.000   180.000
3度    200.000   180.000
4度    200.000   180.000
```

気温が「−5度」から「−3度」までは，行動の違いによって収益が100万円以上変わります。自然の状態が「−5度」から「−3度」であるときの予測精度は，予測の価値にクリティカルに効いてくるので，慎重に評価するべきでしょう。

3.5 数量予測の尺度指向アプローチに基づく評価

続いて予測の取り扱いに移ります。以下のように1000回気温を予測した結果が格納されたCSVファイルを読み込みます。CSVファイルは本書サポートページからダウンロードできます。

```
# CSV ファイルの読み込み
a_f = pd.read_csv('3-3-sample-forecast-result.csv', index_col=0)
print(a_f.head(3))
```

```
   actual  forecast
0     0.4       0.3
1    -2.9      -4.6
2    -2.8      -2.4
```

予測を意思決定に活用する前に，予測の品質を評価します。第3部第1章で説明したように，予測の品質を評価するのには大きく尺度指向アプローチと分布指向アプローチがあります。まずは簡単に実行できる尺度指向アプローチを採用して，予測の評価指標をいくつか計算します。各指標の定義は第3部第1章を参照してください。

3.5.1 MAE

sklearn から読み込んだ mean_absolute_error 関数を使って MAE を計算します。

```
mean_absolute_error(a_f.actual, a_f.forecast)
```

```
0.5794
```

3.5.2 RMSE

同様に RMSE を計算します。なお RMSE を直接計算する関数はありません。平方根をとる前の MSE を計算する mean_squared_error 関数があるので，その結果に対して np.sqrt 関数を使って平方根をとっています。

```
np.sqrt(mean_squared_error(a_f.actual, a_f.forecast))
```

```
0.7216785988236037
```

3.5.3 MAPE

MAPEは「実測値に占める誤差の比率（%）」であり，直観的にも理解がしやすい指標です。ただし，今回のように実測値が0を含むデータの場合には適用できません。0で割る処理が入るので，結果は無限大となります。

```
np.mean(np.abs((a_f.forecast - a_f.actual) / a_f.actual)) * 100
inf
```


3.6 数量予測の分布指向アプローチに基づく評価

続いて分布指向アプローチに基づく予測の品質の評価を試みます。個別の尺度に頼らずに，総合的に予測の評価を行います。ただし「総合的」というのは便利な方言でして，尺度指向アプローチと比べると主観が入る余地が大きい評価のアプローチであるとも言えます。

3.6.1 評価の方針

最初に，予測値と実測値の散布図を描いて，予測値と実測値の関係を視覚的に評価します。簡単に実行できるので，著者は最初に散布図を描くのを習慣にしています。

次に，予測値と実測値の分割表を得ます。予測の価値評価においては，分割表の結果をもとにして行います。予測値と実測値の分割表を作成する際，今回は１度区切りとします。このとき，区切りによって結果が変わることに注意が必要です。

今回は予測値と実測値を12分割して，12×12の分割表を作ります。マス目が多いため，評価サンプルが少ない場合には適用が困難です。ただし，評価サンプルが少ない場合は，そもそも精緻な意思決定を目指すべきではないと言えるかもしれません。

本章を執筆する際に参考にしたKatz et al.(1982)では，予測値と実測値に2次元正規分布を仮定して分析を進めています。本来，気温は連続型のデータです。そのため，連続型の確率分布で近似するのはきれいな方法だと思います。ただし，外れ値などの影響が見えにくくなります。また，仮定した分布が現実と大きく異なる可能性があるといった欠点があります。

残差のヒストグラムを使って予測の評価をする方法もしばしば見られます。これは実用的な方法だと著者は考えます。評価サンプルが少なくても適用しやすいのが大きなメリットです。ただし「実測値が小さい場合は下振れして外し，実測値が大きい場合は上振れして外す」といった特徴は加味できません。今回は残差の分布ではなく予測値と実測値の同時分布を直接評価する方針で進めます。

3.6.2　予測値と実測値の散布図

予測値と実測値の散布図を描きます。そのうえで，カーネル密度推定の結果もあわせて図示します。また傾き１の直線を引くことで，予測に偏りがないかどうかも視覚的にチェックします。

今回は sns という略称で読み込んだ seaborn というライブラリの jointplot 関数を使います。この関数を使うと，データの散布図だけではなく各々の変数のヒストグラムもあわせて描画してくれます。グラフの描き方が今までと少し異なっている点に注意してください。\ 記号を使って改行していますが，散布図を描いた sns.jointplot の結果の後にさらに .plot_joint(sns.kdeplot) とカーネル密度推定のグラフをつなげています（頭のドット記号「.」を忘れないように注意）。引数の alpha は透過度です。グラフを重ねる場合は透過度を設定してあげるときれいなグラフになります。

```
# 予測値と実測値の散布図 + カーネル密度推定
sns.jointplot(x=a_f.forecast, y=a_f.actual, alpha=0.3) \
    .plot_joint(sns.kdeplot, alpha=0.8)
# 傾き１の直線
plt.plot([-7, 4], [-7, 4], color='black')
```

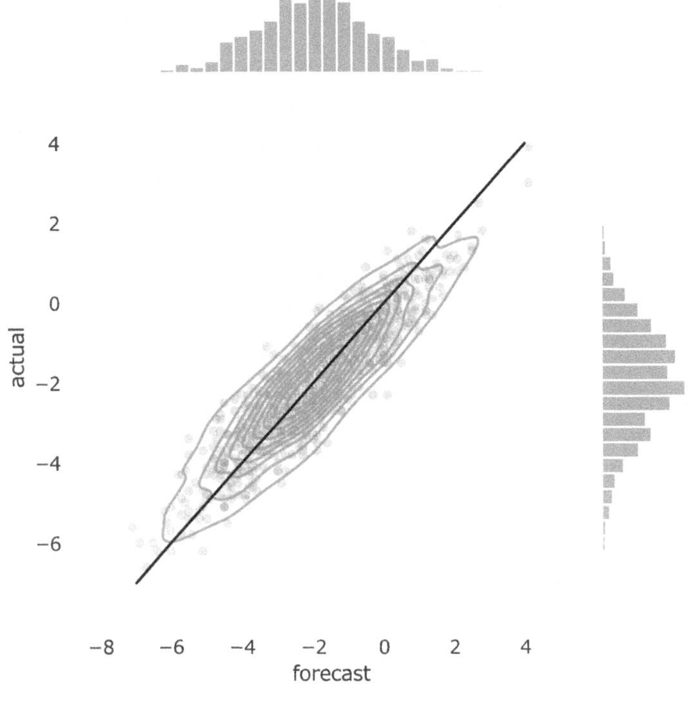

図 3.3.5　予測値と実測値の散布図

あまりにも大きな外れ値がないことや，予測の外れ方に規則性がないことを確認します。また，実測値も予測値もともにつり鐘(がね)型のヒストグラムになっていることから，正規分布で近似ができそうであることもわかります。今回は正規分布のあてはめは行いませんが，正規分布で近似する場合はその仮定に大きな齟齬がないかを散布図などで確認することをお勧めします。

3.6.3　予測値と実測値の分割表

予測値と実測値の分割表を作ります。numpy には２次元ヒストグラムを作成するための histogram2d 関数があるのでそれを使います。まずは階級を分けるための bins を設定します。

```
bins = np.arange(-7.5, 5, 1)
bins
```

```
array([-7.5, -6.5, -5.5, -4.5, -3.5, -2.5, -1.5, -0.5,  0.5,  1.5,  2.5,
        3.5,  4.5])
```

各階級に属するデータの度数分布を得ます。histogram2d 関数の返り値は，度数分布表・X 軸の階級・Y 軸の階級の 3 つを有します。度数分布表だけを取得する場合は hist[0] とします。

```
hist = np.histogram2d(a_f.actual, a_f.forecast, bins=bins)
np.set_printoptions(linewidth=70) # numpy の表示設定
print(hist[0])
```

```
[[  1.   0.   0.   0.   0.   0.   0.   0.   0.   0.   0.   0.]
 [  2.   5.   2.   0.   0.   0.   0.   0.   0.   0.   0.   0.]
 [  0.   6.  12.  16.   0.   0.   0.   0.   0.   0.   0.   0.]
 [  0.   3.  16.  45.  21.   5.   0.   0.   0.   0.   0.   0.]
 [  0.   0.   7.  42.  89.  54.   3.   0.   0.   0.   0.   0.]
 [  0.   0.   0.   6.  74. 124.  55.   4.   0.   0.   0.   0.]
 [  0.   0.   0.   0.   4.  62. 110.  61.   4.   0.   0.   0.]
 [  0.   0.   0.   0.   0.   2.  36.  54.  24.   2.   0.   0.]
 [  0.   0.   0.   0.   0.   0.   0.   9.  19.  11.   2.   0.]
 [  0.   0.   0.   0.   0.   0.   0.   0.   3.   1.   1.   0.]
 [  0.   0.   0.   0.   0.   0.   0.   0.   0.   0.   1.   1.]
 [  0.   0.   0.   0.   0.   0.   0.   0.   0.   0.   0.   1.]]
```

評価サンプルのサイズ（1000）で度数分布表の値を除して，相対度数分布の表を得ます。さらに，後ほど使いやすくするために DataFrame に変換します。

```
# 相対度数にする
norm_hist = hist[0] / sum(sum(hist[0]))
# データフレームにする
joint_forecast_state = pd.DataFrame(norm_hist)
joint_forecast_state.columns = np.char.add(index_name, '予測')
joint_forecast_state.index = index_name
```

3.6.4　ヒートマップによる分割表の可視化

作成された joint_forecast_state を**ヒートマップ**と呼ばれるグラフを使って可視化します（図 3.3.6）。ヒートマップを使うと，相対度数が高い場所と低い場所を色分けして表示できます。

ヒートマップを作る際には seaborn の heatmap 関数を使います。annot=True とすると個別の数値をグラフに追加できます。cbar=False は，色見本のためのバーを非表示にする指定です。square=True にするとグラフが正方形になります。vmax=0.1, vmin=0, center=0.05 は３つセットでヒートマップの色の度合いを指定します。散布図とはグラフの上下が逆になっていることに注意してください。


```
# 描画オブジェクトを生成
fig, ax = plt.subplots(figsize=(8, 8))
# X 軸ラベルを上側に持ってくる
ax.xaxis.set_ticks_position('top')
# ヒートマップの作成
sns.heatmap(joint_forecast_state, annot=True, cbar=False, square=True,
            vmax=0.1, vmin=0, center=0.05, ax=ax)
```

	-7度予測	-6度予測	-5度予測	-4度予測	-3度予測	-2度予測	-1度予測	0度予測	1度予測	2度予測	3度予測	4度予測
-7度	0.001	0	0	0	0	0	0	0	0	0	0	0
-6度	0.002	0.005	0.002	0	0	0	0	0	0	0	0	0
-5度	0	0.006	0.012	0.016	0	0	0	0	0	0	0	0
-4度	0	0.003	0.016	0.045	0.021	0.005	0	0	0	0	0	0
-3度	0	0	0.007	0.042	0.089	0.054	0.003	0	0	0	0	0
-2度	0	0	0	0.006	0.074	0.12	0.055	0.004	0	0	0	0
-1度	0	0	0	0	0.004	0.062	0.11	0.061	0.004	0	0	0
0度	0	0	0	0	0	0.002	0.036	0.054	0.024	0.002	0	0
1度	0	0	0	0	0	0	0	0.009	0.019	0.011	0.002	0
2度	0	0	0	0	0	0	0	0	0.003	0.001	0.001	0
3度	0	0	0	0	0	0	0	0	0	0	0.001	0.001
4度	0	0	0	0	0	0	0	0	0	0	0	0.001

図 3.3.6　予測値と実測値の分割表

3.7　意思決定問題の構成要素

意思決定問題の構成要素$D = \{A, \Theta, F, c, P(\theta, f)\}$を整理します。

選択肢Aは$a_1 =$対策なし，$a_2 =$対策ありの2つです。自然の状態Θは12種類あり，$\theta_1 = -7$度，$\theta_2 = -6$度，...，$\theta_{12} = 4$度となります。予測Fも12種類あり，$f_1 = -7$度予測，$f_2 = -6$度予測，...，$f_{12} = 4$度予測となります。

利得行列cは payoff として推定されています。自然の状態と予測の同時分布$P(\theta, f)$は joint_forecast_state として推定されています。

3.8　予測の価値評価の準備

ここからは，予測の分割表（相対度数分布表）joint_forecast_state を使って，予測の価値を評価します。第2部第6章よりも複雑な事例ではありますが，決定分析の手順はさほど変わりません。

まずは第2部第6章で作成した関数を用意します。1つ目は最大値をとるインデックスを取得する argmax_list 関数です。

```
def argmax_list(series):
    return(list(series[series == series.max()].index))
```

期待金額最大化に基づく意思決定を行う max_emv 関数も用意します。

```
def max_emv(probs, payoff_table):
    emv = payoff_table.mul(probs, axis=0).sum()
    max_emv = emv.max()
    a_star = argmax_list(emv)
    return(pd.Series([a_star, max_emv], index=['選択肢', '期待金額']))
```

予測の周辺分布$P(f)$と自然の状態の周辺分布$P(\theta)$を計算します。

```
marginal_forecast = joint_forecast_state.sum(axis=0)
marginal_state = joint_forecast_state.sum(axis=1)
```

自然の状態の，予測に対する条件付き分布$P(\theta|f)$を得ます。

```
conditional_forecast = joint_forecast_state.div(marginal_forecast, axis=1)
```

3.9 予測を使わないときの期待金額

予測を使わない場合に，期待金額$EMV(a_j|P(\theta))$を最大にする選択肢a^*を調べます。a^*が採用されたときの期待金額$EMV(a^*|P(\theta))$もあわせて出力されています。


```
naive_decision = max_emv(marginal_state, payoff)
naive_decision
```

```
選択肢        [対策あり]
期待金額           177
dtype: object
```

a^*は「対策あり」となりました。このとき$EMV(a^*|P(\theta)) = 177$となります。

$EMV(a^*|P(\theta))$を emv_naive という名称で保存します。

```
emv_naive = naive_decision['期待金額']
print(f'予測を使わないときの期待金額：{emv_naive:.3g}万円')
```

```
予測を使わないときの期待金額：177万円
```

3.10 予測を使うときの期待金額

続いて，予測が出されたという条件付き分布に基づき，期待金額を最大にする選択肢$a^*_{f_k}$を調べます。

3.10.1 条件付き分布を使った計算

条件付き分布$P(\theta|f)$が与えられている下で，ある予測f_kが得られたときに選択肢a_jを選んだときの期待金額$EMV(a_j|P(\theta|f_k))$を最大にする選択

肢$a^*_{f_k}$を調べます。$a^*_{f_k}$が採用されたときの期待金額$EMV\left(a^*_{f_k}\middle|P(\theta|f_k)\right)$もあわせて出力されています。

```
info_decision = \
    conditional_forecast.apply(max_emv, axis=0, payoff_table=payoff)
print(info_decision)
```

```
             -7 度予測     -6 度予測     -5 度予測     -4 度予測     -3 度予測  \
選択肢     [対策あり]  [対策あり]  [対策あり]  [対策あり]  [対策あり]
期待金額        22.1          110          158          174          180

             -2 度予測     -1 度予測      0 度予測      1 度予測      2 度予測  \
選択肢     [対策あり]  [対策なし]  [対策なし]  [対策なし]  [対策なし]
期待金額         180          186          199          200          200

              3 度予測      4 度予測
選択肢     [対策なし]  [対策なし]
期待金額         200          200
```

予測された気温が-2度以下のときは「対策あり」として，それを上回る場合には「対策なし」をとるという結果になりました。

この結果に対して予測の周辺分布で期待値をとると，予測を使ったときの最大の期待金額$EMV\left(a^*_f\middle|P(\theta,f)\right)$が得られます。

```
emv_forecast = info_decision.loc['期待金額'].mul(marginal_forecast).sum()
print(f'予測を使ったときの期待金額：{emv_forecast:.3g}万円')
```

```
予測を使ったときの期待金額：182 万円
```

3.10.2　同時分布を使った計算

第２部第６章で解説したように，予測を使うときの期待金額は条件付き分布$P(\theta|f)$を使わなくても，同時分布$P(\theta,f)$を直接使うことで計算できます。第２部第６章6.6節の結果を再掲します。

$$EMV\left(a^*_f\middle|P(\theta,f)\right)=\sum_{i=1}^{12}\sum_{k=1}^{12}P(\theta_i,f_k)\cdot c\left(a^*_{f_k},\theta_i\right) \tag{3.33}$$

この結果を使って$EMV\left(a_f^*\middle|P(\theta,f)\right)$を再計算してみましょう。こちらだと簡単に結果が得られます。ただし，予測ごとの条件付き期待金額の最大値はこの方法だとわからないことに注意してください。

```
# 同時分布を使って計算しても良い
emv_forecast_joint = joint_forecast_state.apply(
    max_emv, axis=0, payoff_table=payoff).loc['期待金額'].sum()
print(f'同時分布から計算された期待金額：{emv_forecast_joint:.3g}万円')
```

```
同時分布から計算された期待金額：182万円
```


3.11 予測の価値

$EMV\left(a_f^*\middle|P(\theta,f)\right)$から予測を使わないときの最大の期待金額$EMV(a^*|P(\theta))$を差し引くことで「予測を使うことで増加した期待金額」すなわち予測の価値V_fが計算できます。

```
f_value = emv_forecast - emv_naive
print(f'予測の価値：{f_value:.3g}万円')
```

```
予測の価値：5.09万円
```

3.12 予測に忠実に従うときの期待金額

「予測に忠実に従う」と仮定したときの期待金額を計算します。

3.12.1 予測に忠実に従うときの選択肢

「予測に忠実に従う」場合は，第3部第2章2.6節で解説したように，予測が確実に当たると信じて，予測に対応する自然の状態を想定し，そのときに最大の利得が得られるように選択肢を選びます。この行動がどのようなものになるか確認します。気温ごとに，利得が最大になる行動の一覧を表示させます。見やすさのために「対策あり」を赤色にしています。

```
payoff.idxmax(axis=1)
```

```
-7 度      対策なし
-6 度      対策あり
-5 度      対策あり
-4 度      対策あり
-3 度      対策あり
-2 度      対策あり
-1 度      対策なし
0 度       対策なし
1 度       対策なし
2 度       対策なし
3 度       対策なし
4 度       対策なし
dtype: object
```

仮に「予測が当たると信じよう！」と決めつけるなら，−7 度予測が出たならば「対策なし」をとり，−6 度予測が出たならば「対策あり」を採用します。予測に忠実に従って意思決定したときにとられる選択肢を a_{f_k} と表記すると，以下のようになります。ただし $a_1 =$ 対策なし，$a_2 =$ 対策ありであり，$f_1 = -7$ 度予測，$f_2 = -6$ 度予測，...，$f_{12} = 4$ 度予測です。

$$\begin{aligned} &a_{f_1} = a_1,\ a_{f_2} = a_2,\ a_{f_3} = a_2,\ a_{f_4} = a_2,\ a_{f_5} = a_2,\ a_{f_6} = a_2, \\ &a_{f_7} = a_1,\ a_{f_8} = a_1,\ a_{f_9} = a_1,\ a_{f_{10}} = a_1,\ a_{f_{11}} = a_1,\ a_{f_{12}} = a_1 \end{aligned} \tag{3.34}$$

なお，条件付き期待金額を最大にするならば，−7 度予測が出た場合には「対策あり」となります。−7 度予測が出たときのみ，「予測に忠実に従う」場合と「予測の条件付き分布を使って条件付き期待金額を最大にする」場合で，採用される選択肢が異なります。この違いがあるため，予測に忠実に従うと，期待金額が減少するはずです。

3.12.2　予測に忠実に従うときの期待金額

先の決定方式を採用したときの EMV は下記のように定義されます。

$$EMV\left(a_f \middle| P\left(\theta, f\right)\right) = \sum_{i=1}^{12} \sum_{k=1}^{12} P\left(\theta_i, f_k\right) \cdot c\left(a_{f_k}, \theta_i\right) \tag{3.35}$$

3.12.3 Python実装

Pythonで実装します。予測を完全に信じたときの利得行列$c(a_{f_k}, \theta_i)$を作ります。結果は図3.3.7となります。

```
payoff_naive_f = payoff[payoff.idxmax(axis=1)]
payoff_naive_f
```

	対策なし	対策あり	対策あり	対策あり	対策あり	対策あり	対策なし	対策なし	対策なし	対策なし	対策なし	対策なし
-7度	0.163	-5.870	-5.870	-5.870	-5.870	-5.870	0.163	0.163	0.163	0.163	0.163	0.163
-6度	0.728	36.083	36.083	36.083	36.083	36.083	0.728	0.728	0.728	0.728	0.728	0.728
-5度	3.243	137.290	137.290	137.290	137.290	137.290	3.243	3.243	3.243	3.243	3.243	3.243
-4度	14.130	180.000	180.000	180.000	180.000	180.000	14.130	14.130	14.130	14.130	14.130	14.130
-3度	56.083	180.000	180.000	180.000	180.000	180.000	56.083	56.083	56.083	56.083	56.083	56.083
-2度	157.290	180.000	180.000	180.000	180.000	180.000	157.290	157.290	157.290	157.290	157.290	157.290
-1度	200.000	180.000	180.000	180.000	180.000	180.000	200.000	200.000	200.000	200.000	200.000	200.000
0度	200.000	180.000	180.000	180.000	180.000	180.000	200.000	200.000	200.000	200.000	200.000	200.000
1度	200.000	180.000	180.000	180.000	180.000	180.000	200.000	200.000	200.000	200.000	200.000	200.000
2度	200.000	180.000	180.000	180.000	180.000	180.000	200.000	200.000	200.000	200.000	200.000	200.000
3度	200.000	180.000	180.000	180.000	180.000	180.000	200.000	200.000	200.000	200.000	200.000	200.000
4度	200.000	180.000	180.000	180.000	180.000	180.000	200.000	200.000	200.000	200.000	200.000	200.000

図3.3.7　12行12列の利得行列

EMVと予測の価値を計算します。なおDataFrameに対して.valuesをつけることでndarrayとして扱うことができます。「予測に忠実に従う」ときの予測の価値は5.02万円となります。

```
#「予測に忠実に従う」という行動をとったときの期待金額
weighted_payoff_naive = joint_forecast_state.values * payoff_naive_f.values
emv_naive_f = sum(sum(weighted_payoff_naive))
# 予測の価値
naive_f_value = emv_naive_f - emv_naive
print(f'予測の価値：{naive_f_value:.3g}万円')
```

```
予測の価値： 5.02万円
```

予測の価値は3.11節の結果と比べるとやや減少しました。しかし，大きな差はないと言えるでしょう。

第3部第2章で確認したように，「予測に忠実に従う」という行動をとることで，「予測を使うことで，むしろ期待金額を下げてしまう」という状況も起こり得ます。今回はさほど大きな差はありませんでしたが，一般的に，得られた予測の結果を信じるかどうかは，一度立ち止まって検討することをお勧めします。

予測の評価をするのは，面倒に感じられるかもしれません。最新の技術を使うわけでもなく，絵面も地味ではあります。とはいえ，予測の活用という観点からは，予測の評価は欠かすことのできない技術です。少なくとも「予測を使うことで逆に損をする」状況は防ぎたいです。

ところで，今回は検証サンプルが小さいため「−7度予測」の品質の評価は不正確だと思うべきでしょう（1000回中3回しか「−7度予測」は出されていません）。今回の検証サンプルにおいては「−7度予測」が出たときには「対策なし」を採用するのが条件付き期待金額から見ると最適でしたが，予測の品質の評価が不正確であれば，この結果もあまり信用ならないものとなります。

とはいえ，決定方式を2通り想定しても，最終的な予測の価値は5万円ほどでほぼ変わりませんでした。そのため，ここでいったん予測の価値評価の手続きを終えることにします。

3.13 完全情報の価値

完全情報（完全的中予測）の価値を計算します。この計算は，予測を算出する前に行うべきかもしれません。利得行列と自然の状態の周辺分布の2つがあれば計算できます。完全情報の価値は，自然の状態の不確実性が生み出す費用だと言えます。この費用が少ないならば，予測を使ったところで費用の削減はできません。

第2部第6章の復習ですが，自然の状態がわかっているときに利得を最大にする選択肢を$a^*_{\theta_i}$と表記します。$a^*_{\theta_i}$をとるときの期待金額$EMV\left(a^*_{\theta}|P\left(\theta\right)\right)$は下記のように計算できます。

$$EMV\left(a_{\theta}^{*}|P\left(\theta\right)\right)=\sum_{i=1}^{\#\Theta}P\left(\theta_{i}\right)\cdot c\left(a_{\theta_{i}}^{*},\theta_{i}\right) \tag{3.36}$$

自然の状態別の最大利得$c\left(a_{\theta_i}^{*},\theta_i\right)$を確認します。

```
payoff.max(axis=1)
```

```
-7度      0.163
-6度     36.083
-5度    137.290
-4度    180.000
-3度    180.000
-2度    180.000
-1度    200.000
0度     200.000
1度     200.000
2度     200.000
3度     200.000
4度     200.000
dtype: float64
```

完全情報があれば，自然の状態にあわせて，常に最大利得が達成できます。そのため，式 (3.36) に従って，完全情報を得たときの期待利得 emv_perfect が得られます。emv_perfect から予測を使わないときの期待利得 emv_naive を差し引くことで，完全情報の価値が得られます。

```
# 自然の状態にあわせて利得を最大にする行動をとったときの期待金額
emv_perfect = payoff.max(axis=1).mul(marginal_state).sum()
# 完全情報の価値
perfect_information_value = emv_perfect - emv_naive
print(f'完全情報の価値：{perfect_information_value:.3g}万円')
```

```
完全情報の価値：8.17万円
```

完全情報の価値はおよそ8.17万円となりました。自然の状態の不確実性がなくなることで，毎日最大で8万円ほどの費用を節約できるようです。

3.14 予測の有効性

予測の有効性を求めます。予測を活用することで，不確実性がもたらす費用のうち６割ほどを削減できていることがわかります。

```
efficiency = f_value / perfect_information_value
print(f' 予測の有効性： {efficiency:.3g}')
```

```
予測の有効性： 0.623
```

この結果を見て「予測の価値を向上させる余地があるから，予測の改善をしよう」と考えるか「十分な価値を生み出しているから，この予測を今後も使おう」となるのか，あるいは「毎日最大でも８万円しか費用を節約できないのだから，予測など不要だ」となるのか，これを機械的に決めるのは難しいです。最終的には意思決定者の責任で判断することになります。

分析結果に従って，半自動的に意思決定するべきかどうかは難しい問題です。今回は，予測を使うべきか否かを判断するための，理由付けのある数値を提供しました。このような，意思決定者が必要とするだろう数値を，何らかの根拠を持って提示するのが，決定分析の大きな役割です。

3.15 予測の取り扱いに関する補足

決定分析を用いるメリットを，もう少し補足します。予測の生み出す価値に着目することで，予測の品質（例えば的中率やRMSE）を向上させなければならないという一種の「縛り」が緩くなります。今より少しでも低いRMSEを達成しなければならないといった目標とは異なる目標を設定できるかもしれません。

例えば今回の事例だと「−2度以下になるか否か」が対策するかしないかの行動を変えるために重要となりました。この場合は，数量予測をするのではなく，「−2度以下になるか否か」を判別するクラス分類の問題に置き換えられる可能性があります。あるいは「−7度以下」「−7度より大，−2度以下」「−2度より大」の３カテゴリー予測にすることも考えられます。

予測の精度（品質）と予測の価値の関係について補足します。今回の事例では「−2度以下なのか，−1度以上なのか」が「対策あり」と「対策なし」を分ける境目でした。ここで，予測の精度を向上させようと試みるときに「3度なのか，4度なのかを正しく判別できるようにする」必要性が薄いことに注意してください。「3度なのか，4度なのか」の判別精度が高まっても，意思決定の結果はほとんど変わりません。一方で「−2度以下なのか，−1度以上なのか」の判別精度は意思決定にクリティカルに効いてきます。3.4節で確認したように気温が「−5度」から「−3度」までは，行動の違いによって収益が100万円以上変わります。「−1度以上」と予測した（予測に従うと「対策なし」を選ぶことになる）ときに，実際は「−3度」でしたという結果であれば，100万円以上の損失を生みます。

条件付き期待金額を最大化する場合は，条件付き分布$P(\theta|f)$が中心的な役割を果たしました。しかし，予測の品質を評価する際は$P(f|\theta)$を参照することもあります。例えば「実際の気温が−5度から−3度であるときに，どのような予測値が提出されているのか」は，今回の事例では興味のあるところです。

予測の価値評価が決定分析の最終目的というわけではありません。予測の価値を具体的に数値として求められなくても，上記のような結果を理解することで，意思決定や予測モデルが改善される可能性があります。予測の手法を限定してしまうと，予測の改善の方法が，パラメータの調整や特徴量エンジニアリング中心になってしまいます。一方，ほしい結果から逆算することで，予測の改善ができる可能性があります。決定分析を活用して，データを使って価値を生み出す方法の選択肢を増やしていただければ幸いです。

新たな記号は登場していないので，「記号の整理」は省略します。

第4章
標準型分析

テーマ

本章では，第2部で中心的な役割を果たした展開型分析と対比して，標準型分析と呼ばれる決定分析の技法を導入します。本章では，情報は予測の形で与えられるのではなく，何らかの検査結果，あるいは実験結果として与えられることを想定します。また本章では，他の章と異なり，判断確率を導入した意思決定を解説します。確率が与えられておらず，意思決定者が自ら確率を設定するため，（リスク下ではなく）不確実性下の意思決定問題が対象となります。

まず，予測と検査情報の取り扱いの類似点と差異を述べます。そして，展開型分析と対比する形で標準型分析を導入し，自然の状態の事前分布がもたらす影響を，最適な決定方式・情報の価値という2つの観点から議論します。

本章は，比較的複雑な分析技法となります。難しいと感じたら，最初は飛ばしても大丈夫です。

概要

- **標準型分析の導入**

  予測と検査情報 → 標準型分析 → 事例の紹介 → 説明の進め方

- **セクション1：周辺分布 $P(\theta)$ が未知のときの決定分析の解説**

  Python による分析の準備 → 意思決定にかかわる要素の整理
  → 決定方式の実装 →決定方式別の，自然の状態の条件付き期待金額
  → 許容的・非許容的な決定方式 → 決定方式の視覚的な評価
  → 混合決定方式

- **セクション2：周辺分布 $P(\theta)$ として判断確率を導入する方法の解説**

  判断確率の導入

→ 検査情報を使わないときの期待金額 → 検査情報を使うとき
→ 検査情報を使わないときの最適行動 → 検査情報を使うとき
→ 検査情報の価値

- **セクション 3：判断確率を導入する際の，効率の良い計算方法の解説**

ベイズ決定 → 事前分布と事後分布 → 事後分布の実装
→ 事後分布に基づく期待金額の最大化

- **まとめ**

記号の整理

4.1　予測と検査情報

本章では，「何らかの検査・実験の結果」を用いた意思決定を対象とします。今まで対象としてきた「予測としての情報」との違いを，宮沢 (1971) を参考にして，**I 型情報**と **II 型情報**という観点で整理します。なお，この分け方は便宜的なものです。後ほど解説するように，第 2 部までのシチュエーションであれば，両者を区別する必要性はほとんどありません。

4.1.1　I 型情報

何らかの情報を z とし，自然の状態を θ とします。条件付き分布 $P(z|\theta)$ が明らかである情報を I 型情報と呼びます。I 型情報は，検査結果あるいは実験結果として得られる情報だと言えます。

例えば，意思決定者をお医者さんとします。このお医者さんは，患者さんにインフルエンザのための薬を投与するか否かを判断します。このとき，何らかの検査キットを使うとします。

この検査キットが「インフルエンザにかかっているならば，99% の確率で『異常あり』の結果を出す」そして「インフルエンザにかかっていないならば，80% の確率で『異常なし』の結果を出す」とわかっているとします。なお，検査キットは，異常ありか異常なしかのどちらかの結果しか出しません。検査結果として得られる情報を z と，実際の感染の有無を θ とすると，この検査情報は条件付き分布 $P(z|\theta)$ が明らかである情報と言えるので，I 型情報となります。病気だけではなく，製品の品質にかかわる検査情報なども，しば

しばI型情報に該当します。

I型情報は，単にデータと呼ばれることもあります。何らかのパラメータがθであるとき，確率分布$P(z|\theta)$に従って発生する確率変数zが観測されたものがI型情報です。

4.1.2 II型情報

何らかの情報をzとし，自然の状態をθとします。条件付き分布$P(\theta|z)$およびzの周辺分布$P(z)$が明らかである情報をII型情報と呼びます。

II型情報は，今まで見てきた予測などの情報だと言えます。例えば天気予報を考えます。雨が降るか否かだけを予測するものとします。

この予報が「雨予報が出たならば，80%の確率で実際に雨が降る」そして「晴れ予報が出たならば，90%の確率で実際に晴れになる」とわかっているとしましょう。また，年間で「雨予報」が出される確率もわかっているとします。

出された予報をzと，実際の降雨の有無をθとすると，この天気予報は条件付き分布$P(\theta|z)$と周辺分布$P(z)$が明らかである情報と言えるので，II型情報となります。第3部第3章まではII型情報を想定していました。第3部第5章以降もII型情報を想定します。

4.1.3 I型情報とII型情報の類似点と差異

II型情報においては$P(\theta|z)$と$P(z)$が明らかになっていました。そのため条件付き確率の定義から$P(\theta, z) = P(\theta|z)\,P(z)$であるため，自然の状態と情報の同時分布が計算できます。

同様に，I型情報において周辺分布$P(\theta)$が明らかならば，やはりI型情報の$P(z|\theta)$を使って同時分布が得られます。要するに，周辺分布$P(\theta)$が明らかになっていれば，I型情報とII型情報はまったく同じ同時分布の形に書き直せるということです。この場合，I型情報とII型情報を区別する必要性は（少なくとも計算上は）ありません。情報の価値の評価に関しても，計算上の違いはありません。

I型情報とII型情報の違いが出てくるのは，周辺分布がわからない場面です。I 型情報で $P(\theta)$ がわからなければ，第 2 部で解説した方法を用いて，期待値を最大にするという意思決定原理に従って行動するのが難しくなります。

4.2 標準型分析

展開型分析と比較して，標準型分析を導入します。

4.2.1 展開型分析と標準型分析

第 2 部では，展開型分析と呼ばれる決定分析の技法を中心に扱ってきました。これは第 2 部第 4 章で解説した通り，以下の手順で意思決定を行います。

Step1：選択肢ごと自然の状態ごとに利得を整理する

Step2：自然の状態に対して確率を割り振る

Step3：利得の期待値に基づいて意思決定を行う

展開型分析では，自然の状態に対して確率を割り振ることができるという前提で進めていました。情報が与えられる場合でも，自然の状態と情報との同時分布が得られることを前提としていたため，条件付き期待値を最大にする行動を選んだり，予測の価値評価をしたりできました。

しかし，I 型情報において，自然の状態の周辺分布がわからないことはしばしばあります。例えば病気の有無を判定する臨床検査や，製品の不具合を調べるための検査を想像してください。ある病気が市中に蔓延しているとして，全市民の中のどれほどの割合が病気に感染しているかを把握するのは困難です。製品の検査の場合も同様に，製品においてどれほどの割合で不良品が混ざっているか，事前にはわからないのが普通でしょう。

そこで登場するのが**標準型分析**です。標準型分析では，情報が得られたときの**決定方式**をあらかじめ設定します。そして，それらの決定方式の中で最も良いものを探すことを試みます。

4.2.2 標準型分析が扱う意思決定問題

標準型分析で登場する記号を整理します。

選択肢をa_jとします。選択肢の集合をAとします。Aは有限集合であり，その要素の個数を$\#A$とします。

自然の状態をθ_iとします。自然の状態の集合をΘとします。Θは有限集合であり，その要素の個数を$\#\Theta$とします。

検査情報をz_kとします。検査情報の集合をZとします。Zは有限集合であり，その要素の個数を$\#Z$とします。

自然の状態がθ_iのときに，選択肢a_jを選んだ場合の利得を$c(a_j, \theta_i)$とします。利得は，利得行列の形で与えられているとします。本章では利得として金額を対象とします。そのため，利得のことは断りなく金額と言い換えることがあります。本来は金額以外を利得とみなすこともできます。

自然の状態θ_iが与えられているという条件で，検査情報z_kが得られる確率を$P(z_k|\theta_i)$とします。

標準型分析で中心的な役割を果たすのが決定方式です。今までもしばしばこの用語を使っていましたが，ここで正確な定義を導入します。検査情報の集合Zから選択肢の集合Aへの写像を決定方式と呼び$d: Z \to A$と表記します。平たく言えば「得られた情報から選択肢を選ぶルール」が決定方式dです。個別の決定方式をd_lとします（添え字は小文字のエルです）。

決定方式は，検査情報を入力して選択肢を出力します。検査情報z_kと決定方式d_lが与えられたとき，$d_l(z_k) = a_j$だとします。すると利得$c(a_j, \theta_i)$は決定方式を使って$c(d_l(z_k), \theta_i)$と表記できます。これは「自然の状態がθ_iのとき，検査情報z_kが得られた。決定方式d_lを採用するなら，このときの利得は$c(d_l(z_k), \theta_i)$になる」と読めます。標準型分析では，決定方式の評価が主題となります。

標準型分析は，展開型分析と異なり，一部の確率がわかっていなくても途中まで分析を進められます。すなわち，自然の状態の周辺分布$P(\theta)$がわからなくても，採用すべき決定方式の候補を提示するところまでは進められるのです。そして自然の状態の周辺分布がわかった場合には，展開型分析と同じ結論を得ることができます。展開型分析よりも便利に見えますが，代わりに計算はやや複雑になります。

4.3　本章で扱う事例

意思決定の事例として，製品の品質検査の問題を取り上げます。

製品の品質には「問題なしθ_1」と「問題ありθ_2」の2種類を想定します。これが自然の状態θです。

ある製品を簡易的に検査する手法があります。それを使うと「検査-問題なしz_1」か「検査-問題ありz_2」が出力されます。これが検査情報zです。

検査情報に基づいて「出荷a_1」「再検査a_2」「破棄a_3」の3つの選択肢から1つを選びます。これが選択肢aです。なお，再検査には費用がかかるものの，確実に製品の品質を判断できるとします。

4.4　本章の説明の進め方

本章は分量が多くなっています。便宜的に3つのセクションに分けます。

セクション1：周辺分布$P(\theta)$が未知のときの決定分析の解説

セクション2：周辺分布$P(\theta)$として判断確率を導入する方法の解説

セクション3：判断確率を導入する際の，効率の良い計算方法の解説

まずはセクション1です。次節からは，分析の準備を行ったうえで，I型情報と利得行列を用意します。両方とも，今回は天下り式に与えられているとします。そして，自然の状態の周辺分布$P(\theta)$が未知である前提の下で，検査情報を使った決定方式における採用すべき候補を列挙します。

続いてセクション2です。自然の状態の周辺分布$P(\theta)$が未知ならば，決定方式の候補の絞り込みまでしかできません。期待利得を最大にする決定方式まではわからないわけです。そこで判断確率を導入します。$P(\theta_1)$の値を0から1まで変化させていき，最適な決定方式がどのように変化するかを検討します。

最後にセクション3です。自然の状態の周辺分布$P(\theta)$が与えられたときの，簡便な分析の方法を解説します。ベイズの定理を使うことから，本章の意思決定の方法はベイズ決定と呼ばれることもあります。

4.5 Pythonによる分析の準備

本章ではPython実装と並行して標準型分析の手続きを解説します。まずはライブラリの読み込みなどを行います。

```
# 数値計算に使うライブラリ
import numpy as np
import pandas as pd
from scipy.spatial import ConvexHull, convex_hull_plot_2d
import itertools
# DataFrameの全角文字の出力をきれいにする
pd.set_option('display.unicode.east_asian_width', True)
# 本文の数値とあわせるために，小数点以下3桁で丸める
pd.set_option('display.precision', 3)
# グラフ描画
import matplotlib.pyplot as plt
import seaborn as sns
sns.set()
# グラフの日本語表記
from matplotlib import rcParams
rcParams['font.family'] = 'sans-serif'
rcParams['font.sans-serif'] = 'Meiryo'
```

4.6 意思決定にかかわる要素の整理

意思決定にかかわる要素を整理します。まずはI型情報を用意します。

```
# I型情報。自然の状態を条件とした，検査情報の条件付き分布
conditional_state = pd.DataFrame({
    '検査-問題なし': [0.8, 0.1],
    '検査-問題あり': [0.2, 0.9]
})
conditional_state.index = ['問題なし', '問題あり']
print(conditional_state)
```

```
          検査-問題なし  検査-問題あり
問題なし            0.8            0.2
問題あり            0.1            0.9
```

何らかの情報をzと，自然の状態をθとするとき，I型情報は$P(z|\theta)$を与えます。「自然の状態が『問題なしθ_1』ならば，検査情報のうち80%は

『検査 - 問題なし z_1』となる」そして「自然の状態が『問題なし θ_1』でも，検査情報のうち 20% は『検査 - 問題あり z_2』となる」となっているのが conditional_state の1行目です。行の合計値が1になることに注意してください。

なお，自然の状態が「問題あり θ_2」ならば，10% は外して「検査 - 問題なし z_1」となり，90% は正しく「検査 - 問題あり z_2」となります。これが conditional_state の2行目です。

続いて利得行列を用意します。

```
# 利得行列。数値は金額とする
payoff = pd.DataFrame({
    '出荷'  : [10, -12],
    '再検査': [6 , -5],
    '破棄'  : [-1, -1]
})
payoff.index = ['問題なし', '問題あり']
print(payoff)
```

```
         出荷  再検査  破棄
問題なし   10     6   -1
問題あり  -12    -5   -1
```

品質に問題ない製品を出荷すると10万円が手に入ります。しかし問題のある製品を出荷すると，返品などの業務で売上以上の経費がかかり，都合12万円の損失を生みます。再検査は4万円の支出で実行できます。そのため，問題ない製品を再検査してから出荷すると，利得は4万円減った6万円になります。製品の破棄には1万円がかかると想定しています。問題のある製品を再検査すると，確実に問題ありだとわかります。この場合は破棄するしかありません。そのため，2行2列目は検査費用と破棄費用の合計として5万円の支出になります。

選択肢の一覧を取り出します。これが選択肢の集合 A です。

```
action_list = payoff.columns.values
print(action_list)
```

```
['出荷' '再検査' '破棄']
```

検査情報の一覧を取り出します。これが検査情報の集合Zです。

```
test_list = conditional_state.columns.values
print(test_list)
```

```
['検査-問題なし' '検査-問題あり']
```

選択肢の個数は3つです。

```
num_action = len(action_list)
num_action
```

```
3
```

検査情報の個数は2つです。

```
num_test = len(test_list)
num_test
```

```
2
```

4.7 決定方式の実装

続いて決定方式の集合を用意します。決定方式は，得られた情報から選択肢を選ぶ規則のことです。例えば「検査情報が『検査-問題ありz_2』ならば，選択肢『破棄a_3』を採用する」といった規則です。あり得るすべての決定方式を用意して，その優劣をこれから比較します。

検査の結果は2種類あるのでした。3種類の選択肢を2つ選び出す組み合わせは，itertools.product関数を使うことで，以下のように得られます。

```
list(itertools.product(action_list, repeat=num_test))
```

```
[('出荷', '出荷'),
 ('出荷', '再検査'),
 ('出荷', '破棄'),
 ('再検査', '出荷'),
 ('再検査', '再検査'),
 ('再検査', '破棄'),
 ('破棄', '出荷'),
 ('破棄', '再検査'),
```

```
('破棄', '破棄')]
```

決定方式の組み合わせの数は「選択肢の個数」を「テスト結果の個数」だけかけあわせる（累乗する）ことで得られます。

```
range_idx = np.arange(1, num_action ** num_test + 1, 1)
print(range_idx)
```

```
[1 2 3 4 5 6 7 8 9]
```

決定を表す decision の頭文字の「d」をつけておき，決定方策を識別するインデックスを用意します。

```
idx = np.char.add('d', range_idx.astype('str'))
print(idx)
```

```
['d1' 'd2' 'd3' 'd4' 'd5' 'd6' 'd7' 'd8' 'd9']
```

$d_1, d_2, \ldots, d_9$ まで9つの決定方式を用意します。

```
# 決定方式の一覧
decision_func_set = pd.DataFrame(
    list(itertools.product(action_list, repeat=num_test)))
# index(行名)の付与
decision_func_set.index = idx
# 行と列を反転させる
decision_func_set = decision_func_set.T
# index(行名)の付与
decision_func_set.index = test_list
# 結果
print(decision_func_set)
```

```
                d1      d2    d3      d4      d5      d6    d7      d8    d9
検査-問題なし  出荷    出荷  出荷  再検査  再検査  再検査  破棄    破棄  破棄
検査-問題あり  出荷  再検査  破棄    出荷  再検査    破棄  出荷  再検査  破棄
```

決定方式 d1 は，検査情報に関係なく，常に「出荷 a_1」を選びます。決定方式 d2 は，検査情報が「検査-問題なし z_1」なら「出荷 a_1」しますが，「検査-問題あり z_2」なら「再検査 a_2」をします。このように，検査情報に応じて，とりうるすべての決定方式を用意しました。決定方式の集合を作る方法は他にもありますが，本書ではpandasのさまざまな関数を流用するため，このような実装にしてあります。

decision_func_setから任意の決定方式，例えばd2をとってくる場合には以下のようにします。

```
decision_func = decision_func_set['d2']
decision_func
```

```
検査 - 問題なし        出荷
検査 - 問題あり      再検査
Name: d2, dtype: object
```

決定方式d2を採用したときの利得行列は以下のようになります。1列目は「検査 - 問題なし z_1」のときの行動をとった際の利得で，2列目は「検査 - 問題あり z_2」のときの行動をとった際の利得です。

```
decision_result = payoff[decision_func]
print(decision_result)
```

```
          出荷  再検査
問題なし    10      6
問題あり   -12     -5
```

4.8　決定方式別の，自然の状態の条件付き期待金額

続いて，決定方式別の，自然の状態の条件付き期待金額を計算します。定義，数値例，Python実装の順で解説します。

4.8.1　定義

まずは定義から紹介します。検査情報と自然の状態の関係として $P(z|\theta)$ が得られています。自然の状態が θ_i であるときの，検査情報 z の条件付き分布は $P(z|\theta_i)$ です。

ここで自然の状態が θ_i であるとします。そして決定方式 d_l を採用します。このときの条件付き期待金額 $EMV(d_l(z)|P(z|\theta_i))$ は以下のように計算さ

れます。

$$EMV\left(d_l\left(z\right)|P\left(z|\theta_i\right)\right) = \sum_{k=1}^{\#Z} P\left(z_k|\theta_i\right) \cdot c\left(d_l\left(z_k\right), \theta_i\right) \qquad (3.37)$$

4.8.2 数値例

条件付き分布はPythonコードにおいて`conditional_state`として与えられています。ここでは表の形で整理します。数値は`conditional_state`とまったく同じです。

表3.4.1 自然の状態と検査情報の条件付き分布

		検査情報 Z		
		検査 - 問題なし z_1	検査 - 問題あり z_2	合計
自然の状態 Θ	問題なし θ_1	$P\left(z_1\|\theta_1\right) = 0.8$	$P\left(z_2\|\theta_1\right) = 0.2$	1
	問題あり θ_2	$P\left(z_1\|\theta_2\right) = 0.1$	$P\left(z_2\|\theta_2\right) = 0.9$	1

続いて決定方式としてd_2を採用することにします。決定方式d_2は,「検査 - 問題なしz_1」ならば「出荷a_1」を採用します。また「検査 - 問題ありz_2」ならば「再検査a_2」を採用します。すなわち$d_2\left(z_1\right) = a_1$, $d_2\left(z_2\right) = a_2$となります。

利得行列はPythonコードにおいて`payoff`として与えられています。数値は表3.4.2の通りです。

表3.4.2 利得行列

	出荷 a_1	再検査 a_2	破棄 a_3
問題なし θ_1	$c\left(a_1, \theta_1\right) = 10$	$c\left(a_2, \theta_1\right) = 6$	$c\left(a_3, \theta_1\right) = -1$
問題あり θ_2	$c\left(a_1, \theta_2\right) = -12$	$c\left(a_2, \theta_2\right) = -5$	$c\left(a_3, \theta_2\right) = -1$

決定方式d_2を採用するとします。自然の状態がθ_1であるときの条件付き期待金額$EMV\left(d_2\left(z\right)|P\left(z|\theta_1\right)\right)$は以下のように計算できます。

$$
\begin{aligned}
EMV\left(d_2\left(z\right)|P\left(z|\theta_1\right)\right) &= \sum_{k=1}^{2} P\left(z_k|\theta_1\right)\cdot c\left(d_2\left(z_k\right),\theta_1\right)\\
&= \ P\left(z_1|\theta_1\right)\cdot c\left(d_2\left(z_1\right),\theta_1\right) + P\left(z_2|\theta_1\right)\cdot c\left(d_2\left(z_2\right),\theta_1\right)\\
&= \ P\left(z_1|\theta_1\right)\cdot c\left(a_1,\theta_1\right) + P\left(z_2|\theta_1\right)\cdot c\left(a_2,\theta_1\right)\\
&= 0.8\times 10 + 0.2\times 6\\
&= 9.2
\end{aligned}
\tag{3.38}
$$

同様に，決定方式d_2を採用した場合における，自然の状態がθ_2であるときの条件付き期待金額$EMV\left(d_2\left(z\right)|P\left(z|\theta_2\right)\right)$を計算します。

$$
\begin{aligned}
EMV\left(d_2\left(z\right)|P\left(z|\theta_2\right)\right) &= \sum_{k=1}^{2} P\left(z_k|\theta_2\right)\cdot c\left(d_2\left(z_k\right),\theta_2\right)\\
&= \ P\left(z_1|\theta_2\right)\cdot c\left(d_2\left(z_1\right),\theta_2\right) + P\left(z_2|\theta_2\right)\cdot c\left(d_2\left(z_2\right),\theta_2\right)\\
&= \ P\left(z_1|\theta_2\right)\cdot c\left(a_1,\theta_2\right) + P\left(z_2|\theta_2\right)\cdot c\left(a_2,\theta_2\right)\\
&= 0.1\times(-12) + 0.9\times(-5)\\
&= -5.7
\end{aligned}
\tag{3.39}
$$

これで，決定方式d_2は「自然の状態がθ_1なら，平均して 9.2 万円の利益が得られる」そして「自然の状態がθ_2なら，平均して −5.7 万円の利益が得られる（5.7 万円の損失がある）」ことがわかります。

この計算を 9 つある決定方式すべてで繰り返します。こうして得られた期待金額をもとにして，決定方式の評価を行います。

4.8.3　Python 実装：計算の方法の確認

先の計算を繰り返すのは面倒なので，Python を使います。最終的には計算を関数にまとめて簡単に計算できるようにします。しかし，最初から効率の良いコードを書くと理解が難しいかもしれません。まずは計算の意味を再確認する目的で，愚直にコードを書きます。

`pandas` の `DataFrame` のままだと計算が面倒なので `numpy` の `ndarray` に変換

します。decision_result は 4.7 節で作成した，決定方式 d_2 を採用したときの利得行列です。復習すると decision_func = decision_func_set['d2'] であり，decision_result = payoff[decision_func] です。

```
probs_array = conditional_state.values
payoff_array = decision_result.values
```

条件付き分布 $P(z|\theta_1)$ は以下の通りです。

```
probs_array[0, ]
```

```
array([0.8, 0.2])
```

利得 $c(d_2(z_1), \theta_1)$ と $c(d_2(z_2), \theta_1)$ は以下の通りです。

```
payoff_array[0, ]
```

```
array([10, 6], dtype=int64)
```

両者をかけてから合計値をとると，期待値が得られます。

```
np.sum(probs_array[0, ] * payoff_array[0, ])
```

```
9.2
```

自然の状態を θ_1 と θ_2 とまとめて計算すると以下のようになります。

```
np.sum(probs_array * payoff_array, axis=1)
```

```
array([ 9.2, -5.7])
```

これを 9 つの決定方式で実行します。

4.8.4　Python 実装：効率的な実装

決定方式ごとに期待金額を求める関数 decision_func_emv を作ります。

```
# 期待金額を計算する関数
def decision_func_emv(decision_func, probs, payoff_table):
    # 決定関数に基づいて行動したときの金額を取得
    decision_result = payoff_table[decision_func]
    # 計算を容易にするために，ndarray にする
    probs_array = probs.values
    payoff_array = decision_result.values
    # 自然の状態別の，期待金額の計算
    emv = np.sum(probs_array * payoff_array, axis=1)
    return(emv)
```

引数は決定方式d_l，条件付き分布$P(z|\theta)$，利得行列$c(a_j, \theta_i)$です。決定方式 decision_func を指定すると，その決定方式を採用した場合の利得行列 decision_result が得られます。後は分布と利得を ndarray に変換して，期待金額を求めます。

関数の動作確認をします。decision_func = decision_func_set['d2'] であることに注意してください。

```
decision_func_emv(decision_func, conditional_state, payoff)
```

```
array([ 9.2, -5.7])
```

後は decision_func_set に対してまとめて実行すれば完成です。

```
risk_table = decision_func_set.apply(
    decision_func_emv, probs=conditional_state, payoff_table=payoff, axis=0)
risk_table.index = payoff.index
print(risk_table)
```

```
           d1    d2    d3     d4    d5    d6     d7    d8    d9
問題なし  10.0   9.2   7.8    6.8   6.0   4.6    1.2   0.4  -1.0
問題あり -12.0  -5.7  -2.1  -11.3  -5.0  -1.4  -10.9  -4.6  -1.0
```

risk_table のi行l列目は決定方式d_lを採用すると決めた場合に，自然の状態がθ_iだったときにおける期待金額$EMV(d_l(z)|P(z|\theta_i))$となっています。

4.9 許容的・非許容的な決定方式

risk_tableが得られ，周辺分布$P(\theta)$がわからないという今の状況は，第2部第1章で解説した「確率を使わない場合の意思決定」とよく似ています。ここでは優越されている決定方式がないかどうかをチェックすることで，採用すべき決定方式の候補を調べます。

第2部第1章の復習をします。自然の状態によらず，常にある選択肢が別の選択肢よりも好ましい結果を持つとき，その選択肢を選ぶことを優越する決定と呼ぶのでした。別の決定方式に優越される決定方式を**非許容的な決定方式**と呼びます。一方で，優越される決定方式が存在しないならば，これを**許容的な決定方式**と呼びます。許容的な決定方式が，採用すべき決定方式の候補となります。

決定方式d_lが別の決定方式$d_{l'}$に優越することを$d_l \succ d_{l'}$と表記すると，$d_3 \succ d_4$，$d_3 \succ d_5$，$d_3 \succ d_7$，$d_3 \succ d_8$関係が成り立ちます。

最終的に，許容的な決定方式はd_1, d_2, d_3, d_6, d_9となります。

非許容的な決定方式はd_4, d_5, d_7, d_8となります。

非許容的な決定方式を確認します。

```
# 非許容的な決定方式
inadmissible_decision = ['d4', 'd5', 'd7', 'd8']
# d4, d5, d7, d8の決定方式
print(decision_func_set[inadmissible_decision])
```

	d4	d5	d7	d8
検査 - 問題なし	再検査	再検査	破棄	破棄
検査 - 問題あり	出荷	再検査	出荷	再検査

d_4とd_7は，「検査 - 問題あり」が出たにもかかわらずそのまま「出荷」するという決定方式です。d_8は「検査 - 問題なし」ならば「破棄」をして「検査 - 問題あり」ならば「再検査」をしています。この3つの決定方式は，常識的な行動とあべこべの行動をとっているため，採用されないのは当然とも言えます。

一方でd_5は，検査情報にかかわらず常に「再検査」をするという決定方

式です。一見すると候補に挙がりそうではありますが，今回の利得行列・条件付き分布の場合には，非許容的な決定方式とみなされました。検査コストが高いのが理由であるかもしれません。このように，状況を整理することで，考慮する必要のない決定方式を除外できるのが，標準型分析の強みです。

最後に，許容的な決定方式を確認します。

```
# 許容的な決定方式
admissible_decision = ['d1', 'd2', 'd3', 'd6', 'd9']
# d1, d2, d3, d6, d9 の決定方式
print(decision_func_set[admissible_decision])
```

```
              d1    d2    d3    d6    d9
検査 - 問題なし  出荷    出荷  出荷  再検査  破棄
検査 - 問題あり  出荷  再検査  破棄    破棄  破棄
```

4.10　決定方式の視覚的な評価

許容的な決定方式と，非許容的な決定方式を，グラフを使って視覚的に判別する方法があるので紹介します。まずは，グラフを描きやすくするために，risk_table の行と列を入れ替えます。

```
risk_table_t = risk_table.T
print(risk_table_t.head(3))
```

```
    問題なし  問題あり
d1     10.0    -12.0
d2      9.2     -5.7
d3      7.8     -2.1
```

続いて，各データ点が含まれる最小の図形を求めます。scipy の spatial というモジュールにある ConvexHull 関数を使います。

```
hull = ConvexHull(risk_table_t)
```

グラフを描く前に，iterrows 関数の挙動を確認します。iterrows 関数を使うと，以下のように「列名」と「値」をセットにしたリストを簡単に作成で

きます。グラフに決定方式の名称（d1 から d9）のラベルを振る際にこの関数を使います。

```
list(risk_table_t.iterrows())[0:2]
```

```
[('d1',
  問題なし     10.0
  問題あり    -12.0
  Name: d1, dtype: float64),
 ('d2',
  問題なし     9.2
  問題あり    -5.7
  Name: d2, dtype: float64)]
```

以下のコードで，X 軸が「問題なし」のときの期待金額であり，Y 軸が「問題あり」のときの期待金額であるグラフを描きます。convex_hull_plot_2d 関数で，散布図および，散布図を囲む直線を描画します。ax.annotate 関数で，決定方式の名称のラベルを振ります。text がラベルで，xy が座標，xytext がラベル座標です。ラベルは，散布図の点の少し右上に位置させたいので xytext=xy+0.1 としています。

```
# 描画オブジェクトを生成
fig, ax = plt.subplots(figsize=(6, 6))
# 散布図とそれを囲む直線を描画
plot = convex_hull_plot_2d(hull, ax)
# 決定方式の名称のラベルを振る
for text, xy in risk_table_t.iterrows():
    ax.annotate(text, xy=xy, xytext=xy+0.1)
# グラフの装飾
ax.set_title(' すべての決定方式の評価 ', fontsize=15)  # タイトル
ax.set_xlabel(' 「問題なし」のときの期待金額 ')         # X 軸ラベル
ax.set_ylabel(' 「問題あり」のときの期待金額 ')         # Y 軸ラベル
```

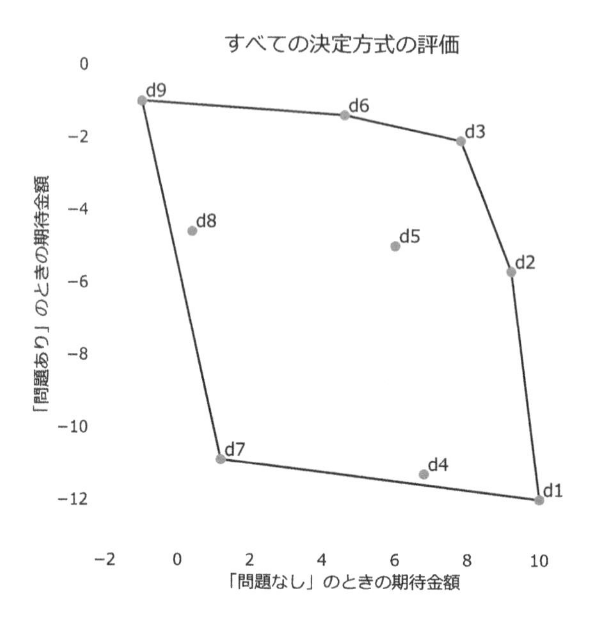

図 3.4.1　すべての決定方式の評価

このグラフを見ると，9つの決定方式の特徴がよくわかります。右にあるほど「問題なし」のときの期待金額が大きく，上に行くほど「問題あり」のときの期待金額が大きくなります。なるべく右上にある決定方式を選ぶことになります。

散布図の個別の点が，決定方式です。ある決定方式の右上に別の決定方式が位置しているなら，その決定方式は優越されている，すなわち非許容的な決定方式であることがわかります。d_4, d_5, d_7, d_8の右上に，別の決定方式が位置しているのを確認してください。逆に散布図を囲む直線の上側の頂点d_1, d_2, d_3, d_6, d_9は，許容的な決定方式となります。

4.11　混合決定方式

図3.4.1の理解を深めるための解説をします。ある確率pで決定方式d_lを採用し，確率$1-p$で決定方式$d_{l'}$を採用するような決定方式を**混合決定方式**

あるいは**確率化決定方式**と呼びます。混合決定方式を考慮することで，図3.4.1の散布図を囲む直線の内側がすべて，決定方式として取り扱えることになります。

例えば，イカサマでないコインを投げて，表が出たらd_2を，裏が出たらd_3を採用すると決めたとします。この混合決定方式の期待利得はrisk_tableのd2とd3の列の平均値から計算されます。

```
print(risk_table[['d2', 'd3']])
```

```
          d2   d3
問題なし  9.2  7.8
問題あり -5.7 -2.1
```

この混合決定方式における「問題なし」のときの期待金額は$9.2 \times 0.5 + 7.8 \times 0.5 = 8.5$です。「問題あり」のときの期待金額は$(-5.7) \times 0.5 + (-2.1) \times 0.5 = -3.9$です。X軸に8.5をY軸に$-3.9$をとった点を図3.4.1に入れると，散布図を囲む直線にちょうど重なるのがわかるはずです。

なお，今回の事例では登場しませんでしたが，他の決定方式と直接比較すると非許容的ではないものの，混合決定方式まで検討の対象に広げると，非許容的になるという決定方式も存在します。こういった決定方式も，決定方式の候補から取り除かれます。

4.12　判断確率

ここから，セクション2に移ります。今までは自然の状態の周辺分布$P(\theta)$が未知であるという前提で進めてきました。$P(\theta)$がわからなくても決定方式の候補を得るところまでは達成できます。しかし，決定方式を1つだけ選ぶことはできません。

マキシミン基準などを使うこともできますが，本章では意思決定者が**判断確率**を割り振って$P(\theta)$を与えることを想定します。判断確率は**主観確率**と呼ばれることもあります。

とはいえ，製品を１つ持ってきて「これが不良品である確率はいくらだと思いますか」と尋ねられても，なかなか答えにくいかと思います。判断確率は，くじ，あるいは賭け事の比較として導入されます。

ここで，以下の２つの賭けを考えます。どちらの賭けの方が好ましいと思うでしょうか。ただし，製品が不良品であっても，意思決定者は何の責任を負う必要もないとします。逆に製品が良品であっても，意思決定者の評価が上がるわけではありません。純粋に，製品が良品か不良品かを判断することだけが目的だと考えてください。

- 製品が良品なら 100 万円もらえる。不良品なら何ももらえない
- 50% の確率で 100 万円もらえる。50% の確率で何ももらえない

多くの場合，何ももらえないよりも 100 万円もらうことの方がうれしいとみなせるでしょう。ここで仮に「50% の確率で 100 万円もらえる」を選んだならば「製品が良品である確率は 50% よりも小さい」とみなしていることになりそうです。逆に「製品が良品なら 100 万円もらえる」を選んだならば,「製品が良品である確率は 50% よりも大きい」とみなしていることになりそうです。

ここで，最高の結果をc^*，最悪の結果をc^0，何らかの事象をθ_1とします。以下の２つのくじを比較します。

1. 事象θ_1が起こったらc^*を得る。起こらなければc^0を得る
2. 確率$P(\theta_1)$でc^*を得る。それ以外はc^0を得る

この２つのくじが同等に好ましいとき，$P(\theta_1)$を事象θ_1の判断確率と呼びます。今回の事例ではc^*が「100 万円もらえる」であり, c^0が「何ももらえない」であり, θ_1を「製品に問題がない（良品である）」であるとあてはめられます。

判断確率を導入することには，若干のためらいがあるかもしれません。判断確率を導入する場合は，定義通りに賭け事を想定し，確率$P(\theta_1)$を評価できることを仮定しています。この仮定を満たすためには, 複数の前提条件（公

理と言います）が必要となります。例えば，もらえる金額が100万円のときと1億円のときで，評価された判断確率が変化するようでは困りますね。必要な公理についてはサヴェッジ(Savage)の定理(例えばGilboa(2014)など)が明らかにしていますが，本書では立ち入りません。事前にすべての製品を検査して，潜在的な不良品の割合を求めるのには，時間もコストもかかります。いくつかの仮定を満たす必要があるものの，意思決定者の主観的な見積もりとして，使えるものは使おうという精神で進めていきます。

なお，標準型分析は，判断確率が与えられていなくても，途中まで分析を進めることができました。すなわち，決定方式の候補を選ぶところまでは達成できました。判断確率の導入を後回しにできるのは，標準型分析の大きな特徴です。また，次節以降の分析では「判断確率が○〜×の範囲においては，決定方式d_lを使うと，期待金額を最大化できる」というように，判断確率の範囲を提示します。判断確率をピンポイントで指定する必要がないという点も大きな特徴です。

判断確率を積極的に使うのは，決定分析の大きな特徴と言えます。確率の解釈を判断確率とみなすときでも，決定分析においては，期待金額や期待効用を最大化するという意思決定の手続きを推奨します。本書でもこのやり方を踏襲します。しかし，判断確率を受け入れるのには若干のためらいが生まれるのもまた事実だと思います。この場合は決定方式の候補を選んだところで終了しても良いでしょう。

4.13　検査情報を使わないときの期待金額

まずは，検査情報を使わずに意思決定した場合の期待金額を計算します。このときの意思決定問題をノーデータ(no data)問題と呼ぶこともあります。これは第2部第4章とよく似たシチュエーションです。しかし，今回は判断確率がピンポイントでは明らかになっていない状況を想定します。「問題なし」である確率$P(\theta_1)$を0から1まで変化させて，$P(\theta_1)$と選択肢ごとの期待金額の関係を確認します。定義，Python実装の順で解説します。

4.13.1 定義

期待金額に基づく意思決定の手続きを復習します。自然の状態の確率分布$P(\theta)$が与えられている下で，何らかの選択a_jを行ったときの期待金額$EMV(a_j|P(\theta))$は以下のように計算できます。

$$EMV(a_j|P(\theta)) = \sum_{i=1}^{\#\Theta} P(\theta_i) \cdot c(a_j, \theta_i) \tag{3.40}$$

この計算式は第2部第4章とまったく同じです。計算そのものよりも，$P(\theta_1)$を0から1まで変化させつつ期待値を求めるという作業の方が難しいかもしれません。手で計算するのには無理があるのでPythonで実装します。

4.13.2 Python 実装：計算方法の確認

まずは実装コードの意味を理解していただくために，愚直に実装します。$P(\theta_1)$と$P(\theta_2) = 1 - P(\theta_1)$を用意します。$P(\theta_1)$は0から1まで0.01区切りで変化させます。出力は一部省略していますが，本来は101列あります。

```
# 「問題なし」の事前確率は 0 から 1 の範囲をとる
p_df = pd.DataFrame(np.array([np.arange(0, 1.01, 0.01),
                              1 - np.arange(0, 1.01, 0.01)]))
p_df.index = payoff.index
print(p_df)
```

```
         0     1     2     3     4     5     6     7     8     9  ...  \
問題なし  0.0  0.01  0.02  0.03  0.04  0.05  0.06  0.07  0.08  0.09  ...
問題あり  1.0  0.99  0.98  0.97  0.96  0.95  0.94  0.93  0.92  0.91  ...
```

ここで「出荷」という選択をしたときの利得を確認します。

```
payoff['出荷']
```

```
問題なし    10
問題あり   -12
Name: 出荷, dtype: int64
```

自然の状態の判断確率で重み付けられた金額を計算します。出力は一部省略していますが，本来は101列あります。

```
print(p_df.mul(payoff['出荷'], axis=0))
```

```
            0      1      2      3      4     5      6      7      8      9
問題なし   0.0   0.10   0.20   0.30   0.40   0.5   0.60   0.70   0.80   0.90
問題あり -12.0 -11.88 -11.76 -11.64 -11.52 -11.4 -11.28 -11.16 -11.04 -10.92
```

計算式を確認します。$P(\theta_1)$が0, 0.01, 0.02, ...と変化していることに注意してください。まずは1行目の「問題なし」から確認します。

0列目の「問題なし」は$P(\theta_1) \cdot c(a_1, \theta_1) = 0 \times 10 = 0$です。

1列目の「問題なし」は$P(\theta_1) \cdot c(a_1, \theta_1) = 0.01 \times 10 = 0.1$です。

2列目の「問題なし」は$P(\theta_1) \cdot c(a_1, \theta_1) = 0.02 \times 10 = 0.2$です。

これは，2行目の「問題あり」のときも同様です。

0列目の「問題あり」は$P(\theta_2) \cdot c(a_1, \theta_2) = 1 \times (-12) = -12$です。

1列目の「問題あり」は$P(\theta_2) \cdot c(a_1, \theta_2) = 0.99 \times (-12) = -11.88$です。

2列目の「問題あり」は$P(\theta_2) \cdot c(a_1, \theta_2) = 0.98 \times (-12) = -11.76$です。

期待値を求めるので，重み付けられた金額に対して，列ごとに合計値をとります。

```
p_df.mul(payoff['出荷'], axis=0).sum(axis=0).head(3)
```

```
0   -12.00
1   -11.78
2   -11.56
dtype: float64
```

4.13.3 Python実装：効率的な実装

今までの計算を関数にまとめます。利得行列を与えると，「0から1まで0.01区切りで変化させた$P(\theta_1)$で重み付けられた期待金額」を出力する関数make_emv_listを作ります。

```
def make_emv_list(payoff):
    #「問題あり」が発生する事前確率
    p_df = pd.DataFrame(np.array([np.arange(0, 1.01, 0.01),
                                  1 - np.arange(0, 1.01, 0.01)]))
    p_df.index = payoff.index
    # 事前確率で重み付けられた期待金額
```

```
    emv = p_df.mul(payoff, axis=0).sum(axis=0)
    return(emv)
```

関数の動作確認をします。

```
make_emv_list(payoff['出荷']).head(3)
```

```
0   -12.00
1   -11.78
2   -11.56
dtype: float64
```

これを，a_1「出荷」，a_2「再検査」，a_3「破棄」でまとめて計算します。

```
no_data_emv = payoff.apply(make_emv_list)
print(no_data_emv.head(3))
```

```
      出荷   再検査  破棄
0 -12.00  -5.00  -1.0
1 -11.78  -4.89  -1.0
2 -11.56  -4.78  -1.0
```

4.13.4 Python 実装：視覚的に最適行動を調べる

3つの選択肢a_1, a_2, a_3を対象として，$P(\theta_1)$を0から1まで変化させたときの期待金額を折れ線グラフで確認します。まずは，期待金額と判断確率$P(\theta_1)$をまとめたDataFrameを作ります。

```
no_data_emv_p = no_data_emv.copy()
no_data_emv_p.loc[:, 'p_theta'] = np.arange(0, 1.01, 0.01)
print(no_data_emv_p.head(3))
```

```
      出荷   再検査  破棄  p_theta
0 -12.00  -5.00  -1.0     0.00
1 -11.78  -4.89  -1.0     0.01
2 -11.56  -4.78  -1.0     0.02
```

no_data_emv_pを対象にして折れ線グラフを描きます。

```
# 描画オブジェクトを生成
fig, ax = plt.subplots(figsize=(7, 4))
```

```
#「問題なし」の発生確率を変化させたときの期待金額の折れ線グラフを描画
no_data_emv_p.plot(x='p_theta', ax=ax)
# グラフの装飾
ax.set_title('検査情報を使わないときの期待金額', fontsize=15)  # タイトル
ax.set_xlabel('「問題なし」の発生確率')                          # X 軸ラベル
ax.set_ylabel('期待金額')                                        # Y 軸ラベル
```

図 3.4.2 を見ると, $P(\theta_1)$が大きい（「問題なし」確率が大きい）ときは,「出荷」を選んだときの期待金額が高くなります。$P(\theta_1)$が小さいならば「破棄」の期待金額が高くなります。$P(\theta_1)$が中間ほどにあれば「再検査」の期待金額が高くなります。

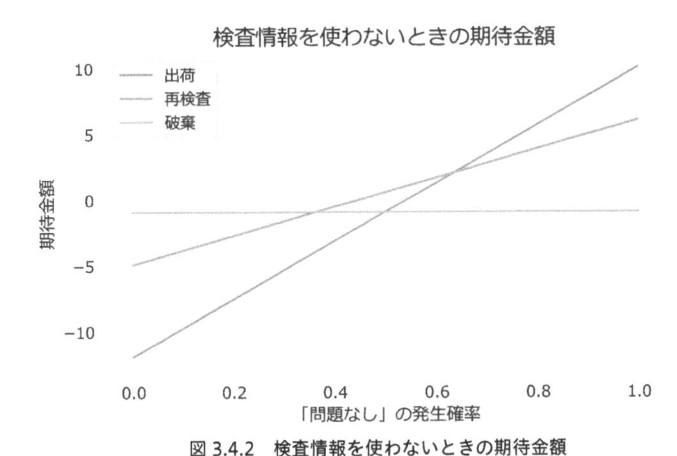

図 3.4.2　検査情報を使わないときの期待金額

4.14 検査情報を使うときの期待金額

検査情報を使う場合の期待金額を計算します。まずは許容的な決定方式であるd_1, d_2, d_3, d_6, d_9の「自然の状態別の期待金額」を再掲します。

```
print(risk_table[admissible_decision])
```

```
          d1    d2    d3    d6    d9
問題なし  10.0   9.2   7.8   4.6  -1.0
問題あり -12.0  -5.7  -2.1  -1.4  -1.0
```

これを対象として，4.13節と同様の計算を行うことで「d_1, d_2, d_3, d_6, d_9の期待金額」が計算できます（これは条件付き期待値ではなく，単なる期待値です）。

4.14.1 定義

計算式を提示します。決定方式d_lを採用したときの期待金額である$EMV\left(d_l\left(z\right)|P\left(z,\theta\right)\right)$は，以下のように計算されます。

$$EMV\left(d_l\left(z\right)|P\left(z,\theta\right)\right)=\sum_{i=1}^{\#\Theta}P\left(\theta_i\right)\cdot EMV\left(d_l\left(z\right)|P\left(z|\theta_i\right)\right)\quad(3.41)$$

4.14.2 Python 実装

Python 実装は4.13節とほぼ同様です。検査情報を使う場合の期待金額を計算します。

```
use_data_emv = risk_table[admissible_decision].apply(make_emv_list)
```

可視化するために，期待金額と判断確率$P\left(\theta_1\right)$をまとめた DataFrame を作ります。

```
use_data_emv_p = use_data_emv.copy()
use_data_emv_p.loc[:, 'p_theta'] = np.arange(0, 1.01, 0.01)
print(use_data_emv_p.head(3))
```

```
      d1     d2     d3    d6   d9  p_theta
0 -12.00 -5.700 -2.100 -1.40 -1.0     0.00
1 -11.78 -5.551 -2.001 -1.34 -1.0     0.01
2 -11.56 -5.402 -1.902 -1.28 -1.0     0.02
```

決定方式d_1, d_2, d_3, d_6, d_9を対象として，$P(\theta_1)$を0から1まで変化させたときの期待金額を折れ線グラフで確認します。

```
# 描画オブジェクトを生成
fig, ax = plt.subplots(figsize=(7, 4))
# 「問題なし」の発生確率を変化させたときの期待金額の折れ線グラフを描画
use_data_emv_p.plot(x='p_theta', ax=ax)
# グラフの装飾
ax.set_title('検査情報を使うときの期待金額', fontsize=15)  # タイトル
ax.set_xlabel('「問題なし」の発生確率')                    # X 軸ラベル
ax.set_ylabel('期待金額')                                  # Y 軸ラベル
```

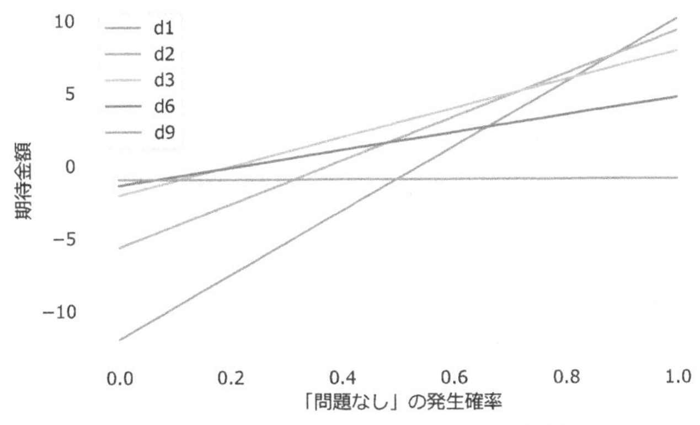

図 3.4.3　検査情報を使うときの期待金額

4.15 検査情報を使わないときの最適行動

グラフを見てもある程度は最適な決定方式がわかるのですが，具体的な数値として出すこともできます。ここでは，検査情報を使わないときの最適行動を調べます。第3部第2章のコスト / ロスモデルのように解析的に導出しても良いですが，ここでは簡易的な方法を紹介します。

まずは idxmax 関数を使って，期待金額が最も大きくなる選択肢を選びます。同着1位がある場合は，片方だけが選ばれることに注意してください。

```
no_data_best_action = no_data_emv.idxmax(axis=1)
no_data_best_action.head(3)
```

```
0    破棄
1    破棄
2    破棄
dtype: object
```

ここで shift 関数を使います。shift 関数を使うと，データが1行うしろにずれます。

```
no_data_best_action.shift(1).head(3)
```

```
0     NaN
1      破棄
2      破棄
dtype: object
```

shift 関数の結果を使って「最適な選択肢が変化する」タイミングを以下のように調べることができます。

```
no_data_act_change = no_data_best_action != no_data_best_action.shift(1)
no_data_act_change.head(3)
```

```
0     True
1    False
2    False
dtype: bool
```

上記の結果を使って，最適な選択肢を調べます。

```
# 最適行動の列を追加
no_data_emv_p.loc[:, 'best_action'] = no_data_best_action
# 最適行動が変わる p_theta を抽出
print(no_data_emv_p.loc[no_data_act_change, ['p_theta', 'best_action']])
```

```
    p_theta best_action
0      0.00          破棄
37     0.37         再検査
64     0.64          出荷
```

$P(\theta_1)$が 0 から 0.36 までは「破棄」を選び，$P(\theta_1)$が 0.37 から 0.63 までは「再検査」を選び，$P(\theta_1)$が 0.64 から 1 までは「出荷」を選ぶと，期待金額を最大にできるようです。

4.16 検査情報を使うときの最適行動

検査情報を使うときも同様に実装できます。

```
# 期待金額が最も大きな決定方式を調べる
use_data_best_action = use_data_emv.idxmax(axis=1)
# 最適行動が変わる p_theta を調べる
use_data_act_change = use_data_best_action != use_data_best_action.shift(1)
# 最適行動の列を追加
use_data_emv_p.loc[:, 'best_action'] = use_data_best_action
# 最適行動が変わる p_theta を抽出
print(use_data_emv_p.loc[use_data_act_change, ['p_theta', 'best_action']])
```

```
    p_theta best_action
0      0.00          d9
7      0.07          d6
18     0.18          d3
72     0.72          d2
89     0.89          d1
```

決定方式の意味を再掲します。

```
print(decision_func_set[admissible_decision])
```

```
              d1     d2     d3     d6     d9
検査-問題なし    出荷     出荷     出荷    再検査     破棄
検査-問題あり    出荷    再検査     破棄     破棄     破棄
```

ここでd_1とd_9は，検査情報を無視して，同じ行動をとり続けるという決定方式です。d_1またはd_9が最適な決定方式であるならば，検査情報は活用されないことになります。これは次節で検査情報の価値を求めるとより明確になるでしょう。

4.17　検査情報の価値

検査情報の価値を計算します。情報の価値は「情報を使わなかったときの最大の期待金額」と「情報を使ったときの最大の期待金額」の差額として評価されます。

```
# 情報を使わないときの最大期待金額
no_data_best_emv = no_data_emv.max(axis=1)
# 情報を使うときの最大期待金額
use_data_best_emv = use_data_emv.max(axis=1)
# 情報の価値
evsi = use_data_best_emv - no_data_best_emv
```

$P(\theta_1)$を0から1まで変化させたときの情報の価値を折れ線グラフで確認します。

```
# X 軸として使う，「問題なし」の発生確率
p_theta = np.arange(0, 1.01, 0.01)

# 描画オブジェクトを生成
fig, ax = plt.subplots(figsize=(7, 4))
# 情報の価値
ax.plot(p_theta, evsi, label='情報の価値')
# グラフの装飾
ax.set_title('検査情報の価値', fontsize=15)  # タイトル
ax.set_xlabel('「問題なし」の発生確率')       # X 軸ラベル
ax.set_ylabel('情報の価値')                   # Y 軸ラベル
```

検査情報の価値は，自然の状態の周辺分布$P(\theta)$によって大きく変化することに注目してください。利得行列が明らかで，条件付き分布$P(z|\theta)$が正しく評価されていたとしても，それでもなお「情報が価値を生むかどうか」は判断できません。具体的には，$P(\theta_1)$がおよそ0から0.06までの範囲，

およそ0.89から1までの範囲においては，検査情報は価値を生み出しません。

何らかの調査や検査を行ってデータを取得する提案が拒否されることはしばしばあります。もちろんこの中には道理の通らない理由もあるかもしれませんが，それがすべてではないはずです。例えば現場の作業者の方にとって$P(\theta_1)$が0.89を超えることがほぼ自明であるならば，検査情報は価値を生み出さないと予想されます。この場合，検査を実施する提案を拒否するのは自然な対応だと言えます。ただし，工場の設備から異常音が出るなど状況が変わり，$P(\theta_1)$が0.07以上0.88以下になったかもしれないという場合には，検査情報は価値を生み出します。現場の勘とデータによる意思決定は対立するものではないことに留意してください。

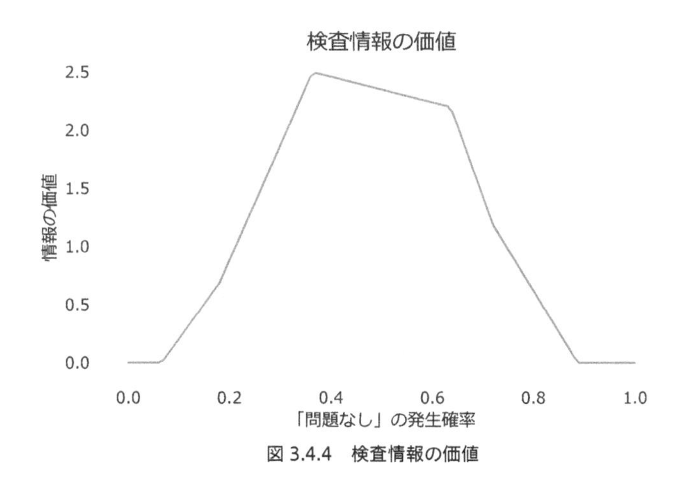

図 3.4.4　検査情報の価値

4.18 ベイズ決定

セクション3「判断確率を導入する際の，効率の良い計算方法の解説」に移ります。

セクション1では，$P(\theta)$がわからない中で，決定方式の候補を選び出すことができました。セクション2では，$P(\theta_1)$の範囲ごとに，最適な決定方式を提示できました。これらの方法は周辺分布$P(\theta)$がわからない中において役に立つ分析技術です。しかし，決定方式を網羅して，複雑な計算を進めているので，やや手間がかかります。

最後のセクションでは，判断確率として$P(\theta_1)$が与えられているときに使える，効率の良い計算方法を解説します。ここでの意思決定の手法を**ベイズ決定**と呼び，採択される決定方式を**ベイズ決定方式**と呼びます。

4.19 事前分布と事後分布

ベイズ決定では，周辺分布$P(\theta)$を**事前分布**と呼び，条件付き分布$P(\theta|z)$を**事後分布**と呼びます。事前分布を検査情報zに基づいて更新したものが事後分布というイメージです。事前分布を事後分布に更新する以下の計算式を**ベイズの定理**と呼びます。

$$P(\theta_i|z_k) = \frac{P(\theta_i) \cdot P(z_k|\theta_i)}{P(z_k)} \tag{3.42}$$

ベイズの定理は，条件付き確率の定義から導出できます。まずは以下が成り立ちます。

$$P(\theta_i) \cdot P(z_k|\theta_i) = P(\theta_i, z_k) \tag{3.43}$$

同様に以下が成り立ちます。

$$P(z_k) \cdot P(\theta_i|z_k) = P(\theta_i, z_k) \tag{3.44}$$

右辺の$P(\theta_i, z_k)$が等しいので，以下のようにまとめられます。

$$P(z_k) \cdot P(\theta_i|z_k) = P(\theta_i) \cdot P(z_k|\theta_i)$$
$$P(\theta_i|z_k) = \frac{P(\theta_i) \cdot P(z_k|\theta_i)}{P(z_k)} \tag{3.45}$$

ベイズの定理の分母である$P(z_k)$は，周辺化の公式を使って，以下のように計算されます。

$$P(z_k) = \sum_{i=1}^{\#\Theta} P(\theta_i, z_k) \tag{3.46}$$

この結果を使うと，ベイズの定理は以下のように変形できます。

$$P(\theta_i|z_k) = \frac{P(\theta_i) \cdot P(z_k|\theta_i)}{\sum_{i=1}^{\#\Theta} P(\theta_i, z_k)} \tag{3.47}$$

Python での実装を考えると，ベイズの定理の分子を同時確率の形にした，以下の式を覚えておくと良いでしょう。

$$P(\theta_i|z_k) = \frac{P(\theta_i, z_k)}{\sum_{i=1}^{\#\Theta} P(\theta_i, z_k)} \tag{3.48}$$

ベイズの定理は，数式の上では複雑に見えます。しかし，Python で実装する流れは単純です。式 (3.48) では同時分布$P(\theta_i, z_k)$しか登場していませんね。そのため，まずは$P(\theta_i) \cdot P(z_k|\theta_i) = P(\theta_i, z_k)$の公式を使って同時分布を作ります。そうすれば，ベイズの定理によって$P(\theta_i|z_k)$が計算できます。

$P(\theta_i|z_k)$が計算できれば，後は$P(\theta_i|z_k)$に基づく条件付き期待金額$EMV(a_j|P(\theta|z_k))$を最大にする選択肢$a^*_{z_k}$を選ぶのみです。

$$EMV(a_j|P(\theta|z_k)) = \sum_{i=1}^{\#\Theta} P(\theta_i|z_k) \cdot c(a_j, \theta_i) \tag{3.49}$$

$P(\theta_i|z_k)$が得られた後の流れは，第２部第６章と同じですね。第２部第６章と同じ実装で，期待金額を最大にする選択肢を選ぶことができます。

ここで，式 (3.49) は式 (3.40) における事前分布$P(\theta)$を事後分布$P(\theta|z_k)$に置き換えたものだとみなせます。すなわちベイズ決定は事前分

布を事後分布に更新するところでデータを使い，そのあとはノーデータ問題と同じ解法を適用しているとみなせます。

4.20 事後分布の実装

Pythonを使って事後分布を求めます。まずは復習として，$P(z_k|\theta_i)$を再掲します。

```
print(conditional_state)
```

```
          検査-問題なし  検査-問題あり
問題なし          0.8          0.2
問題あり          0.1          0.9
```

続いて事前分布を与えます。今回は$P(\theta_1) = 0.8$であるという仮定で計算を進めることにします。

```
marginal_state = pd.Series({
    '問題なし':0.8,
    '問題あり':0.2,
})
marginal_state
```

```
問題なし    0.8
問題あり    0.2
dtype: float64
```

ベイズの定理の分子に当たる$P(\theta_i) \cdot P(z_k|\theta_i)$の計算をします。これにより，同時分布$P(\theta_i, z_k)$が得られます。

```
joint_information_state = conditional_state.mul(marginal_state, axis=0)
print(joint_information_state)
```

```
          検査-問題なし  検査-問題あり
問題なし         0.64         0.16
問題あり         0.02         0.18
```

`joint_information_state`の列ごとに合計値をとると，周辺分布$P(z_k)$が得られます。

```
marginal_information = joint_information_state.sum(axis=0)
marginal_information
```

```
検査 - 問題なし    0.66
検査 - 問題あり    0.34
dtype: float64
```

最後に$P(\theta_i, z_k)$を$P(z_k)$で除すことで，$P(\theta_i|z_k)$が得られます。

```
conditional_information = joint_information_state.div(
    marginal_information, axis=1)
print(conditional_information)
```

```
          検査 - 問題なし  検査 - 問題あり
問題なし          0.97        0.471
問題あり          0.03        0.529
```

これで事後分布$P(\theta_i|z_k)$が得られました。例えば「検査 - 問題なしz_1」であるという条件で，実際に「問題なしθ_1」となる確率は 97% です。同様に「検査 - 問題なしz_1」であるという条件で「問題ありθ_2」となる確率は 3% です。「検査 - 問題なしz_1」が出た場合には，この結果は十分に信用してもよさそうです。

一方で「検査 - 問題ありz_2」であるという条件で，実際に「問題ありθ_2」となる確率は 52.9% にとどまります。「検査 - 問題ありz_2」であるにもかかわらず，実際は「問題なしθ_1」となる確率は 47.1% もあります。

事前分布として自然の状態が「問題なしθ_1」である確率を 80% と高く見積もっているため，いわゆる空振り（偽陽性）が多く出てしまう結果になりました。

4.21 事後分布に基づく期待金額の最大化

事後分布$P(\theta_i|z_k)$が得られたので，これに基づく期待金額の最大化を試みます。この手続きは第 2 部第 6 章とまったく同じです。まずは，最大値をとるインデックスを取得する関数を用意します。

```
# 最大値をとるインデックスを取得する。最大値が複数ある場合はすべて出力する
def argmax_list(series):
    return(list(series[series == series.max()].index))
```

続いて，期待金額最大化に基づく意思決定を行う関数を用意します。

```
# 期待金額最大化に基づく意思決定を行う関数
def max_emv(probs, payoff_table):
    emv = payoff_table.mul(probs, axis=0).sum()
    max_emv = emv.max()
    a_star = argmax_list(emv)
    return(pd.Series([a_star, max_emv], index=['選択肢', '期待金額']))
```

事後分布 conditional_information に対して max_emv 関数を適用します。

```
info_decision = \
    conditional_information.apply(max_emv, axis=0, payoff_table=payoff)
print(info_decision)
```

```
          検査-問題なし  検査-問題あり
選択肢          [出荷]       [再検査]
期待金額         9.33         0.176
```

検査情報が「検査-問題なしz_1」ならば，そのまま「出荷a_1」をして，「検査-問題ありz_2」ならば，「再検査a_2」をすると，期待金額を最大にできることがわかりました。

ベイズ決定の結果と，セクション2までで行ってきた結果が一致していることを確認しましょう。まずは，$P(\theta_1) = 0.8$であるときの最適な行動方式を得ます。query 関数を使うと，任意の条件（今回は p_theta == 0.8）を満たすデータを抽出できます。

```
print(use_data_emv_p.query('p_theta == 0.8')[['p_theta', 'best_action']])
```

```
    p_theta best_action
80      0.8          d2
```

決定方式d_2は「検査-問題なしz_1」ならば，そのまま「出荷a_1」をして，「検査-問題ありz_2」ならば，「再検査a_2」をします。これはベイズ決定の結果と一致します。

```
decision_func_set['d2']

検査-問題なし        出荷
検査-問題あり       再検査
Name: d2, dtype: object
```

事前分布が与えられるならば，ベイズの定理を使うことで，同じ結果を簡単に得られることがわかりました。すなわちセクション2で明らかにした「判断確率を指定した際に選ばれる最適な決定方式」は，ベイズ決定方式となります。なお，正の判断確率を指定する限り，すべての許容的な決定方式はベイズ決定方式に含まれ，またベイズ決定方式は必ず許容的な決定方式となります (Chernoff and Moses, 1960)。これはベイズ決定を使う大きなメリットです。

標準型分析と，第2部第6章で扱った展開型分析の対比としても意味のある結果です。事前分布を与えさえすれば，自然の状態と情報の同時分布が得られるため，最終的な決定方式は，展開型分析と同じ結果になります。

4.22 記号の整理

第3部第4章で登場した記号の一覧です。

I型情報における，自然の状態と検査情報の条件付き分布

		検査情報 Z		
		検査-問題なし z_1	検査-問題あり z_2	合計
自然の状態 Θ	問題なし θ_1	$P(z_1 \vert \theta_1)$	$P(z_2 \vert \theta_1)$	1
	問題あり θ_2	$P(z_1 \vert \theta_2)$	$P(z_2 \vert \theta_2)$	1

標準型分析の記号

名称	表記	補足・計算式
選択肢	a_j	
選択肢の集合	A	集合の要素の個数は$\#A$
自然の状態	θ_i	
自然の状態の集合	Θ	集合の要素の個数は$\#\Theta$
検査情報	z_k	
検査情報の集合	Z	集合の要素の個数は$\#Z$
決定方式	$d_l : Z \to A$	
θ_iのときにa_jを選んだ場合の利得	$c(a_j, \theta_i)$	
d_lを採用する前提で，θ_iのときにz_kが得られた場合の利得	$c(d_l(z_k), \theta_i)$	
I型情報の条件付き確率	$P(z_k \vert \theta_i)$	
決定方式別の，自然の状態の条件付き期待金額	$EMV(d_l(z) \vert P(z \vert \theta_i))$	$= \sum_{k=1}^{\#Z} P(z_k \vert \theta_i) \cdot c(d_l(z_k), \theta_i)$
判断確率$\boldsymbol{P(\theta)}$を導入する		
検査情報がない場合にa_jを採用したときの期待金額	$EMV(a_j \vert P(\theta))$	$= \sum_{i=1}^{\#\Theta} P(\theta_i) \cdot c(a_j, \theta_i)$ 第２部第４章と同一の定義
検査情報がある場合にd_lを採用したときの期待金額	$EMV(d_l(z) \vert P(z, \theta))$	$= \sum_{i=1}^{\#\Theta} P(\theta_i) \cdot EMV(d_l(z) \vert P(z \vert \theta_i))$
事前分布	$P(\theta)$	
事後分布	$P(\theta \vert z)$	
ベイズの定理	$P(\theta_i \vert z_k) = \dfrac{P(\theta_i) \cdot P(z_k \vert \theta_i)}{P(z_k)}$	

第５章

逐次決定問題における予測の活用

テーマ

本章では，意思決定を何度も繰り返す逐次決定問題と呼ばれる意思決定の問題に取り組みます。逐次決定問題の基本を解説した後，逐次決定問題において予測を活用する方法を解説します。逐次決定問題と，単純な決定問題の違いを理解していただくことを目的に執筆しました。

本章は，比較的複雑な分析技法となります。難しいと感じたら，最初は飛ばしても大丈夫です。

概要

- **逐次決定問題の表現**
  逐次決定問題の特徴 → 逐次決定問題の事例 → 逐次決定問題の表現 → ここまでのまとめ
- **逐次決定問題の解法**
  逐次決定問題の難しさ → 動的計画法の基本 → 後ろ向き帰納法
- **逐次決定問題における予測の活用**
  予測の活用 → 予測を使うときの逐次決定問題の表現 → 予測を使うときの後ろ向き帰納法
- **まとめ**
  逐次決定問題の発展 → 記号の整理

5.1 逐次決定問題の特徴

逐次決定問題では，意思決定を何度も繰り返す問題を扱います。このとき，「前回行った意思決定の結果が，次に行う意思決定に影響を及ぼす」という特徴が重要です。逆に言えば，意思決定を何度繰り返そうとも，各々が独立しているならば，逐次決定問題として扱う必要はありません。なお，第3部第4章までのすべての事例では「ある意思決定の結果は，別の意思決定に影響を及ぼさない」という単純な想定をしていました。

例えば，ある小さな会社の社長さんが意思決定者だとします。意思決定者は，仕事を請け負うかどうかを判断します。この意思決定者は期待金額者だと仮定します。

ここで，1月と2月の2回連続で仕事の依頼が来たとします。そして，1月の仕事に失敗すると，2月の仕事に手をつけられないとします。この場合，1月に仕事を請け負うか否かを，単なる「1月の仕事の期待金額」だけでは判断できませんね。1月の仕事に失敗したら，2月の仕事も請け負えなくなるということを念頭において意思決定する必要があります。このような問題に取り組むのが逐次決定問題です。

なお，本書では「1時点前」の意思決定の結果だけを考慮する（2時点以上前の意思決定の結果については考慮しない）という想定で進めます。このような逐次決定問題を表現した意思決定のモデルを**マルコフ決定過程**と呼びます。本書では，有限期間を対象としたマルコフ決定過程，すなわち**有限計画期間マルコフ決定過程**を対象とします。

5.2　逐次決定問題の事例

説明の簡単のために，3回続けて意思決定を行うという，3期間の逐次決定問題を取り上げます。本来は，さらに長い期間に対して適用できますが，最初は短い期間を対象にすると理解しやすいかと思います。

事例として，Katz et al.(1982) や Murphy et al.(1985) を参考にして，果樹園の霜問題を取り上げます。逐次決定問題としての果樹園の霜問題を以下のように設定します。ただし，説明の簡単のため，問題を簡略化してあることに注意してください。

意思決定の期間は3日間である。4日目の朝に果物を出荷する

夜に外気温が低いと，霜が降りる

  - 霜が降りるくらい気温が低くなる日は，全体の 40% を占める
- 霜が降りると，果物がダメージを受ける
  - 果物には，ダメージなし / ダメージあり，の 2 通りの状態しかない
  - 1 回でもダメージを受けると，それは回復しない
  - 1 回だけダメージを受けることと，2 回以上ダメージを受けることは，同じ結果をもたらす（ダメージを何回受けても，結果は変わらない）
  - 初日の朝には，果物はまだダメージを負っていない
- 対策コストを支払うことで，外気温を上げることができる
  - 対策コストは 1 回 400 万円
  - 対策をとることで，果物は一切ダメージを受けない
  - 対策なし / 対策あり，という意思決定は 3 日間，毎晩行う
  - 対策コストは個別にかかる。3 日ともに「対策あり」なら，合計 1200 万円のコストになる
- 4 日目の朝，つぼみの状態に応じて以下の売上が得られる
  - ダメージなし：2000 万円の売上
  - ダメージあり：800 万円の売上

見た目がきれいな果物が出荷できると果樹園全体で 2000 万円の値がつき，傷がついた果物だと売値が 1200 万円下がってしまうと思ってください。

意思決定者は，3 回の選択の機会が与えられます。1 日目で果物がダメージを負うと，2 日目以降では対策をとっても無意味で，売値は 800 万円で確定となります。1 回目の意思決定の結果が 2 回目以降の意思決定に影響を及ぼすことがわかります。

5.3 逐次決定問題の表現

ここでは，逐次決定問題を数式で表現します。

5.3.1 時点

逐次決定問題では意思決定のタイミングが重要となります。時点を t とします。意思決定を繰り返す回数を $t_{\max}$ とします。$t = 1, 2, \ldots, t_{\max}$ を意思決

定の期間と呼ぶことにします。時点の集合を$T = \{1, 2, \ldots, t_{\max}\}$と表記します。

今回の事例では意思決定を3回繰り返すので$t_{\max} = 3$です。なお，4日目の朝に果物を出荷するので，収入が得られるのは$t_{\max} + 1$時点目です。

5.3.2 意思決定者のおかれた状態

今までは自然の状態という言葉をしばしば使っていました。逐次決定問題における状態は自然の状態とは異なるので注意してください。平たく言うと「意思決定者のおかれた状態」のような意味を持ちます。例えば，「果物のダメージの有無」や，「倉庫内の在庫量」などが状態となります。以下では朝の時点における，果物のダメージの有無を状態として解説を進めます。

ある時点tにおける，意思決定者のおかれた状態を$s^{(t)}$と表記します。意思決定者のおかれた状態の集合をSとします。Sは状態空間とも呼びます。$s^{(t)} \in S$です。Sは有限集合とします。1，2，3日目の朝と4日目（出荷日）の朝の状態，すなわち$s^{(1)}, s^{(2)}, s^{(3)}, s^{(4)}$が今回の対象です。意思決定するのは最初の3日だけですが，4日目の出荷日の状態も考慮することに注意してください。

集合Sは時間によって変化しても構いません。例えば果実の生育段階別にダメージの大きさを区分するならばSは時変となるでしょう。本書では説明の簡単のためにSは時点によらず固定とします。

Sのi番目の要素をs_iと表記します。$s_i \in S$です。今回の事例では，$S = \{s_1, s_2\}$とします。ただしs_1は「ダメージなし」，s_2は「ダメージあり」です。

t時点の状態がs_iであることは$s^{(t)} = s_i$と表記できます。例えば3日目の朝の果物が「ダメージなし」ならば$s^{(3)} = s_1$です。

sの添え字が時点と要素インデックスの2種類あることに注意してください。状態空間Sは，集合なので要素の重複を許しません。そのため$i \neq j$のときは必ず$s_i \neq s_j$です。一方で異なる時点で同じ状態になることはしばしばあります。1日目も2日目も「ダメージなし」で済むような場合ですね。

$s^{(t)}$の時間による遷移をまとめたベクトルを，太文字の$\boldsymbol{s}$と表記することにします。今回の事例では$\boldsymbol{s} = \left(s^{(1)}, s^{(2)}, s^{(3)}, s^{(4)}\right)$です。

集合は並び順に意味を持ちません。そのため$S = \{s_2, s_1\}$と表記しても，意味合いは変わりません。要素インデックスiは暫定的なものです。一方の時間遷移をまとめたベクトル$\boldsymbol{s}$は，並び順に意味があることに注意してください。本書では，集合は中カッコ$\{\ \}$を使い，ベクトルは丸カッコ$(\ )$で表記します。

5.3.3 選択肢

選択肢に関しては，今までとほとんど変わりません。時間の添え字をつけて$a^{(t)}$と表記します。選択肢の集合をAとします。$a^{(t)} \in A$です。Aは有限集合とします。また，Aは時間によらず固定とします。対策は夜に行うので，1日目の夜の選択，2日目の夜の選択，3日目の夜の選択，すなわち$a^{(1)}, a^{(2)}, a^{(3)}$が今回の対象です。

Aのj番目の要素をa_jと表記します。$a_j \in A$です。今回の事例では，$A = \{a_1, a_2\}$とします。ただしa_1は「対策なし」，a_2は「対策あり」です。

t時点の行動がa_jであることは$a^{(t)} = a_j$と表記できます。例えば1日目の夜に「対策あり」ならば$a^{(1)} = a_2$です。

$a^{(t)}$の時間による遷移をまとめたベクトルを，太文字の$\boldsymbol{a}$と表記することにします。今回の事例では$\boldsymbol{a} = \left(a^{(1)}, a^{(2)}, a^{(3)}\right)$です。

5.3.4 政策

過去の履歴に基づき，現在の行動$a^{(t)}$を決めるルールを**政策**と呼びます。時点tにおける政策を$\pi^{(t)}$と表記します。政策の集合を$\mathit{\Pi}$と表記します。$\pi^{(t)} \in \mathit{\Pi}$です。

当該時点の状態$s^{(t)}$のみを参照して行動$a^{(t)}$を決める政策を**マルコフ政策**と呼びます。また，行動は確率的な変化をしないと想定する政策を**決定性マルコフ政策**と呼びます。今回の事例では決定性マルコフ政策を採用します。

決定性マルコフ政策は，$s^{(t)}$を$a^{(t)}$に移す写像$\pi^{(t)} : S \to A$だと言えます。例えば時点tにおいて，「ダメージなし（$s^{(t)} = s_1$）」ならば「対策あり（$a^{(t)} = a_2$）」

をとるという政策は$\pi^{(t)}(s_1)=a_2$と表記します。一般的な決定性マルコフ政策は$\pi^{(t)}\left(s^{(t)}\right)$と表記します。

Πのl番目の要素をπ_lと表記します。$\pi_l \in \Pi$です。今回の事例では，状態の要素の個数が2つで，選択肢も2つなので$2\times 2=4$つの要素を持ちます。$\Pi=\{\pi_1,\pi_2,\pi_3,\pi_4\}$とします。各々以下のような政策となります。

$$\begin{aligned}
&\pi_1(s_1)=a_1,\quad \pi_1(s_2)=a_1\\
&\pi_2(s_1)=a_1,\quad \pi_2(s_2)=a_2\\
&\pi_3(s_1)=a_2,\quad \pi_3(s_2)=a_1\\
&\pi_4(s_1)=a_2,\quad \pi_4(s_2)=a_2
\end{aligned} \tag{3.50}$$

例えばπ_3は，「ダメージなし（s_1）」なら「対策あり（a_2）」で，「ダメージあり（s_2）」なら「対策なし（a_1）」とする政策です。

政策は時点によって変化することを許します。例えば1日目には「ダメージなし」のとき「対策なし」すなわち$\pi^{(1)}(s_1)=a_1$なのに，2日目は「ダメージなし」のとき「対策あり」すなわち$\pi^{(2)}(s_1)=a_2$にするような具合です。時点ごとに最適な政策を求めることが，有限計画期間マルコフ決定過程で解くべき課題となります。時点ごとの政策をまとめたベクトルを太文字の$\boldsymbol{\pi}$と表記します。今回の事例では$\boldsymbol{\pi}=\left(\pi^{(1)},\pi^{(2)},\pi^{(3)}\right)$です。

5.3.5　初期の状態の確率

意思決定をはじめる前，最初の段階における状態を$s^{(1)}$とします。$s^{(1)}$がs_iになる確率を$P\left(s^{(1)}=s_i\right)$と表記します。単に$P\left(s^{(1)}\right)$と表記することもあります。

今回の事例では，初日の朝には確実に「ダメージなし」であると想定します。すなわち$P\left(s^{(1)}=s_1\right)=1$です。

5.3.6　推移確率

逐次決定問題で特徴的なものが，この**推移確率**です。推移確率は，時点tにおいて状態が$s^{(t)}$で，このときに選択肢$a^{(t)}$を採用したという条件の下で，次の時点の状態が$s^{(t+1)}$になる確率を得るものです。$P\left(s^{(t+1)}\middle|s^{(t)},a^{(t)}\right)$と表記します。

表 3.5.1　推移確率のまとめ

$s^{(t+1)}$	$s^{(t)}$	$a^{(t)}$	$P\left(s^{(t+1)} \middle\| s^{(t)}, a^{(t)}\right)$
s_1	s_1	a_1	0.6
s_1	s_1	a_2	1
s_1	s_2	a_1	0
s_1	s_2	a_2	0
s_2	s_1	a_1	0.4
s_2	s_1	a_2	0
s_2	s_2	a_1	1
s_2	s_2	a_2	1

霜が降りるくらい気温が低くなる日は，全体の40%を占めるのでした。当日の朝が「ダメージなし（$s^{(t)} = s_1$）」のとき，「対策なし（$a^{(t)} = a_1$）」を選んだとします。60%の確率で霜は降りず，果物はダメージを負いません。すなわち$P\left(s^{(t+1)} = s_1 \middle| s^{(t)} = s_1, a^{(t)} = a_1\right) = 0.6$であり，これが表3.5.1の1行目の結果です。一方で「対策あり（$a^{(t)} = a_2$）」を選べば，100%確実にダメージを負いません。すなわち$P\left(s^{(t+1)} = s_1 \middle| s^{(t)} = s_1, a^{(t)} = a_2\right) = 1$であり，これが表3.5.1の2行目の結果です。

当日の朝が「ダメージあり（$s^{(t)} = s_2$）」なら，翌朝は必ず「ダメージあり」のままです。すなわち$P\left(s^{(t+1)} = s_1 \middle| s^{(t)} = s_2, a^{(t)} = a_1\right) = 0$であり，これが表3.5.1の3行目の結果です。以下同様です。本書では，$s^{(t+1)}, s^{(t)}, a^{(t)}$が決まれば推移確率は固定だとします。

5.3.7　利得と期待利得

「今現在の状態が$s^{(t)}$のとき，選択肢$a^{(t)}$を採用して，結果$s^{(t+1)}$になった場合に得られる利得」を求める利得関数を$c\left(s^{(t)}, a^{(t)}, s^{(t+1)}\right)$と表記します。例えば在庫管理問題では，状態$s^{(t)}$が倉庫内の在庫量，選択肢$a^{(t)}$が発注量などになります。発注量$a^{(t)} = 0$のとき，在庫量$s^{(t)} = 10$が$s^{(t+1)} = 6$に変化したならば，4製品分の売上がもたらす利得が得られるはずです。利得関数は，以下のように推移確率を使って期待値をとることで，$s^{(t+1)}$を消去できます。なおΣ記号の添え字が$s^{(t+1)} \in S$となっています。これは，$s^{(t+1)}$を集合Sに含まれるすべての要素s_iで変化させて合計値をとるという意味です。期待利得を単に$c\left(s^{(t)}, a^{(t)}\right)$と表記することにします。

$$c\left(s^{(t)}, a^{(t)}\right) = \sum_{s^{(t+1)} \in S} P\left(s^{(t+1)} \middle| s^{(t)}, a^{(t)}\right) \cdot c\left(s^{(t)}, a^{(t)}, s^{(t+1)}\right) \tag{3.51}$$

利得も期待利得も，当該時点tで即座に得られることに注意してください。

意思決定がすべて終わった後の$t_{\max}+1$時点目に得られる利得は，期間中の利得と区別して$c^{(t_{\max}+1)}\left(s^{(t_{\max}+1)}\right)$と表記することにします。

表 3.5.2　利得のまとめ

利得のタイプ	$s^{(t)}$	$a^{(t)}$	利得
$c\left(s^{(t)}, a^{(t)}\right)$	s_1	a_1	0
	s_1	a_2	−400
	s_2	a_1	0
	s_2	a_2	−400
$c^{(t_{\max}+1)}\left(s^{(t_{\max}+1)}\right)$	s_1	不問	2000
	s_2	不問	800

今回の果樹園の霜問題における利得は表 3.5.2 の通りです。利得は金額です。今回の問題では，意思決定の期間中は，対策コストだけがかかります。金額は確定しているため，わざわざ期待利得を計算する必要がありません。以下では利得と期待利得の使い分けをせず，単に利得と呼ぶことにします。

意思決定の期間中は$s^{(t)}$によらず，「対策なし（$a^{(t)} = a_1$）」ならば利得は0です。すなわち$c(s_1, a_1) = c(s_2, a_1) = 0$です。

また，意思決定の期間中は$s^{(t)}$によらず，「対策あり（$a^{(t)} = a_2$）」ならば利得は対策コストである-400です。すなわち$c(s_1, a_2) = c(s_2, a_2) = -400$です。

4日目は「ダメージなし（$s^{(t_{\max}+1)} = s_1$）」ならば利得は2000です。「ダメージあり（$s^{(t_{\max}+1)} = s_2$）」ならば利得は800です。

5.3.8　総期待利得

意思決定の期間の翌日も含めたすべての時点$t = 1, 2, \ldots, t_{\max}$，$t_{\max}+1$をまとめた，最終的に得られる総利得の期待値を**総期待利得**と呼びます。総期待利得は時点が$t_{\max}+1$になって初めて確定することに注意してください。

単なる利得は，毎時点で得られます。今回の事例では，毎時点「対策あり」を採用するたびに400万円を失います。しかし，最大化すべきは個別の時点の利得ではなく，最終日に判明する総利得だということに注意してください。最終日に判明する総利得を増やすためには，コストを支払って「対策あり」を選ぶべきかもしれませんね。

ある政策のベクトル$\boldsymbol{\pi}$を採用すると決めたとします。初期の状態$s^{(1)}$が与えられた下での総期待利得を$v_{\pi}\left(s^{(1)}\right)$と表記します。総期待利得を最大にする政策ベクトルをπ^*とし最適政策ベクトルと呼びます。また，総期待利得の最大値を$v_{\pi^*}\left(s^{(1)}\right)$とします（アスタリスク記号が見えづらいので，最大値は常に赤色で示します）。

意思決定の期間における途中のt時点目を考えます。この時点からスタートすることを考えて$t, t+1, t+2, \ldots, t_{\max}, t_{\max}+1$期間における総期待利得を$v_{\pi}^{(t)}\left(s^{(t)}\right)$とします。この最大値を$v_{\pi^*}^{(t)}\left(s^{(t)}\right)$とします。また，時点$t$での最適政策を$\pi^{*(t)}\left(s^{(t)}\right)$とします。

5.4　ここまでのまとめ

時点という要素が入るだけで，意思決定問題はかなり複雑になります。前章までの1時点だけの意思決定問題との比較を通して，マルコフ決定過程の要素を整理します。

1時点だけを考えたリスク下の意思決定問題では，以下の4つの要素が登場しました。

自然の状態の集合Θ
選択肢の集合A
自然の状態の確率分布$P(\theta)$
利得$c(a_j, \theta_i)$

有限計画期間マルコフ決定過程では以下の要素が登場します。

時点の集合T

意思決定者のおかれる状態の集合 S

選択肢の集合 A

政策の集合 Π　なお $\pi^{(t)} \in \Pi$ で $\pi^{(t)} : S \to A$

初期の状態の確率 $P\left(s^{(1)}\right)$

推移確率 $P\left(s^{(t+1)} \middle| s^{(t)}, a^{(t)}\right)$

時点ごとの期待利得 $c\left(s^{(t)}, a^{(t)}\right)$

最終日の期待利得 $c^{(t_{\max}+1)}\left(s^{(t_{\max}+1)}\right)$

総期待利得 $v_{\pi}\left(s^{(1)}\right)$

時点の影響を加味する際に，最も素朴な発想が，「時点ごとに，最適な選択肢を提示する」方法かと思います。例えば「1時点目には対策ありで，2時点目には対策なし」とするような方法ですね。しかし，これではうまくいきません。なぜならば，すでにダメージを負った果物に対しては，気温を上げる対策をとっても意味がないからです。すなわち意思決定は，時点だけではなく，果物の状態も加味して決める必要があります。

しかし，果物の状態だけを見て意思決定してもうまくいきません。今回は対策コストが収益の5分の1を占めました。仮に意思決定の期間が5日あったとしたら，5日連続して「対策あり」を実行すると収入がなくなります。これはつらいので，最初の数日は対策をとらずに様子を見て，収穫直前にまだ果物がダメージを負っていなければ「対策あり」を実行するのがよさそうですね。

というわけで，「状態を見て，行動を決める政策 π」を時点ごとに並べたベクトル $\boldsymbol{\pi}$ が必要になることに同意できるかと思います。期待金額を最大化したい意思決定者に提示すべきは，政策ベクトル $\boldsymbol{\pi}$ です。

マルコフ決定過程では自然の状態とその確率分布が登場しないように見えます。これは初期の状態の確率 $P\left(s^{(1)}\right)$ と推移確率 $P\left(s^{(t+1)} \middle| s^{(t)}, a^{(t)}\right)$ に現れると思うと対応がつきやすいかと思います。霜が降りるかもしれないという自然の状態は，結果として生じる果物へのダメージという形でこれらに現れます。

また，時点ごとの期待利得と，最終的な総期待利得の区別が重要です。最大化すべきは総期待利得である点に注意が必要です。

5.5　逐次決定問題の難しさ

有限計画期間マルコフ決定過程では，総期待利得の最大値$v_{\pi^*}\left(s^{(1)}\right)$と，それを達成する政策ベクトル$\pi^*$を求めるのがゴールです。この問題を解くことの難しさは，政策ベクトルπ^*の膨大なバリエーションにあります。

状態の集合Sの要素の個数を$\#S$と，選択肢の要素の個数を$\#A$とします。一般的な有限計画期間マルコフ決定過程では，政策Πの要素の個数は$\#\Pi = \#S \cdot \#A$となります。今回の事例は，状態の要素の個数が2つ，選択肢も2つなので式(3.50)のように$\#\Pi = 4$です。

すべての時点で最適な政策を検討するので，政策ベクトルには$(\#\Pi)^{t_{\max}}$個のバリエーションがあり得ます。意思決定の期間が2時点なら$4^2 = 16$通りで済みます。しかし，意思決定の期間が30時点になり，状態が100種類，選択肢が10通り存在すると考えると，すべての政策ベクトルを網羅して，総期待利得を最大にするものを1つ選ぶ，という作業を達成するためには，大きな計算量が必要です。

マルコフ決定過程の解説は，マルコフ決定過程の問題設定の解説と，この問題の効率的な解法の解説との大きく2つにわかれます。今までは問題設定の解説でした。次節からは，問題の解法を解説します。

5.6　動的計画法の基本

マルコフ決定過程において総期待利得を最大にする政策を効率良く求めるために，**動的計画法**と呼ばれる手法を使います。なお,動的計画法は広く「計算の考え方」のようなもので，さまざまな問題の解法として使われます。有限計画期間マルコフ決定過程では，動的計画法の中でも特に**後ろ向き帰納法**と呼ばれる手法を使います。これは**後退帰納アルゴリズム**や**折り返し法**と呼ぶこともあります。

動的計画法は，大きくて解きにくい1つの問題を，小さくて解きやすい複数の問題に分割するのがポイントです。こうすることで，最終的には，大きな問題をそのまま解くよりも少ない計算量で解を得ることができます。

5.7　後ろ向き帰納法

有限計画期間マルコフ決定過程で用いられる後ろ向き帰納法を解説します。

5.7.1　後ろ向き帰納法のイメージ

後ろ向き帰納法は，「後ろ向き」の名の通り，最終時点から順番に問題を解いていきます。すなわち意思決定を繰り返す回数を$t_{\max}$とすると，まずは$t_{\max}$時点で総期待利得を最大にする政策と，そのときの総期待利得を調べます。$t_{\max}$時点では，1回しか意思決定するタイミングが存在しないので，1時点のみの意思決定問題と同様の扱いとなります。今回の事例では，検討すべき政策のバリエーションは4通りだけです。

$t_{\max}$時点での最適政策が求まった後で，$t_{\max}-1$時点での政策を検討します。このとき，「次の$t_{\max}$時点では，先ほど求めた最適な政策を採用する」と仮定して，$t_{\max}-1$時点での最適な政策を検討します。$t_{\max}$時点での最適政策はすでに得られているので，検討すべき政策のバリエーションは4通りだけです。

そして$t_{\max}-1$時点での最適政策が求まった後で，$t_{\max}-2$時点での政策を検討します。以下同様です。本来は，時点が増えるにつれて指数関数的に考慮すべき政策の組み合わせが増えます。状態の要素の個数が2つ，選択肢も2つ，意思決定の期間も2時点ならば16通りです。意思決定の期間が3時点に増えると64通りです。しかし，後ろ向き帰納法を使うと，意思決定の期間が1時点増えても，検討すべき政策のバリエーションは4つしか増えません。2時点の決定問題なら8通り，3時点なら12通りです。これくらいなら，手計算や性能が低いパソコンでも計算できますね。今回は時点が短いので，手計算で結果を確認します。

5.7.2　後ろ向き帰納法

数式を使って後ろ向き帰納法を解説します。

Step1　$t=t_{\max}+1$時点

意思決定の期間が終わった後，最後に得られる利得を求めます。この時点では，意思決定は行われないため，状態ごとに利得が確定します。

$$v_{\pi^*}^{(t)}\left(s^{(t)}\right)=c^{(t_{\max}+1)}\left(s^{(t_{\max}+1)}\right) \tag{3.52}$$

Step2　tに$t-1$を代入する

1時点前に戻って，総期待利得の最大値を調べます。なおmaxの下の添え字が$a^{(t)}\in A$となっています。これは，$a^{(t)}$を集合Aに含まれるすべての要素a_jで変化させて，最大値を探すという意味です。平たく言えば，選択肢を変えることで，最大の総期待利得を探していると解釈できます。

$$\begin{aligned}&v_{\pi^*}^{(t)}\left(s^{(t)}\right)=\\&\max_{a^{(t)}\in A}\left[c\left(s^{(t)},a^{(t)}\right)+\sum_{s^{(t+1)}\in S}P\left(s^{(t+1)}\middle|s^{(t)},a^{(t)}\right)\cdot v_{\pi^*}^{(t+1)}\left(s^{(t+1)}\right)\right]\end{aligned} \tag{3.53}$$

なお，今回の事例では，状態がs_1,s_2しかないので，Σ記号と$s^{(t+1)}$の添え字は以下のようにできます。

$$\begin{aligned}&v_{\pi^*}^{(t)}\left(s^{(t)}\right)=\\&\max_{a^{(t)}\in A}\left[c\left(s^{(t)},a^{(t)}\right)+\sum_{i=1}^{2}P\left(s_i\middle|s^{(t)},a^{(t)}\right)\cdot v_{\pi^*}^{(t+1)}\left(s_i\right)\right]\end{aligned} \tag{3.54}$$

上記を達成する選択肢$a^{(t)}$が最適な行動です。状態にあわせて最適な$a^{(t)}$をとる政策$\pi^{(t)}$が，最適政策です。

大カッコの中は，「時点tで即座にわかる利得$c\left(s^{(t)},a^{(t)}\right)$」と「時点$t+1$以降の総期待利得$\sum_{i=1}^{2}P\left(s_i\middle|s^{(t)},a^{(t)}\right)\cdot v_{\pi^*}^{(t+1)}\left(s_i\right)$」の和となっています。これが「時点$t$以降の総期待利得」です。そして「時点$t$以降の総期待利得」の最大値$v_{\pi^*}^{(t)}\left(s^{(t)}\right)$と，これを最大にする選択肢$a^{(t)}$を調べるわけです。

Step3　さらにtに$t-1$を代入する

$t>0$なら，Step2の計算を繰り返します。$t=0$になったら終了です。

5.7.3　後ろ向き帰納法の計算例

今回の果樹園の霜問題に後ろ向き帰納法を適用したものが図 3.5.1 です。推移確率 $P\left(s^{(t+1)}\middle|s^{(t)}, a^{(t)}\right)$ に関しては表 3.5.1 を，利得 $c\left(s^{(t)}, a^{(t)}\right)$ に関しては表 3.5.2 を参照してください。

ダメージなし $s^{(t)} = s_1$　　　ダメージあり $s^{(t)} = s_2$

$\boxed{t = 4}$

$v_{\pi^*}^{(4)}(s_1) = \underline{2000}$　　　$v_{\pi^*}^{(4)}(s_2) = \underline{800}$

$\boxed{t = 3}$

ダメージなし	ダメージあり
$a^{(t)} = a_1$を採用 $0 + 0.6 \times 2000 + 0.4 \times 800$ $= 1520$	$a^{(t)} = a_1$を採用 $0 + 0 \times 2000 + 1 \times 800$ $= \underline{800}$
$a^{(t)} = a_2$を採用 $-400 + 1 \times 2000 + 0 \times 800$ $= \underline{1600}$	$a^{(t)} = a_2$を採用 $-400 + 0 \times 2000 + 1 \times 800$ $= 400$
$\pi^{*(3)}(s_1) = a_2, v_{\pi^*}^{(3)}(s_1) = 1600$	$\pi^{*(3)}(s_2) = a_1, v_{\pi^*}^{(3)}(s_2) = 800$

$\boxed{t = 2}$

ダメージなし	ダメージあり
$a^{(t)} = a_1$を採用 $0 + 0.6 \times 1600 + 0.4 \times 800$ $= \underline{1280}$	$a^{(t)} = a_1$を採用 $0 + 0 \times 1600 + 1 \times 800$ $= \underline{800}$
$a^{(t)} = a_2$を採用 $-400 + 1 \times 1600 + 0 \times 800$ $= 1200$	$a^{(t)} = a_2$を採用 $-400 + 0 \times 1600 + 1 \times 800$ $= 400$
$\pi^{*(2)}(s_1) = a_1, v_{\pi^*}^{(2)}(s_1) = 1280$	$\pi^{*(2)}(s_2) = a_1, v_{\pi^*}^{(2)}(s_2) = 800$

$\boxed{t = 1}$

ダメージなし	ダメージあり
$a^{(t)} = a_1$を採用 $0 + 0.6 \times 1280 + 0.4 \times 800$ $= \underline{1088}$	$a^{(t)} = a_1$を採用 $0 + 0 \times 1280 + 1 \times 800$ $= \underline{800}$
$a^{(t)} = a_2$を採用 $-400 + 1 \times 1280 + 0 \times 800$ $= 880$	$a^{(t)} = a_2$を採用 $-400 + 0 \times 1280 + 1 \times 800$ $= 400$
$\pi^{*(1)}(s_1) = a_1, v_{\pi^*}^{(1)}(s_1) = 1088$	$\pi^{*(1)}(s_2) = a_1, v_{\pi^*}^{(1)}(s_2) = 800$

図 3.5.1　後ろ向き帰納法の計算例

5.7.4 結果のまとめ

表 3.5.3　時点別，状態別の最適行動のまとめ

時点	$s^{(t)} = s_1$	$s^{(t)} = s_2$
$t = 1$	a_1	a_1
$t = 2$	a_1	a_1
$t = 3$	a_2	a_1

時点別，状態別の最適行動は表 3.5.3 の通りです。総期待利得を最大にする政策ベクトルは$\pi^* = (\pi_1, \pi_1, \pi_3)$となりました。果物が「ダメージなし」であるときの行動が，1，2 時点目と 3 時点目で変わります。1，2 時点目では「対策なし」をとります。3 時点目では「対策あり」をとります。対策を連続でとると，コストがかさむのが理由でしょう。1, 2 回目の意思決定機会においては運を天に任せ放置します。たまたま果物が「ダメージなし」で済んだならば，3 回目の意思決定機会においては，この状態を維持するために対策をとります。

今回の問題設定では，1 日目の朝は確実に「ダメージなし」状態からスタートすることになっていました。これを前提とすると$v_{\pi^*}(s_1) = 1088$が，今回の逐次決定問題における総期待利得の最大値となります。

5.8 予測の活用

続いて霜が降りるか否かというカテゴリーの予測値が得られていることを考えます。予測を活用した最適な政策とそのときの期待利得を評価します。

自然の状態をθ，予測値をf，自然の状態の周辺分布を$P(\theta)$，予測値の周辺分布を$P(f)$，自然の状態と予測値の同時分布を$P(\theta, f)$とします。予測結果は，表 3.5.4 のような同時分布$P(\theta, f)$として得られているとします。なお「問題なし」ならば霜は降りず，「問題あり」ならば霜が降ります。

条件付き分布$P(\theta|f)$を表 3.5.5 に示しました。$P(\theta|f)$に基づいて条件付き期待値を最大にする行動を選ぶという原則は，第 2 部第 6 章と同じです。逐次決定問題の難しいところは，例えばt時点目とt'時点目でともに「予測 - 問題あり」が出力されていたとしても，t時点目では「対策あり」をと

り t' 時点目では「対策なし」をとるように，時点によって最適な行動が変わる可能性があることです。

表 3.5.4　ある霜予測の同時分布の例

		予測値 F		
		予測 - 問題なし f_1	予測 - 問題あり f_2	合計
自然の状態 Θ	問題なし θ_1	$P(\theta_1, f_1) = 0.4$	$P(\theta_1, f_2) = 0.2$	$P(\theta_1) = 0.6$
	問題あり θ_2	$P(\theta_2, f_1) = 0.15$	$P(\theta_2, f_2) = 0.25$	$P(\theta_2) = 0.4$
	合計	$P(f_1) = 0.55$	$P(f_2) = 0.45$	1

表 3.5.5　ある霜予測における条件付き分布 $P(\theta|f)$ の例

		予測値 F	
		予測 - 問題なし f_1	予測 - 問題あり f_2
自然の状態 Θ	問題なし θ_1	$P(\theta_1|f_1) = 0.727$	$P(\theta_1|f_2) = 0.444$
	問題あり θ_2	$P(\theta_2|f_1) = 0.273$	$P(\theta_2|f_2) = 0.556$
	合計	1	1

5.9　予測を使うときの逐次決定問題の表現

予測を用いる場合も，逐次決定問題の基本的な考えは変わりません。予測を用いる場合特有の表記を整理します。

5.9.1　予測値

予測値は，時間の添え字をつけて $f^{(t)}$ と表記します。予測値の集合を F とします。$f^{(t)} \in F$ です。F は有限集合とします。また，F は時間によらず固定とします。対策は夜に行うので，1，2，3 日目の夜の予測，すなわち $f^{(1)}, f^{(2)}, f^{(3)}$ が今回の対象です。

F の k 番目の要素を f_k と表記します。$f_k \in F$ です。今回の事例では，$F = \{f_1, f_2\}$ とします。ただし f_1 は「予測 - 問題なし」，f_2 は「予測 - 問題あり」です。

t 時点の予測が f_k であることは $f^{(t)} = f_k$ と表記できます。例えば 2 日目の夜が「予測 - 問題なし」ならば $f^{(2)} = f_1$ です。

5.9.2 政策

政策は，当該時点の状態 $s^{(t)}$ とその日の夜の予測値 $f^{(t)}$ を参照します。そのため政策は，写像 $\pi^{(t)}: S \times F \rightarrow A$ だと言えます。t 時点目の政策を $\pi^{(t)}\left(s^{(t)}, f^{(t)}\right)$ と表記します。16 通りの政策があります。最終的には表の形で「時点ごと，状態ごと，予測値ごとの最適行動」をまとめて提示することを目標にします。

5.9.3 推移確率

推移確率にも予測値 $f^{(t)}$ を勘案し，$P\left(s^{(t+1)} \middle| s^{(t)}, a^{(t)}, f^{(t)}\right)$ と表記することにします。予測値が得られたという条件付き分布（表 3.5.5）を参照することに注意してください。

表 3.5.6　予測を使うときの推移確率のまとめ

$s^{(t+1)}$	$s^{(t)}$	$a^{(t)}$	$f^{(t)}$	$P\left(s^{(t+1)} \middle| s^{(t)}, a^{(t)}, f^{(t)}\right)$
s_1	s_1	a_1	f_1	0.727
s_1	s_1	a_1	f_2	0.444
s_1	s_1	a_2	f_1	1
s_1	s_1	a_2	f_2	1
s_2	s_1	a_1	f_1	0.273
s_2	s_1	a_1	f_2	0.556
s_2	s_1	a_2	f_1	0
s_2	s_1	a_2	f_2	0

当日の朝が「ダメージあり（$s^{(t)} = s_2$）」であるなら，対策の有無や予測の結果にかかわらず翌朝は「ダメージあり」のままです。これは予測を使わない場合とまったく同じです。表 3.5.6 では $s^{(t)} = s_2$ のときの推移確率を省略していることに注意してください。

当日の朝が「ダメージなし（$s^{(t)} = s_1$）」のとき，「対策なし（$a^{(t)} = a_1$）」を選んだとします。この日に「予測 - 問題なし（$f^{(t)} = f_1$）」が出ていれば，72.7% の確率で霜は降りず，果物はダメージを負いません。すなわち $P(s_1|s_1, a_1, f_1) = 0.727$ です。一方でこの日に「予測 - 問題あ

り（$f^{(t)}=f_2$）」が出ていれば，霜が降りない確率は44.4%です。すなわち$P(s_1|s_1,a_1,f_2)=0.444$です。なお「対策あり（$a^{(t)}=a_2$）」を選べば，予測の結果にかかわらず，100%確実にダメージを負いません。

5.9.4 総期待利得

総期待利得も，予測値を勘案します。$t,t+1,t+2,\ldots,t_{\max}$，$t_{\max}+1$期間において，当日朝の状態が$s^{(t)}$，当日夜の予測値が$f^{(t)}$であるときの総期待利得を$v_{\pi}^{(t)}\left(s^{(t)},f^{(t)}\right)$とします。この最大値を$v_{\pi^*}^{(t)}\left(s^{(t)},f^{(t)}\right)$と表記します。また，時点$t$での最適政策を$\pi^{*(t)}\left(s^{(t)},f^{(t)}\right)$と表記します。

5.10 予測を使うときの後ろ向き帰納法

予測を使う意思決定問題において，後ろ向き帰納法を適用します。

5.10.1 予測を使うときの後ろ向き帰納法

Step2の計算だけが変わるので，ここで補足します。$t \leq t_{\max}$時点における，総期待利得の最大値を調べます。まずは予測値$f^{(t)}$を指定したうえでの$v_{\pi^*}^{(t)}\left(s^{(t)},f^{(t)}\right)$を評価します。

$$v_{\pi^*}^{(t)}\left(s^{(t)},f^{(t)}\right)=$$

$$\max_{a^{(t)}\in A}\left[c\left(s^{(t)},a^{(t)}\right)+\sum_{s^{(t+1)}\in S}P\left(s^{(t+1)}\middle|s^{(t)},a^{(t)},f^{(t)}\right)\cdot v_{\pi^*}^{(t+1)}\left(s^{(t+1)}\right)\right] \tag{3.55}$$

なお右辺において$f^{(t)}$が含まれない$v_{\pi^*}^{(t+1)}\left(s^{(t+1)}\right)$となっているのは誤植ではありません。以下のように予測の周辺分布$P(f)$で期待値をとることで，$v_{\pi^*}^{(t)}\left(s^{(t)}\right)$が得られるという寸法です。

$$v_{\pi^*}^{(t)}\left(s^{(t)}\right)=\sum_{f^{(t)}\in F}P\left(f^{(t)}\right)\cdot v_{\pi^*}^{(t)}\left(s^{(t)},f^{(t)}\right) \tag{3.56}$$

なお，今回の事例では，状態がs_1,s_2，予測もf_1,f_2しかないので，Σ記号

と $s^{(t+1)}, f^{(t)}$ の添え字は以下のようにできます。

$$v_{\pi^*}^{(t)}\left(s^{(t)}, f^{(t)}\right) = \max_{a^{(t)} \in A}\left[c\left(s^{(t)}, a^{(t)}\right) + \sum_{i=1}^{2} P\left(s_i \middle| s^{(t)}, a^{(t)}, f^{(t)}\right) \cdot v_{\pi^*}^{(t+1)}\left(s_i\right)\right] \tag{3.57}$$

$$v_{\pi^*}^{(t)}\left(s^{(t)}\right) = \sum_{k=1}^{2} P\left(f_k\right) \cdot v_{\pi^*}^{(t)}\left(s^{(t)}, f_k\right) \tag{3.58}$$

5.10.2 予測を使うときの後ろ向き帰納法の計算例

予測を活用した逐次決定問題を実際に解いていきます。なお，果物にダメージがある，すなわち $s^{(t)} = s_2$ の場合は，遷移確率に変化がなく，予測があってもなくても結果は変わりません。すなわち $v_{\pi^*}^{(1)}(s_2) = v_{\pi^*}^{(2)}(s_2) = v_{\pi^*}^{(3)}(s_2) = v_{\pi^*}^{(4)}(s_2) = 800$ です。以下の計算ではこの結果を参照します。

図3.5.2では，果物にダメージがない状態，すなわち $s^{(t)} = s_1$ である場合の意思決定だけを扱っています。また，条件付き確率を小数点以下第4位で四捨五入した結果を表記しています。そのため数値が合わないことがあります。

ダメージなし
$s^{(t)} = s_1$

予測 - 問題なし $f^{(t)} = f_1$　　予測 - 問題あり $f^{(t)} = f_2$

$\boxed{t=4}$

$$v_{\pi^*}^{(4)}(s_1) = \underline{2000}$$

$\boxed{t=3}$

予測 - 問題なし（$f^{(t)} = f_1$）

$a^{(t)} = a_1$を採用
$0 + 0.727 \times 2000 + 0.273 \times 800 = \underline{1672.7}$

$a^{(t)} = a_2$を採用
$-400 + 1 \times 2000 + 0 \times 800 = 1600$

$\pi^{*(3)}(s_1, f_1) = a_1, v_{\pi^*}^{(3)}(s_1, f_1) = 1672.7$

予測 - 問題あり（$f^{(t)} = f_2$）

$a^{(t)} = a_1$を採用
$0 + 0.444 \times 2000 + 0.556 \times 800 = 1333.3$

$a^{(t)} = a_2$を採用
$-400 + 1 \times 2000 + 0 \times 800 = \underline{1600}$

$\pi^{*(3)}(s_1, f_2) = a_2, v_{\pi^*}^{(3)}(s_1, f_2) = 1600$

$$v_{\pi^*}^{(3)}(s_1) = 0.55 \times 1672.7 + 0.45 \times 1600 = \underline{1640}$$

$\boxed{t=2}$

予測 - 問題なし（$f^{(t)} = f_1$）

$a^{(t)} = a_1$を採用
$0 + 0.727 \times 1640 + 0.273 \times 800 = \underline{1410.9}$

$a^{(t)} = a_2$を採用
$-400 + 1 \times 1640 + 0 \times 800 = 1240$

$\pi^{*(2)}(s_1, f_1) = a_1, v_{\pi^*}^{(2)}(s_1, f_1) = 1410.9$

予測 - 問題あり（$f^{(t)} = f_2$）

$a^{(t)} = a_1$を採用
$0 + 0.444 \times 1640 + 0.556 \times 800 = 1173.3$

$a^{(t)} = a_2$を採用
$-400 + 1 \times 1640 + 0 \times 800 = \underline{1240}$

$\pi^{*(2)}(s_1, f_2) = a_2, v_{\pi^*}^{(2)}(s_1, f_2) = 1240$

$$v_{\pi^*}^{(2)}(s_1) = 0.55 \times 1410.9 + 0.45 \times 1240 = \underline{1334}$$

$\boxed{t=1}$

予測 - 問題なし（$f^{(t)} = f_1$）

$a^{(t)} = a_1$を採用
$0 + 0.727 \times 1334 + 0.273 \times 800 = \underline{1188.4}$

$a^{(t)} = a_2$を採用
$-400 + 1 \times 1334 + 0 \times 800 = 934$

$\pi^{*(1)}(s_1, f_1) = a_1, v_{\pi^*}^{(1)}(s_1, f_1) = 1188.4$

予測 - 問題あり（$f^{(t)} = f_2$）

$a^{(t)} = a_1$を採用
$0 + 0.444 \times 1334 + 0.556 \times 800 = \underline{1037.3}$

$a^{(t)} = a_2$を採用
$-400 + 1 \times 1334 + 0 \times 800 = 934$

$\pi^{*(1)}(s_1, f_2) = a_1, v_{\pi^*}^{(1)}(s_1, f_2) = 1037.3$

$$v_{\pi^*}^{(1)}(s_1) = 0.55 \times 1188.4 + 0.45 \times 1037.3 = \underline{1120.4}$$

図 3.5.2　予測を使うときの後ろ向き帰納法の計算例

5.10.3 結果のまとめ

果物が「ダメージなし（$s^{(t)} = s_1$）」であることを前提とした，時点別，予測値別の最適行動は表 3.5.7 の通りです。今回は意思決定の機会が3回ある問題を取り上げました。$t = 1$においては，予測を使わないときも使うときも常にa_1を採用するのが最適となります。すなわち，予測があっても行動は変わらず，予測は価値を生み出していないことがわかります。

表 3.5.7　$s^{(t)} = s_1$における最適行動のまとめ

時点	予測不使用	$f^{(t)} = f_1$	$f^{(t)} = f_2$
$t = 1$	a_1	a_1	a_1
$t = 2$	a_1	a_1	a_2
$t = 3$	a_2	a_1	a_2

果物が「ダメージなし（$s^{(t)} = s_1$）」であり，表 3.5.7 の最適行動をとることを前提とした最大総期待利得は表 3.5.8 の通りです。予測があるときと，ないときの総期待利得の差額は，3 回の意思決定の期間全体で見た予測の価値と言えるでしょう。$s^{(1)} = s_1$を前提とすると，予測がない場合の最大総期待利得は 1088 万であり，予測を使う場合は 1120.4 万です。予測の価値はおよそ 32.4 万円となります。

なお，$t = 2$からスタートする，2 時点だけの逐次決定問題だと想定すると，予測がない場合の最大総期待利得は 1280 万であり，予測を使う場合は 1334 万です。予測の価値はおよそ 54 万円です。こちらの方が大きいですね。やはり$t = 1$時点目においては，予測は不要だったことがわかります。

表 3.5.8　$v_{\pi^*}^{(t)}(s_1)$と$v_{\pi^*}^{(t)}(s_1, f^{(t)})$のまとめ

時点	予測不使用$v_{\pi^*}^{(t)}(s_1)$	$v_{\pi^*}^{(t)}(s_1, f_1)$	$v_{\pi^*}^{(t)}(s_1, f_2)$	予測使用$v_{\pi^*}^{(t)}(s_1)$
$t = 1$	1088.0	1188.4	1037.3	1120.4
$t = 2$	1280.0	1410.9	1240.0	1334.0
$t = 3$	1600.0	1672.7	1600.0	1640.0

逐次決定問題，特に開始・終了時点がある有限計画期間マルコフ決定過程においては，予測が得られるタイミングが重要となります。今回の問題では，売上が得られる直前にのみ予測値があれば十分です。もちろん，この結果はあくまでも本章で紹介した利得や遷移確率を持つ問題に対してのみ得られる結論です。状況が変わる場合は，後ろ向き帰納法などを使って，個別に最適政策を求めるようにしましょう。なお，一般的なコスト / ロス比のシチュエー

ションにおける最適政策は Murphy et al.(1985) で検討されています。

予測の品質と利得構造がわかっていても，それでもなお予測が価値を生み出すかどうかすぐにはわからないことがあります。予測がどのように使われるのかをしっかりと検討することが大切です。

5.11　逐次決定問題の発展

この分野の発展について簡単に紹介します。

5.11.1　いろいろなマルコフ決定過程

マルコフ決定過程は，これだけでオペレーションズ・リサーチの一分野を築くものです。有限計画期間マルコフ決定過程以外のテーマを簡単に紹介します。

まずは意思決定の期間による分類があります。意思決定の期間が無限にあるものを，**無限計画期間マルコフ決定過程**と呼びます。また，本章では採用しませんでしたが「遠い将来にもらえる利得は，現在価値に換算すると価値がやや低くなる」と想定した**割引利得**という考え方もあります。有限計画，無限計画どちらに対しても割引利得を採用できます。なお，有限計画のモデルでは，割引利得を採用しても，本章で紹介した後ろ向き帰納法が適用できます。

本章では離散的な時間を想定していました。連続的に変化する時間を想定し，任意のタイミングで選択を行うように拡張されたモデルをセミマルコフ決定過程と呼びます。さまざまなマルコフ決定過程の解説としては例えば Heyman and Sobel (編)(1995) や中出 (2019) などがあります。

5.11.2　強化学習

本章で紹介したマルコフ決定過程では，遷移確率や得られる利得などが既知でした。このような問題は**プランニング**とも呼ばれます。一方で，これらが未知である場合は，いわば手探りで周囲の環境を調べつつ，行動を決めていく必要があります。**強化学習**と呼ばれる分野では，周囲の環境が未知である中で最適な政策を求めます。強化学習については Sutton and Barto(2000) や森村 (2019)，久保 (2019) などを参照してください。

5.12 記号の整理

第 3 部第 5 章で登場した記号の一覧です。

名称	表記	補足・計算式
時点	t	
意思決定を繰り返す回数	$t_{\max}$	本章の事例では $t_{\max} = 3$
時点の集合	T	$= \{1, 2, \ldots, t_{\max}\}$
時点 t における，意思決定者のおかれた状態	$s^{(t)}$	本章の事例では，朝の時点における果物のダメージの有無
状態の集合	S	$s^{(t)} \in S$
S の i 番目の要素	s_i	$s_i \in S$ 本章の事例では以下の通り s_1「ダメージなし」 s_2「ダメージあり」
$s^{(t)}$ の時間による遷移をまとめたベクトル	$\boldsymbol{s}$	$= \left(s^{(1)}, s^{(2)}, \ldots, s^{(t_{\max})}, s^{(t_{\max}+1)}\right)$
時点 t における選択肢	$a^{(t)}$	本章の事例では，夜間における対策の有無
選択肢の集合	A	$a^{(t)} \in A$
A の j 番目の要素	a_j	$a_j \in A$ 本章の事例では以下の通り a_1「対策なし」 a_2「対策あり」
$a^{(t)}$ の時間による遷移をまとめたベクトル	$\boldsymbol{a}$	$= \left(a^{(1)}, a^{(2)}, \ldots, a^{(t_{\max})}\right)$
時点 t における政策	$\pi^{(t)} : S \to A$	本章の事例では決定性マルコフ政策を想定している
政策の集合	Π	$\pi^{(t)} \in \Pi$

名称	表記	補足・計算式
Π の l 番目の要素	π_l	$\pi_l \in \Pi$ 本章の事例では以下の通り π_1「s_1のときa_1, s_2のときa_1」 π_2「s_1のときa_1, s_2のときa_2」 π_3「s_1のときa_2, s_2のときa_1」 π_4「s_1のときa_2, s_2のときa_2」
$\pi^{(t)}$の時間による遷移をまとめたベクトル	$\boldsymbol{\pi}$	$= \left(\pi^{(1)}, \pi^{(2)}, \ldots, \pi^{(t_{\max})}\right)$
初期の状態の確率	$P\left(s^{(1)} = s_i\right)$	
推移確率	$P\left(s^{(t+1)} \middle\| s^{(t)}, a^{(t)}\right)$	状態が$s^{(t)}$で，このときに選択肢$a^{(t)}$を採用したという条件の下で，次の時点の状態が$s^{(t+1)}$になる確率
時点tで即座に得られる利得	$c\left(s^{(t)}, a^{(t)}, s^{(t+1)}\right)$	状態が$s^{(t)}$のとき，選択肢$a^{(t)}$を採用して，結果$s^{(t+1)}$になった場合に得られる利得
時点tで即座に得られる期待利得	$c\left(s^{(t)}, a^{(t)}\right)$	$= \sum_{s^{(t+1)} \in S} P\left(s^{(t+1)} \middle\| s^{(t)}, a^{(t)}\right) \cdot c\left(s^{(t)}, a^{(t)}, s^{(t+1)}\right)$
$t_{\max} + 1$ 時点目で即座に得られる利得	$c^{(t_{\max}+1)}\left(s^{(t_{\max}+1)}\right)$	
初期の状態が $s^{(1)}$ で，ある政策ベクトル $\boldsymbol{\pi}$ を採用した場合の総期待利得	$v_{\pi}\left(s^{(1)}\right)$	
t時点目からスタートした後の総期待利得	$v_{\pi}^{(t)}\left(s^{(t)}\right)$	
総期待利得を最大にする政策ベクトル	π^*	見やすさのために赤色にしている

名称	表記	補足・計算式
総期待利得の最大値	$v_{\pi^*}\left(s^{(1)}\right)$	見やすさのために赤色にしている
t 時点目からスタートした後の総期待利得の最大値	$v_{\pi^*}^{(t)}\left(s^{(t)}\right)$	見やすさのために赤色にしている
時点 t における予測値	$f^{(t)}$	本章の事例では，霜が降りる（問題あり）か降りない（問題なし）かの予測
予測値の集合	F	$f^{(t)} \in F$
F の k 番目の要素	f_k	$f_k \in F$ 本章の事例では以下の通り f_1「予測 - 問題なし」 f_2「予測 - 問題あり」
政策（予測値を使う）	$\pi^{(t)} : S \times F \to A$	「×」は直積の記号
推移確率（予測値を使う）	$P\left(s^{(t+1)} \middle\| s^{(t)}, a^{(t)}, f^{(t)}\right)$	
t 時点目からスタートした後の総期待利得の最大値（予測値を使う）	$v_{\pi^*}^{(t)}\left(s^{(t)}, f^{(t)}\right)$	見やすさのために赤色にしている

第3部

第4部

効用理論入門

第1章

選好と効用関数表現

第4部は，決定分析の実践ではなく，意思決定の理論が中心です。第5部と直接のつながりはありません。ただし，決定分析のエンドユーザーであっても，基礎理論を学ぶことは無駄にならないと思います。

本章では，期待金額を使って意思決定することの限界に言及したうえで，選好の効用関数表現について解説します。

- **本書における説明の方針**

  期待金額の限界 → サンクトペテルブルクのパラドックス
  → 本書における説明の方針 → 効用理論を学ぶモチベーション

- **選好**

  二項関係 → 選好 → 選好関係の補足事項 → 規範理論と公理
  → 完備性 → 推移性

- **選好の効用関数表現**

  選好の効用関数表現 → 弱順序と効用関数表現 → 効用の解釈

1.1　期待金額の限界

第3部までは意思決定者に期待金額者を仮定していました。期待金額者は，得られる金額の期待値が最大になるように行動する人です。しかし，実際には，意思決定者を期待金額者だとみなすのが難しい事例もあります。

例えば，がん保険や火災保険などの保険は，多くの場合，加入すると意思決定者のもらえる金額の期待値が下がります。宝くじも同様です。宝くじを購入しても，ほとんど当たりません。期待金額で見ると，宝くじを買うという選択は，意思決定者に損をさせます。このとき，保険に加入する人や，宝くじを購入する人は「非合理的」と言えるのでしょうか。

金額の期待値で見ると損をする行動をとる人は数多くいます。しかし，期待金額で見ると損をする行動をとる人をすべて「非合理的」とみなすのは，乱暴な意見です。これは本書特有の主張ではなく，オペレーションズ・リサーチにおいても，意思決定理論においても，期待金額者以外の人たちを十把一絡げに「非合理的」とすることは基本的にありません。

1.2　サンクトペテルブルクのパラドックス

期待金額を最大にする行動に問題があると思われる有名な事例を紹介します。それがサンクトペテルブルクのパラドックスです。サンクトペテルブルクのパラドックスでは，以下の賭けを考えます。

- 表が出る確率が 2 分の 1 のコインを使う
- コインを複数回投げて，最初に表が出たのが何回目かを記録する。これを i とする
- 2^i の金額を受け取る

このような賭けに参加するのに，いくら支払うべきでしょうか。この賭けの期待金額は以下のように無限大となります。

$$
\begin{aligned}
EMV &= \sum_{i=1}^{\infty} \left(\frac{1}{2}\right)^i \cdot 2^i \\
&= \frac{1}{2} \cdot 2 + \frac{1}{4} \cdot 4 + \ldots + \frac{1}{2^i} \cdot 2^i + \ldots \\
&= \infty
\end{aligned}
\tag{4.1}
$$

期待金額を最大にすることを目指すならば，この賭けに参加するのに何千万円，あるいは何億円ものお金を費やすことが正当化されます。2 分の 1 の確率で 2 円しか手に入らないような賭けに，何億円も使うのは，明らかに

おかしな結論です。

ここで登場するのが効用です。リスクが伴う意思決定問題において，得られる金額の「うれしさ・満足の度合い」を，いったん効用という表現形式で表します。そして（期待金額ではなく）期待効用を最大化するような選択肢を選びます。こうすることで，保険に加入したり宝くじを購入したりする人の行動を説明でき，サンクトペテルブルクのパラドックスを解決できます。第4部では，期待効用を最大化する枠組みでの意思決定原理を解説します。

1.3　本書における説明の方針

効用に関する学問領域を**効用理論**と呼びます。効用は，意思決定理論を学ぶにあたってとても大事な概念です。ただし「効用を最大化するように行動する」という主張は，何らかの真理を明らかにしたものではありません。効用は「効用表現」という言葉があるように，単なる表現の方法にすぎません。本書では誤解を招かないよう，少し慎重に解説を進めます。

まず本章において，効用の意味と効用表現の初歩を解説します。リスク下における期待効用最大化原理に基づく意思決定については，次章で解説します。すなわち「保険に加入する人や，宝くじを購入する人の行動についての議論」は次章で解説することになります。

1.4　効用理論を学ぶモチベーション

効用理論を学ばなくても，決定分析の手続きをなぞることで結果は得られます。決定分析の手続きよりもむしろ，意思決定の基礎理論を学ぶことの方が難しいと感じるかもしれません。難しくて役に立たないことを勉強しろと強要するのは心苦しいところです。ここでは，著者が考える効用理論を学ぶモチベーションについて記します。

決定分析はしばしば効用分析とも呼ばれます（田村他 (1997)）。決定分析は，期待効用の最大化を規範として導入されることがほとんどです。本書第3部までは，期待効用の最大化を期待金額の最大化で近似したうえで議論を展開してきました。

効用理論を学ぶモチベーションは，期待金額を最大にするアプローチの良い点と悪い点を理解できることにあると思います。期待金額を最大にするという意思決定原理は，絶対的に正しい規範というわけではありません。それは例えばサンクトペテルブルクのパラドックスを見れば明らかです。

また，統計学に詳しい人は，期待値だけではなく，分散や歪度，尖度を使って意思決定する行動原理を提案したくなるかもしれません。分散を使うでもなく尖度を取り入れるでもなく「期待金額を最大にする行動原理」を採用するならば，これはいかにして正当化されうるのでしょうか。期待金額の代わりに期待効用を使うときも同じです。この行動原理はいかなる意味で規範的なのでしょうか。

本書の内容を学んでも「誰が実行しても絶対的に正しいと言える意思決定の枠組み」はわかりません。それでもなお，期待金額，あるいは期待効用を最大にするというアプローチを「採用すべき根拠」と「この手法の限界」の一端を垣間見ることはできるはずです。第4部ではvNMの定理（Neumann and Morgenstern(2009)）と呼ばれる有名な定理の解説を通して，期待金額，あるいは期待効用を最大化するという意思決定原理の意味合いを見ていきます。

1.5　二項関係

ここから，市川(1983)や西崎(2017)，Gilboa(2012, 2014)を参考にして意思決定理論の基礎を解説します。選択肢を列挙して，好ましい方の選択肢を採択する。これが意思決定の基本的な流れでした。ここからは数式も交えながら「好ましい選択肢を選ぶ」という作業手順を振り返ります。

まずは用語の整理から進めます。対象の集合がXとして与えられているとします。この集合の任意の要素を$x, y \in X$とします。このときXの直積集合$X \times X$の任意の要素(x, y)を対象とします。平たく言えば，集合Xの要素のペアについてこれから考えていくということです。

ここで(x, y)に対して，満たしているか否かが判定できる規則ρが与えられたとき，このρを集合X上の**二項関係**と呼びます。(x, y)がρを満たすことを$x \ \rho \ y$と表記します。これから，集合X上での二項関係で選好を与えることにします。平たく言えば，2つの要素同士での関係性として好き嫌いを考えましょうということです。

好き嫌いという日本語はあいまいな言い方ですね。そこで，数式を使って，あいまいな言い方をしないで意思決定の枠組みを表現します。数式を使うとあいまいさを減らすことはできますが，その代わりイメージがしにくくなるかもしれません。「集合 X」という言葉遣いが苦手だと感じる場合は，具体的なものを入れて考えてみましょう。

例えば，お昼ご飯のメニューを考えているとします。この場合，集合 $X = \{$ラーメン，牛丼$\}$などとなります。他のメニュー（餃子，オムライスなど）を入れても構いません。今回はとりあえず $X = \{$ラーメン，牛丼$\}$としましょう。これから，ラーメンと牛丼の関係性を，二項関係で表現します。

1.6　選好

「どちらの方がより好ましいか」あるいは「同等に好ましいか」という関係性を**選好関係**と呼びます。

2つの対象 x, y があるとします。$x, y \in X$ です。ここで「x は y 以上に好ましい」ことを以下のように表記します。

$$x \succsim y \tag{4.2}$$

記号「$\succsim$」は，大なりイコール「$\geq$」と少し異なり，にょろっと曲がった形になっています。意味合いとしては「以上」という言葉の通り「x は y と同等に好ましい，またはそれよりも好ましい」となります。

同等に好ましいわけではないというときは，以下のように表記して「x は y よりも好ましい」と読みます。

$$x \succ y \tag{4.3}$$

以下の表記は「x は y と同等に好ましい」と読みます。

$$x \sim y \tag{4.4}$$

第 4 部ではチルダ記号「$\sim$」の意味が第 3 部までと変わることに注意してください。右辺が集合の要素になっているので見分けがつくとは思いますが，紛らわしい場合には適宜注意を促すことにします。

集合 X が持つ選好関係 $\succsim$ を $(X, \succsim)$ とセットで記すこともあります。これを**選好構造**と呼びます。

例えば $X = \{$ラーメン，牛丼$\}$ とします。「ラーメンは牛丼以上に好ましい」とするならば「ラーメン $\succsim$ 牛丼」と表記します。「ラーメンは牛丼よりも好ましい」ならば「ラーメン $\succ$ 牛丼」です。「ラーメンは牛丼と同等に好ましい」ならば「ラーメン $\sim$ 牛丼」です。

1.7　選好関係の補足事項

選好関係について 2 点補足をします。

1 点目の補足です。

選好関係として「$\succsim$」「$\succ$」「$\sim$」の 3 種類が出てきました。しかし，これはすべて「$\succsim$」だけで代用できます。

「$x \succ y$」は「$x \succsim y$ であり，かつ，$y \succsim x$ ではない」と同じ意味です。

「$x \sim y$」は「$x \succsim y$ であり，かつ，$y \succsim x$ である」と同じ意味です。

これからは「$\succsim$」の議論だけを行い，「$\succ$」「$\sim$」の議論を省略することがあります。

2 点目の補足です。

「$\succsim$」「$\succ$」「$\sim$」の 3 つは，「$\geq$」「$>$」「$=$」と似ているように思えるかもしれません。実際よく似ているのですが，少し異なります。

「$\sim$」は「同等に好ましい」という意味であり，「$=$」のように左辺と右辺が等しいものとは限りません。例えば「ラーメンと牛丼は同等に好ましい」すなわち「ラーメン $\sim$ 牛丼」であったとしても，「ラーメンと牛丼は同じ物質だ」と考えて「ラーメン $=$ 牛丼」とするのは無理があります。

1.8 意思決定の規範理論と公理

ここから，意思決定者が満たすべき約束事，すなわち**公理**をいくつか導入します。公理の役割にはいくつかあるでしょうが，意思決定の規範理論においては，満たすべきとする基準を明確にする役割が大きいと考えます。「何となくいいことしてるっぽいから規範的」では困るわけです。

公理には，多くの人が同意できると思われる内容から，同意するのをややためらう内容までさまざまあります。行動経済学でしばしば指摘されるように，実際の行動では公理が満たされていないと思われる行動が観測されることがあります。これは公理の必要性について説明することで変化するかもしれません。一方で公理についてしっかりと理解しているが，それでもなお，その公理を受け入れることができないということもあり得ます。

本書は基本的に，規範性の押し付けはしない方針で執筆しています。そのため，なるべく公理の解釈も記載しています。ただし，公理の定義は数学的に定められたものであいまい性が少ないのですが，解釈に関しては，日本語の説明になるのであいまいさを含みます。公理の解釈やその必要性については，読者の方がご自身でも考えながら読み進めていただければと思います。公理から逸脱する事例についても適宜補足します

1.9 完備性

本章では，選好に関する公理を2つ導入します。1つ目が**完備性**です。

1.9.1 定義

完備性

すべての$x, y \in X$について，$x \succsim y$または$y \succsim x$が成り立つ

平たく言えば，完備性は「好き嫌いを比較できる」ということです。この公理は受け入れやすいのではないかと思います。「好き嫌いの優劣は比較できないが，より好ましいと思うものを選べ」と言われても困りますね。少な

くとも規範的には，とりうるすべての選択肢の集合をAとしたとき，選好構造$(A, \succsim)$は完備性を満たしていることが望まれます。

1.9.2　公理の検討

商品の銘柄についてよく知らない場合など，現実的には完備性が満たされないことは十分に考えられます（竹村(2009)）。例えばお酒を一度も飲んだことがない人にとっては，ワインの銘柄を見せられて「どちらの方が好ましいか，あるいは同程度に好ましいかをすべて判別しなさい」と言われても，好き嫌いの判別ができないことがあるかもしれません。

1.10　推移性

2つ目に紹介する公理は**推移性**です。

1.10.1　定義

> **推移性**
>
> すべての$x, y, z \in X$について，$x \succsim y$，かつ，$y \succsim z$，ならば，必ず$x \succsim z$が成り立つ

推移性は，いわゆる三すくみの関係にならないことを約束したものです。例えばじゃんけんでは，とりうる選択肢が｛グー，チョキ，パー｝の3つあります。じゃんけんの手は優劣が三すくみの関係にあるので，最も強い手を選ぶことはできません。

1.10.2　公理の検討

選好の推移性は，現実的にはしばしば満たされなくなります。Raiffa(1972)を一部改変した事例を紹介します。借りる家を探している人がいたとします。このとき，xとyとzの3つの家が選択肢として挙がりました。評価の基準は，駅からの距離・家賃・広さの3つだけだと仮定します。

表 4.1.1　3つの家とその特性

家	属性		
	駅からの距離	家賃	広さ
x	少し遠い	安い	広い
y	普通	普通	普通
z	少し近い	高い	狭い

駅からの距離は近い方が好ましく，家賃は安い方が好ましく，広さは広い方が好ましいです。3つの属性においては，駅からの距離を最も重要視するとしましょう。

xとyを比較して「駅からの距離は大して変わらないので，家賃と広さで比較しよう。両方ともxの方が好ましいようだ」というわけで$x \succ y$です。

yとzを比較して「駅からの距離は大して変わらないので，家賃と広さで比較しよう。両方ともyの方が好ましいようだ」というわけで$y \succ z$です。

xとzを比較して「駅からの距離が大きく変わる。駅から近いのはzだ」というわけで$z \succ x$です。

まとめると$x \succ y$かつ，$y \succ z$であるにもかかわらず$z \succ x$となり，3すくみの関係になってしまいました。やや作為的な事例ですが，類似の現象はしばしば実験で確認されているようです（竹村 (2009) など）。

1.10.3　選好が推移性を持つことの規範的な意味

選好が推移性を持つことの規範的な意味を，Raiffa(1972) を参考にして解説します。家を探していて，先のような選好を持つ意思決定者がいたとします。この意思決定者が推移性を満たす選好を持つことを頑なに拒否するならば，私たちはこの意思決定者からたくさんのお金を巻き上げることができます。

まず，意思決定者が仮に家zを選んでいたとしましょう。ここで「もっといい家yを，たった100円で教えてあげますよ」と持ち掛けます。100円でなくても，意思決定者が納得できるもっと安い金額でも良いです。$y \succ z$である意思決定者はこれに合意して，家yに変えます。

さらに家xを100円の追加料金で紹介します。$x \succ y$である意思決定者はこれに合意して家xに変えます。さらに家zを100円の追加料金で紹介します。$z \succ x$である意思決定者はこれに合意して家zに変えます。

ここまで来たらわかりますね。家zを選んだ意思決定者に対して，また100円の追加料金で家yを紹介するわけです。これは無限に続くので，意思決定者からいくらでもお金を巻き上げられることになります。この結果に心から納得できたうえで推移性を破棄するならば別ですが，多くの場合，規範的には推移性を満たすべきとするのは自然かと思われます。

推移性が満たされない他の例を紹介します。例えば「収入が1000万円を超えたら，多少金額が増えてもまったくうれしくなんてないよ」と主張する人がいたとします。例えば「1000万円 $\sim$ 1001万円」とします。同様に「1001万円 $\sim$ 1002万円」です。ただしこのやり取りを1万回繰り返して「1000万円 $\sim$ 1億円」とする人はまれです。もしもこれに同意する意思決定者がいたら，私なら即座に1000万円を渡して1億円をもらいに行きます。これは$x \sim y$，かつ，$y \sim z$，のとき（$x \sim z$ではなく）$x \succ z$となっており，推移性が満たされません。

「細かい金額なんてどうだっていいんだよ！」と主張する人はたまに見かけます。しかし，微小な金額の差異でも「同等に好ましい」とするとしばしば問題が発生します。この場合は，たとえ微差であっても「金額が多い方がより好ましい」とする選好を持つのを認めることをお勧めします。

1.11　選好の効用関数表現

今までは，特定の対象同士を比較して，その好みを表記していました。ラーメンと牛丼で比べてラーメンの方が好ましいならば「ラーメン $\succ$ 牛丼」のような形です。やっていることはまったく同じなのですが，これを数値の大小で表現し直すのが，**効用表現**です。

まずは形式的な定義を述べます。定義域が集合Xで，値域が実数の集合$\mathbb{R}$となる写像$u : X \to \mathbb{R}$を考えます。値域が実数などの数の集合である写像を関数と呼ぶので，これからは関数uという呼び方をします。このときすべての$x, y \in X$で以下が成り立つとき，関数uを選好の**効用関数表現**あるいは単に**効用関数**と呼びます。

$$
\begin{aligned}
x \succsim y &\Leftrightarrow u(x) \geq u(y) \\
x \succ y &\Leftrightarrow u(x) > u(y) \\
x \sim y &\Leftrightarrow u(x) = u(y)
\end{aligned}
\tag{4.5}
$$

好き嫌いを数値の大小で表現したものが効用関数表現です。あくまでも選好を表現する方法であることに注意してください。脳みその中に効用という謎の物質があって，それが私たちの行動を決めている，という解釈は明らかに誤りです。

例えばとりうるメニューの集合が｛ラーメン，牛丼｝だったとします。これが先の定義における集合Xです。

ここで「ラーメン $\succ$ 牛丼」という選好があった場合，$u\left(\text{ラーメン}\right) = 10$，$u\left(\text{牛丼}\right) = 8$とすると$u\left(\text{ラーメン}\right) > u\left(\text{牛丼}\right)$となりますね。そのため，この関数$u$は，選好の効用関数表現だと言えます。

ここで$u'\left(\text{ラーメン}\right) = 20$，$u'\left(\text{牛丼}\right) = 16$としても$u'\left(\text{ラーメン}\right) > u'\left(\text{牛丼}\right)$となります。そのため，関数$u'$も先の選好の効用関数表現だと言えます。同じ選好を表す効用関数表現は無限に存在することに注意してください。

1.12 弱順序と効用関数表現

選好を数値の大小で評価できるならば，例えば推移性が満たされないような状況が起こらないことが予想できるかと思います。例えば効用の値が3，2，1だった場合，3は2より大きく，2は1より大きく，そして確実に3は1よりも大きいです。

完備性と推移性を満たす順序を**弱順序**と呼びます。ある有限集合Xの選好構造$(X, \succsim)$が弱順序を持つならば，選好構造$(X, \succsim)$を表す効用関数表現が存在し，その逆も成り立つことが知られています。これは可算無限集合でも成り立ちます。

平たく言えば，完備性と推移性を大切な基準だと認めるならば，選好を数値の大小で表現できるようにすることが大切だということです。逆も成り立つのが良いですね。すなわち選好を数値の大小で表現すれば，比較不可能になったり（完備性を満たさない），三すくみの関係になったり（推移性を満たさない）することがありません。決定分析では，意思決定者の好みを積極的に数値で表現します。定量化にこだわる大きな理由は，ここにあります。意思決定理論を学ぶと，決定分析の手続きに納得がしやすくなるのではないかと思います。

memo

可算無限集合とは，平たく言えば「自然数で番号付けができる集合」です。番号付けできるというのは，1対1対応であると言い換えられます。定義としては「濃度が，自然数全体の集合$\mathbb{N}$の濃度と等しい集合」となります。自然数全体の集合$\mathbb{N}$の要素の個数が無限個あるのは想像がつくかと思います。一方で実数全体の集合$\mathbb{R}$の要素の個数もやはり無限個あります。両方ともに無限個あるのですが，何となく実数$\mathbb{R}$の集合の方が「濃度が濃い」ような気持ちになりますね。集合論ではこれを濃度の大小で比較します。

本文で述べた弱順序と効用関数表現の関係は，可算無限集合まででしか主張できません。非可算集合，例えば選択肢が連続的に変化する場合，そのままでは適用できません。追加でいくつかの仮定が必要です。詳細は林（2020）などを参照してください。

1.13　効用の解釈

効用関数が返す実数値の取り扱いには3つの段階があります。Harberger(2018)を参考にして解説します。

1段階目が**序数的効用**です。順序がついていることを序数と呼びます。序数的効用は，数値を使っているものの，単なる順序の表現でしかありません。数値から読み取れるのは，どちらの方がより好ましいか（あるいは同等に好ましいか）だけです。

量的な意味を持つ効用表現を**基数的効用**と呼びます。こちらは数値の差異の大きさなどを議論できます。2段階目と3段階目は基数的効用です。

2段階目が**個々に測定可能な効用**です。これは，好みの差異の大きさを比較することを許します。例えば「お寿司 $\succ$ ラーメン $\succ$ 牛丼」のとき，「ラーメンと牛丼の好みの差」よりも「お寿司とラーメンの好みの差」の方が大きいという主張が意味を持ちます。「牛丼とラーメンだと，どちらかと言えばラーメンが好き。お寿司は3つの中でも特に大好き」というような状況です。

3段階目が**測定可能で個人間で比較可能な効用**です。例えば国が個人に給付金を配るとします。同じ10万円でも，お金がない人にとってはとてもうれしいでしょうし，お金がたくさんある人にとってはあまりうれしくないでしょう。1億円を配るとき，同じ1億円でもお金がない人だけに配った方が，全体の効用が多く増加すると判断するのがこのタイプです。

一般的なミクロ経済学の教科書では，序数的効用という扱いが普通です。一方でリスクあるいは不確実性がある中での評価を行う**リスク分析**においては，効用の期待値をとるという計算を行う関係で個々に測定可能な効用がしばしば想定されます。本書においても基本的にこの考え方をとります。ミクロ経済学の教科書とは，効用という言葉の取り扱いがやや異なる点に注意してください。

測定可能で個人間で比較可能な効用は，本書の対象外となります。公共事業などにおける費用便益分析においては，この仮定を取り入れることもあります。お金があまりない人に多くのお金を補助してあげたいという分配ウエイトを考える際には，この仮定が登場します。

第2章

期待効用理論

テーマ

本章では，期待効用理論に基づき，リスクがある中での選好の表現について解説します。リスク下の意思決定問題を取り扱う中心的な章です。

まずは期待効用理論を概説したうえでvNMの定理を導入します。vNMの定理の解説を通して，リスク下の意思決定における規範の解釈を試みます。その後，リスク態度を分類したうえで，アンケートをとって効用関数を同定し，期待効用最大化原理に基づいて意思決定を行う方法を解説します。

概要

- **期待効用理論の基礎**

  期待効用理論の導入 → 確率くじ

- **vNMの定理**

  連続性 → 独立性 → vNMの定理

  → 意思決定原理の押し付けについての本書の立場

- **リスク態度の分類**

  確実同値額 → リスク回避的 → リスクプレミアム →リスク受容的

  → リスク中立的

- **期待効用理論の活用**

  効用関数の同定 → サンクトペテルブルクのパラドックスの解決

  → 期待効用最大化原理に基づく意思決定の手続き

- **まとめ**

  記号の整理

2.1　リスク態度と期待効用理論

第4部第1章では，リスクや不確実性が一切なく，確実に利得が手に入る状況を考えました。このときは，完備性と推移性を満たす選好を持つこと，あるいは，選好の効用関数表現ができることが大切でした。続く本章ではリスク下の意思決定問題へと移ります。そしてリスクの取り扱い方を解説します。

例えば，以下の2つでは，どちらの方が好ましいと感じるでしょうか。

l_1：50% の確率で 10 万円もらえるが，50% の確率でまったくお金がもらえないという賭けに参加する→期待金額は 5 万円

l_2：確実に（確率 1 で）5 万円もらう→期待金額は 5 万円

期待金額は l_1，l_2 ともに 5 万円で等しいです。このとき，3 パターンの人がいるはずです。

- 賭けに参加することを好む人。すなわち $l_1 \succ l_2$
- 確実にお金がもらえるのを好む人。すなわち $l_2 \succ l_1$
- どちらも同等に好ましいと思う人。すなわち $l_1 \sim l_2$

この 3 つの選好のパターンは，**リスク態度**の違いがもたらすものです。リスクをとって多くのお金を手に入れるチャンスをつかみたいとか，リスクを避けて確実にお金を手に入れたい，といった態度がリスク態度です。こういったリスク態度を体系的に取り扱う理論を**期待効用理論**と呼びます（林 (2014)）。

本章では期待効用理論を理解するために必要な用語や約束事（公理）を整理したうえで，リスク態度の分類やその同定をする方法を解説します。

2.2　確率くじ

リスク下の期待効用理論では，**確率くじ**の選好を考えます。くじ引きやあみだくじの「くじ」ですね。確率くじとは，確率 p_i と結果 c_i が付与されたくじのことです。まずは形式的な定義を述べてから，数値例を参照します。

2.2.1 定義

第２部と第３部においては，選択肢a_jを状態θ_iのとき選んだ場合の利得を$c(a_j, \theta_i)$と表記しました。この利得は，本章においては基本的に金額だと考えてください。ここで自然の状態θの確率分布$P(\theta)$が与えられているとします。$\theta = \theta_i$となる確率がすべてわかっているということです。すると例えば選択肢a_jを選んだときの結果の一覧$c(a_j, \theta_1), c(a_j, \theta_2), \ldots, c(a_j, \theta_{\#\Theta})$と，その結果が得られる確率がわかっていることになります。

確率と結果の一覧を$\{$確率, 結果; 確率, 結果;......$\}$とカンマとセミコロンを使って表現すると，選択肢a_jを選んだときの結果の確率分布は以下のようになります。

$$\{P(\theta_1), c(a_j, \theta_1);\ \ P(\theta_2), c(a_j, \theta_2);\ \ \ldots;\ \ P(\theta_{\#\Theta}), c(a_j, \theta_{\#\Theta})\} \tag{4.6}$$

これは，結果とその結果が起こる確率が付与された確率くじだとみなせます。ただし，表記が長いので，以下のように略記します。lはくじ（lottery）の頭文字です。なお，自然の状態が異なっても同じ結果が得られることがあります。その場合は１つにまとめられるので，以下の式において$o \leq \#\Theta$です。

$$l^j = \left\{p_1^j, c_1^j;\ \ p_2^j, c_2^j;\ \ \ldots;\ \ p_o^j, c_o^j\right\} \tag{4.7}$$

これからは確率くじの選好構造を考えていきます。いくつか表記を整理します。くじl^jの集合をLとします。$l^j \in L$です。くじl^jの要素である確率p_iと結果c_iは各々p_i^j, c_i^jと表記することにします。なお，区別の必要性が薄い場合には，添え字jを省略して単にくじlなどと記すこともあります。

2.2.2 数値例

次に進む前に，第２部で登場した工場の機械稼働数を決定する問題を対象にして，確率くじがどのようなものになるか確認します。ただし，利得行列は表2.1.2（再掲）の通りであり，好況になる確率が0.4，不況になる確率を0.6とします。

表2.1.2（再掲）　利得行列の例

	0台稼働 a_1	1台稼働 a_2	2台稼働 a_3
好況 θ_1	$c(a_1, \theta_1) = -100$	$c(a_2, \theta_1) = 300$	$c(a_3, \theta_1) = 700$
不況 θ_2	$c(a_1, \theta_2) = -100$	$c(a_2, \theta_2) = 300$	$c(a_3, \theta_2) = -300$

この場合は，以下の3つの確率くじl^1, l^2, l^3を想定できます。ただしl^1は「0台稼働」を，l^2は「1台稼働」をl^3は「2台稼働」を選んだときのくじとなります。自然の状態が2つでも，同じ結果が得られる（例えば「0台稼働」なら常に利得は−100）ならば，1つにまとめています。$o \leq \#\Theta$と書いたのはこの意味です。まとめてもまとめなくても意思決定の結果には影響がないのですが，ここではまとめておきました。

$$
\begin{aligned}
l^1 &= \{1, -100\} \\
l^2 &= \{1, 300\} \\
l^3 &= \{0.4, 700;\quad 0.6, -300\}
\end{aligned}
\tag{4.8}
$$

2.3　連続性

ここからは，確率くじの選好構造$(L, \succsim)$が満たすべき要件を確認します。こちらでは**連続性**を紹介します。

2.3.1　定義

連続性の公理は以下の通りです。ただし$\alpha l^1 + (1-\alpha)\, l^3$は「確率$\alpha$でくじ$l^1$を得て，確率$(1-\alpha)$でくじ$l^3$を得る」という意味です。これを**複合くじ**と呼びます。

連続性

すべての$l^1, l^2, l^3 \in L$について，$l^1 \succ l^2 \succ l^3$，ならば，

$$\alpha l^1 + (1-\alpha)\, l^3 \succ l^2 \succ \beta l^1 + (1-\beta)\, l^3$$

が成立する$\alpha, \beta \in (0,1)$が存在する

ここで$\alpha, \beta \in (0,1)$であることに注意してください。$(0,1)$は開集合なので$0 < \alpha < 1$であり$0 < \beta < 1$です。ちょうど0やちょうど1を許さないというのは後で重要なポイントになってくるので覚えておいてください。

連続性の公理は確率1でいくらかのお金がもらえる3種類のくじを想像すると意味がとらえやすいと思います。今，以下の3種類のくじがあったとします。お金が多い方がうれしいので$l^1 \succ l^2 \succ l^3$という選好を持っているとしましょう。

$$\begin{aligned} l^1 &= \{1, 1000\text{ 円もらう}\} \\ l^2 &= \{1, 400\text{ 円もらう}\} \\ l^3 &= \{1, 0\text{ 円もらう}\} \end{aligned} \tag{4.9}$$

このとき，例えば$\alpha = 0.999$で$\beta = 0.1$だとします。このとき「99.9%の確率で1000円もらえて，0.1%の確率で何ももらえない」が$\alpha l^1 + (1-\alpha)\, l^3$です。そして「10%の確率で1000円もらえて，90%の確率で何ももらえない」のが$\beta l^1 + (1-\beta)\, l^3$です。$\alpha l^1 + (1-\alpha)\, l^3 \succ l^2 \succ \beta l^1 + (1-\beta)\, l^3$に同意するのは難しくないと思います。$\alpha$と$\beta$は0より大きく1未満であれば何でも代入できるので，例えば$\beta = 0.00001$のようなものを想像すれば，さらに受け入れやすいと思います。

2.3.2　公理の検討

連続性の公理が求める規範的な意味は，極端な事例を考えると見えてきます。3つのくじを以下のように定めます。

$$
\begin{aligned}
l^1 &= \{1, 1000\,\text{円もらう}\} \\
l^2 &= \{1, 0\,\text{円もらう}\} \\
l^3 &= \{1, \text{死ぬ}\}
\end{aligned}
\tag{4.10}
$$

最後のくじl^3だけ物騒な結果になっていますね。このとき連続性の公理を認めることには若干のためらいがあると思います。αをどれだけ大きくしても1にはなりません。そのため，たとえ$\alpha = 0.999999999999999$にしても，ごくわずかな低い確率で$\alpha l^1 + (1 - \alpha)\, l^3$は死ぬ可能性があります。このとき$\alpha l^1 + (1 - \alpha)\, l^3$が「何も起こらない」を意味する$l^2$よりも好ましいと言えるでしょうか。この問題は議論の余地がありそうです。

現実世界においては，例えば外を歩いていたら，車にひかれたり通り魔にあって殺されたりする確率が0とは言えません。お金を稼ぐために家から出るという行為は，ごくわずかであっても死ぬ可能性を認めていると言えるのではないかと思います。

例えば「0か0でないかだけが重要だ」というのは非連続的です。先の例では「死ぬ確率は0以外認めない」というのが連続性の公理を満たさない状況です。最悪の結果を起こす可能性を「0以外は認めない」という極端な考え方をとるべきではないと主張しているのが連続性の公理だと言えます。

2.4　独立性

独立性の公理を紹介します。

2.4.1　定義

独立性

すべての$l^1, l^2, l^3 \in L$と$\alpha \in (0,1)$について，

$$l^1 \succsim l^2 \Leftrightarrow \alpha l^1 + (1-\alpha) l^3 \succsim \alpha l^2 + (1-\alpha) l^3$$

が成り立つ

独立性の公理は，複合くじを2段階のくじと同一視できるなら，「関係ない他のくじによって，自分の選好を変えるな」という主張だと言えます。

まず，選好$l^1 \succsim l^2$が与えられている下で考えるとl^3は「関係ないくじ」と言えますね。$\alpha l^1 + (1-\alpha) l^3 \succsim \alpha l^2 + (1-\alpha) l^3$は，両辺ともに$(1-\alpha) l^3$がついています。$(1-\alpha) l^3$は「確率$(1-\alpha)$で関係ないくじ$l^3$を引く」という意味です。すなわち独立性の公理は「もともとの選好$l^1 \succsim l^2$」と「確率$(1-\alpha)$で関係ないくじl^3を引く」ということが独立であることを要求したものです。

今，以下の3種類のくじがあったとします。お金が多い方がうれしいので$l^1 \succsim l^2$という選好を持っているとしましょう。

$$\begin{aligned} l^1 &= \{1, 1000\text{円もらう}\} \\ l^2 &= \{1, 0\text{円もらう}\} \\ l^3 &= \{1, \text{猫と遊ぶ}\} \end{aligned} \tag{4.11}$$

ここで$\alpha = 0.5$とします。コインを投げて表が出たら猫と遊べると思ってください。もしも独立性を満たさないならば，$l^1 \succsim l^2$であるのに

$\alpha l^1 + (1-\alpha) l^3 \precsim \alpha l^2 + (1-\alpha) l^3$となります。

例えば「猫と遊べる可能性があるなら，他には何も望まないよ」と言って，$\alpha l^1 + (1-\alpha) l^3 \precsim \alpha l^2 + (1-\alpha) l^3$の選好を持っていたとしましょう。そしてコインを投げます。残念ながら裏が出て，猫と遊べないことが決まったとします。後は単純にl^1とl^2の比較となりますね。裏が出たという結果が出た後に「やっぱり$l^1 \succsim l^2$だから1000円ほしいな」と意見を変えてしまうのが，独立性を満たさない選好です。このように選好をコロコロ変えるべきではないという要請が，独立性の公理の1つの意味だと言えるでしょう。なお，上記の議論は複合くじを2段階のくじと同一視していることに注意してください。

2.4.2　公理の検討

現実の行動を観察した結果では，独立性の公理はしばしば破られるようです。以下のくじを比較します。くじbは25%の確率でお金がもらえない可能性があります。

$$
\begin{aligned}
a &= \left\{1, 100\text{ 万円もらう}\right\} \\
b &= \left\{\begin{matrix} 0.25,\ 0\text{ 万円もらう}; \\ 0.75,\ 300\text{ 万円もらう} \end{matrix}\right\}
\end{aligned}
\tag{4.12}
$$

このとき，「確実にお金がもらえるaの方が好ましい」と考えて$a \succ b$とします。

続いて以下のくじを比較します。こちらは両者ともにお金がもらえない可能性があります。

$$
\begin{aligned}
c &= \left\{\begin{matrix} 0.2,\ 0\text{ 万円もらう}; \\ 0.8,\ 100\text{ 万円もらう} \end{matrix}\right\} \\
d &= \left\{\begin{matrix} 0.4,\ 0\text{ 万円もらう}; \\ 0.6,\ 300\text{ 万円もらう} \end{matrix}\right\}
\end{aligned}
\tag{4.13}
$$

このとき「もらえる金額が300万円と多いdの方が好ましい」と考えて$d \succ c$とします。

じつは$a \succ b$かつ$d \succ c$という結果は，独立性の公理に反します。くじcとdは以下のように複合くじの形に書き換えることができます。

$$
\begin{aligned}
c &= \begin{Bmatrix} 0.2,\ 0\text{万円もらう}; \\ 0.8,\text{くじ}\,a\,\text{をもらう} \end{Bmatrix} \\
d &= \begin{Bmatrix} 0.2,\ 0\text{万円もらう}; \\ 0.8,\ \text{くじ}\,b\,\text{をもらう} \end{Bmatrix}
\end{aligned}
\tag{4.14}
$$

すると，くじ$e = \{1, 0\text{円もらう}\}$で$\alpha = 0.8$を考えるとくじcは$\alpha a + (1 - \alpha)e$となり，くじdは$\alpha b + (1 - \alpha)e$となります。独立性の公理を満たす場合は$a \succ b$ならば$\alpha a + (1 - \alpha)e \succ \alpha b + (1 - \alpha)e$となるはずですが，これが満たされなくなりました。

確率1でまったくお金がもらえないというくじeが入ってくることで，くじc, dともにお金がまったくもらえない可能性が生まれました。仮にくじaが「確実にお金が入ってくる」ために好ましいと感じていたならば，くじeが間に入ってくることで選好が逆転することがあり得ます。今回はやや作為的な事例でしたが，数値は変わるものの，同じように独立性の公理が満たされない結果がしばしば観測されることが知られています（竹村(1996)，川越(2020)など)。このようなことが起こらないよう注意しましょうね，というのが独立性の公理の要請です。

2.5　von Neumann＝Morgensternの定理

期待効用とリスク下でのくじの選好の関係について言及したのが**フォン・ノイマン＝モルゲンシュテルンの定理**(von Neumann＝Morgenstern)です。フォン・ノイマンもモルゲンシュテルンも人の名前です。以下では**vNMの定理**と略します。まずは形式的な定義を説明してから，その解釈を説明します。

2.5.1　vNMの定理

くじの集合をLとします。任意のくじ$l^1, l^2 \in L$を以下のように表記します。

$$l^1 = \{p_1^1, c_1^1;\quad p_2^1, c_2^1;\quad \ldots;\quad p_{o^1}^1, c_{o^1}^1\}$$
$$l^2 = \{p_1^2, c_1^2;\quad p_2^2, c_2^2;\quad \ldots;\quad p_{o^2}^2, c_{o^2}^2\} \tag{4.15}$$

vNMの定理

選好構造$(L, \succsim)$が完備性・推移性・連続性・独立性の公理を満たすならば，すべてのくじ$l^1, l^2 \in L$において

$$l^1 \succsim l^2 \Leftrightarrow \sum_{i=1}^{o^1} p_i^1 \cdot u\left(c_i^1\right) \geq \sum_{i=1}^{o^2} p_i^2 \cdot u\left(c_i^2\right) \tag{4.16}$$

を満たす効用関数uが存在し，その逆も成立する。

なお効用関数uは正の線形変換まで一意である。

正の線形変換まで一意というのは，$\alpha > 0$のとき$v(c) = \alpha \cdot u(c) + \beta$となる関数$v$は関数$u$と同じ選好を表現できるという意味です。同じ選好を表現できる効用関数が無限にあることに注意してください。

以下で計算される値は，くじl^1の**期待効用**と呼ばれます。

$$U\left(l^1\right) = \sum_{i=1}^{o^1} p_i^1 \cdot u\left(c_i^1\right) \tag{4.17}$$

vNM の定理は，4 つの公理を満たすならば，くじの選好を，くじの期待効用の大小関係で表現できることを示しています。よって以下が成り立ちます。

$$l^1 \succsim l^2 \Leftrightarrow U\left(l^1\right) \geq U\left(l^2\right)$$
$$l^1 \succ l^2 \Leftrightarrow U\left(l^1\right) > U\left(l^2\right) \tag{4.18}$$
$$l^1 \sim l^2 \Leftrightarrow U\left(l^1\right) = U\left(l^2\right)$$

vNM の定理では式 (4.18) の 1 行目のみが言及されています。しかし，第 4 部第 1 章 1.7 節で見たように「$\succ$」と「$\sim$」は「$\succsim$」で代用ができるため，下の 2 行も成り立ちます。

2.5.2　vNMの定理の解釈

vNMの定理の解釈をいくつか述べます。まず，リスク下の意思決定問題において，選好構造が完備性・推移性・連続性・独立性を満たすべきだとすることに同意できるなら，私たちは「期待効用がより大きな」確率くじを選ぶべきだということです。この意思決定原理を採用することで，私たちは「より好ましい」確率くじを選ぶことができます。期待効用を最大化するように行動すべきとする根拠付けになります。

また，4つの公理を認める限り，選好を表現できる効用関数が存在します。本章の後半では，意思決定者の効用関数を同定して，リスク態度を調べていきます。選好を表現できない効用関数をでっちあげてはいけませんね。vNMの定理は効用関数の同定という作業の根拠付けにもなります。

2.6　意思決定原理の押し付けについての本書の立場

本書第1部第2章にも記載したように，本書では規範や行動の押し付けはしない方針で執筆しています。vNMの定理の役割は，権威による根拠付けと結果の押し付けではありません。やや重複するところもありますが，本書の立場をもう一度明確にしておきます。

vNMの定理は，期待効用理論とそれに基づく決定分析の手続きが考える規範性の意味を明確にするのが，大きな役割だと考えます。決定分析の手続きは，規範的な意思決定の実践のために解説しています。このとき「規範」の意味がわからなければ「黙って俺の言う通りに行動しろよ」と押し付けているのと変わりません。規範の意味を理解したうえで，これに従ってほしいと本書では考えています。

vNMの定理は，全人類が従うべき規範を明示した定理ではありません。「完備性・推移性・連続性・独立性」という4つの公理と「期待効用を最大化する」という意思決定の原理の対応を明らかにしたのがvNMの定理です。

決定分析では，意思決定の一貫性を大切にします。すなわち「やりたいと思っていること」と「実際にやっていること」の整合性をとりたいということです。仮に「完備性・推移性・連続性・独立性を大切にすることに同意できる」と思っているのであれば，期待効用最大化の原理から逸脱した行動をとるべきではありません。「やりたいこと」と「やっていること」がずれてしまうからです。ずれている人に対しては，行動を修正するようにアドバイスします。このアドバイスの根拠になるのがvNMの定理です。

逆にこれらの公理を理解したうえで破棄するならば，その人に対して規範の押し付けはできない立場にあります。本書ができるのは，公理の意味付けとその役割を解説することだけです。

2.7　確実同値額

ここからは決定分析の具体的手順にもかかわってくる内容です。第3部までは常にEMVの大小，すなわち期待金額の大小で選好を表現しました。しかし，リスク下においては，リスク態度を組み込んだ効用関数を同定したうえで，期待効用の大小関係を用いて選好を表現できます。まずは単なる金額と，リスク下における金額の効用の違いをイメージしてもらうために**確実同値額**について説明します。なお，以下の解説はすべてvNMの定理の4つの公理に同意していることを前提とします。

確実同値額は，確率くじと同等に好ましくなる金額です。同じ確率くじが提示されても，意思決定者のリスク態度によって，確実同値額は変わります。まずは定義を紹介してから，数値例を確認します。

2.7.1　定義

ある確率くじを$l = \{p_1, c_1;\ \ p_2, c_2;\ \ \ldots;\ \ p_o, c_o\}$とします。くじ$l$の確実同値額を$CME\,(l)$とします。$CME$はCertainty Monetary Equivalentの略です。確実にもらえる$CME\,(l)$の金額は，くじlと同等に好ましいことになります。

$$CME\,(l) \sim l \tag{4.19}$$

ここで，くじの選好関係は期待効用の大小関係で表現できるのでした。同等に好ましいならば，効用の値は等しくなります。そのため以下が成り立ちます。

$$u\left(CME\left(l\right)\right)=\sum_{i=1}^{o}p_i\cdot u\left(c_i\right) \tag{4.20}$$

左辺は「確率1で$CME\left(l\right)$が手に入るときの効用」で右辺は「確率くじlに従ってお金が手に入るときの期待効用」です。

数値例を見る前に1点補足します。vNMの定理より，効用関数uは正の線形変換に対して一意です。要するに，正の線形変換をすれば，選好を表現できる効用関数を無限に作ることができます。これでは扱いにくいので，以降は効用の最大値を1と，効用の最小値を0と約束します。

2.7.2　数値例

数値例を確認します。今回は最高の結果$c^*=100$万円として最悪の結果を$c^0=0$円とします。確率くじを$l=\left\{0.5,\ c^*;\ \ 0.5,\ c^0\right\}$とします。これは「50%の確率で100万円もらえるが，50%の確率で何ももらえないくじ」です。

くじlの確実同値額$CME\left(l\right)$はいくらになるでしょうか。この問いに正解はありません。人によって異なる回答が得られます。ちなみに著者はあまり賭け事が好きではないので，参加費用が20万円を超えたらこの賭けには参加したくないなと思います。その場合は$CME\left(l\right)=20$万円となります。

ここで効用の最大値（確実に100万円もらえるときの効用）を1，効用の最小値（確実にお金がまったくもらえないときの効用）を0と約束すると$u\left(c^*\right)=1$で$u\left(c^0\right)=0$です。そのため以下が成り立ちます。

$$\begin{aligned} u\left(20\text{ 万円}\right) &= 0.5\cdot u\left(c^*\right)+0.5\cdot u\left(c^0\right) \\ &= 0.5 \end{aligned} \tag{4.21}$$

確実に20万円もらえるときの効用は0.5と計測できました。最大金額が100万円でこのときの効用が1であっても，効用が0.5になるときの金額が50万円とは限りません。この金額の差異こそがリスク態度の表れです。

2.8 リスク回避的

ここからはリスク態度の分類と，その意味を解説します。

2.8.1 リスク回避的な選好の直観的な意味

リスク態度は，「効用の期待値」と「期待値の効用」の大小関係から判断します。言葉の意味が難しいので数値例を挙げて確認します。

まず「効用の期待値」を説明します。先の事例ですと $0.5 \cdot u\left(c^{*}\right)+0.5 \cdot u\left(c^{0}\right)$ に当たり，0.5 と計算されます。

続いて「期待値の効用」を説明します。$c^{*}=100$ と $c^{0}=0$ を平均した $c^{\text{ave}}=50$ を考えます。「期待値の効用」は金額の期待値 c^{ave} の効用 $u\left(c^{\text{ave}}\right)$ のことです。

このとき $u\left(c^{\text{ave}}\right) \geq 0.5 \cdot u\left(c^{*}\right)+0.5 \cdot u\left(c^{0}\right)$ であれば，この意思決定者の選考は**リスク回避的**となります。すなわち「確実に 50 万円もらう」ことが「期待値 50 万円のくじ l をもらう」こと以上に好ましいならば，このリスク態度をリスク回避的と呼ぶわけです。

2.8.2 リスク回避的な選好の定義

リスク回避的な選好の一般的な定義を述べます。最高の結果を c^{*}，最悪の結果を c^{0} として $c^{0} \leq c^{1} \leq c^{2} \leq c^{*}$ となる c^{1}, c^{2} を考えます。また確率くじを $l=\left\{p,\ c^{1} ; (1-p),\ c^{2}\right\}$ とします。以下が成り立つとき，この選好はリスク回避的となります。

$$u\left(p \cdot c^{1}+(1-p) \cdot c^{2}\right) \geq p \cdot u\left(c^{1}\right)+(1-p) \cdot u\left(c^{2}\right) \tag{4.22}$$

なお「≥」ではなく「>」で表現されるとき**強意のリスク回避的**であると呼びます。

2.8.3 リスク回避的な選好と凹関数の関係

リスク回避的なリスク態度を別の側面から見直します。効用関数が**凹関数**

であることをリスク回避的と呼ぶことがあります。ちなみに，凹関数は下に凹の意味です。

凹関数の例を図示したものが図4.2.1です。図4.2.1のX軸は結果cであり，Y軸は効用です。赤い線は，「X軸がc^1でY軸が$u\left(c^1\right)$」の点と「X軸がc^2でY軸が$u\left(c^2\right)$」の点をつないだ直線です。青い線は効用$u\left(c\right)$の値です。青い星印のY座標が$u\left(p\cdot c^1+(1-p)\cdot c^2\right)$であり，赤い星印のY座標が$p\cdot u\left(c^1\right)+(1-p)\cdot u\left(c^2\right)$です。青い星印は赤い星印よりも上に位置します。

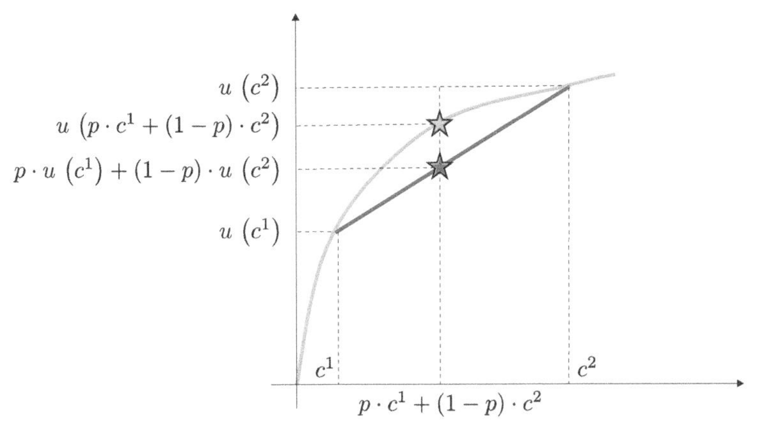

図4.2.1　凹関数とリスク回避的選好

2.8.4　期待金額と確実同値額の関係

期待金額と確実同値額の大小関係を確認します。くじlの期待金額を$EMV(l)=\sum_{i=1}^{o}p_i\cdot c_i$とします。くじ$l$の確実同値額を$CME\left(l\right)$とします。このとき，以下が成り立つならば，この選好はリスク回避的となります。

$$EMV\left(l\right)\geq CME\left(l\right) \tag{4.23}$$

すなわち「期待値として$EMV\left(l\right)$円もらえたとしても，リスクがあるのでうれしさは下がる。くじlのうれしさを金銭で表現した$CME\left(l\right)$はくじlの期待金額以下である」というわけです。

2.9 リスクプレミアム

以下で計算される値を**リスクプレミアム**と呼びます。

$$RP\left(l\right)=EMV\left(l\right)-CME\left(l\right) \tag{4.24}$$

リスク回避的な選好を持つならば，$RP\left(l\right)\geq 0$です。リスクプレミアムは，リスクを避けるのに支払える最大の金額のことです。言い換えると「期待金額が$EMV\left(l\right)$円であるくじlを引かされるのは，リスクがあるから嫌だ。確実に$EMV\left(l\right)$円ほしい。そのためには$RP\left(l\right)$円までなら追加で支払える」となります。

例えば2.7節において$c^{*}=100$万円，$c^{0}=0$円，確率くじ$l=\left\{0.5,\ c^{*};\ 0.5,\ c^{0}\right\}$としたとき$CME\left(l\right)=20$万円となりました。くじの期待金額$EMV\left(l\right)=50$万円です。リスクプレミアムは50万円－20万円=30万円と計算されます。これは「くじlをもらうことを，確実に50万円もらうことに変更してほしい。そのためには30万円までなら支払える」と解釈できます。同じくじが与えられたとき，意思決定者の考えるリスクプレミアムが大きいほど，その意思決定者はよりリスク回避的であると言えます。

2.10 リスク受容的

リスクを好むリスク態度を**リスク受容的**であると言います。**リスク愛好的**と呼ぶこともあります。宝くじを好んで購入する人はこのリスク態度を持っていると言えるでしょう。日本で宝くじを購入すると，期待金額が下がることはほぼ間違いありません。宝くじを購入する人を「非合理的」と呼びたくなるかもしれませんが，少なくともこの言葉の使い方は本書における「合理的」という言葉の使い方からは大きく離れます。宝くじを購入する人であっても，当人にとっては合理的であるかもしれません。

2.10.1 定義

リスク受容的な選好の一般的な定義を述べます。最高の結果をc^*，最悪の結果をc^0として$c^0 \leq c^1 \leq c^2 \leq c^*$となる$c^1, c^2$を考えます。また確率くじを$l = \left\{p,\ c^1; (1-p),\ c^2\right\}$とします。以下が成り立つとき，この選好はリスク受容的となります。

$$u\left(p \cdot c^1 + (1-p) \cdot c^2\right) \leq p \cdot u\left(c^1\right) + (1-p) \cdot u\left(c^2\right) \tag{4.25}$$

なお「≤」ではなく「<」で表現されるとき**強意のリスク受容的**であると言います。

2.10.2 リスク受容的な選好と凸関数の関係

効用関数が**凸関数**であるのをリスク受容的と呼ぶこともあります。凸関数の例を図示したものが図 4.2.2 です。軸ラベルなどは図 4.2.1 に準じます。青い星印は赤い星印よりも下に位置することに注意してください。

なお，リスク受容的な選好を持つ場合は，リスクプレミアムは 0 以下の値となります。

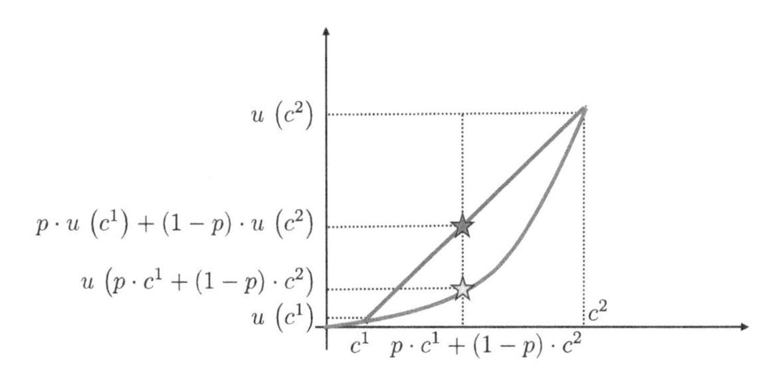

図 4.2.2　凸関数とリスク受容的選好

2.11 リスク中立的

金額の期待値の大小で，選好をそのまま表現できるリスク態度を**リスク中立的**であると言います。このとき $EMV\left(l\right)=CME\left(l\right)$ です。

第3部までは常にリスク中立的であることを想定していました。第5部でも，リスク中立的である選好を仮定して進めます。例えば，失敗したら会社が傾くほどの大きな金額における意思決定を想定しているならば，リスク回避的な選好を想定した方が現実に合う可能性が高いです。しかし，日々の在庫管理などにおいては，単なる期待金額の大小関係による選好の表現でも，問題になることは少ないと考えます。

とはいえ，リスク中立的なリスク態度を仮定するとしても，その仮定の意味については理解しておきましょう。仮定が大きくずれていた際に，修正できるからです。

2.12 効用関数の同定

効用関数は意思決定者によって異なります。そのため意思決定者にアンケートをとって効用関数を同定することになります。いくつか方法がありますが，本書では確実同値額を尋ねる方法を紹介します。

2.12.1 基本的な手順

最高の結果を c^*，最悪の結果を c^0 として $c^0 \le c^1 \le c^2 \le c^*$ とします。そして，確率くじを $l=\left\{p,\ c^1;\ \ (1-p),\ c^2\right\}$ として p や c^1, c^2 を変えたときの確実同値額 $CME\left(l\right)$ を記録します。その結果をもとに効用関数を同定します。

数値例として $c^*=100$ 万円，$c^0=0$ 円としたときの効用関数を同定します。ここで登場する確実同値額は著者の主観で決めたものです。読者の方は，自分で自分に確実同値額を尋ねるアンケートをとってみて，リスク態度について検討してみてください。

効用関数を同定する際，典型的には以下の3回の質問をします。

質問1
「50%の確率で何ももらえないが，50%の確率で100万円もらえるくじ」があります。それを購入するときに支払える最大の金額はいくらですか。
回答1
20万円です。
質問2
「50%の確率で何ももらえないが，50%の確率で20万円もらえるくじ」があります。それを購入するときに支払える最大の金額はいくらですか。
回答2
5万円です。
質問3
「50%の確率で20万円もらえて，50%の確率で100万円もらえるくじ」があります。それを購入するときに支払える最大の金額はいくらですか。
回答3
50万円です。

表4.2.1に，確率くじとCMEの一覧を記載しました。確率くじは，確率pとうれしくない結果c^1，うれしい結果c^2に分けています。CMEはくじの確実同値額です。$u(CME)$は確実同値額が確率1で得られるときの効用です。これは$p \cdot u\left(c^1\right) + (1-p) \cdot u\left(c^2\right)$で計算されます。なお，$u(c^*) = 1$で$u\left(c^0\right) = 0$であることを前提としています。

表4.2.1　確率くじとCMEの例

p	c^1	c^2	CME	$u(CME) = p \cdot u\left(c^1\right) + (1-p) \cdot u\left(c^2\right)$
0.5	0	100万	20万	$0.5 \cdot 0 + 0.5 \cdot 1 = 0.5$
0.5	0	20万	5万	$0.5 \cdot 0 + 0.5 \cdot 0.5 = 0.25$
0.5	20万	100万	50万	$0.5 \cdot 0.5 + 0.5 \cdot 1 = 0.75$

赤字で示したのが，最初の質問から得られた確実同値額です。この金額を2回目，3回目の質問で使うのがポイントです。そのため

2回目と3回目の質問の内容は，1回目の回答によって変化します。$u\left(0\text{円}\right)=0, u\left(100\text{万円}\right)=1$だと約束しているので，$u\left(20\text{万円}\right)=0.5$となります。この効用の推定値を使って他の効用を推定します。

「50％の確率で何ももらえないが，50％の確率で20万円もらえるくじ」は，効用0が50％，効用0.5が50％で得られるくじです。期待値をとってくじの効用は0.25となります。すなわち質問2の確実同値額は，効用が0.25になる金額だとみなせます。

同様に「50％の確率で20万円もらえて，50％の確率で100万円もらえるくじ」は，効用0.5が50％，効用1が50％の確率で得られるくじです。期待値をとってくじの効用は0.75となります。すなわち質問3の確実同値額は，効用が0.75になる金額だとみなせます。

なお，$u\left(0\text{円}\right)=0, u\left(100\text{万円}\right)=1$だと約束しているので，3回質問することで合計5点「金額と効用のペア」がわかることになります。残りは例えば線形補間などをして埋めていきます。このようにして推定された効用関数を使うことで，効用の大小関係で選好関係を表現できるようになるはずです。

2.12.2　Python実装

線形補間などの数値的な処理はPythonに任せると簡単です。以下では，表4.2.1のアンケート結果をもとにして，線形補間した結果をグラフで確認します。まずはライブラリの読み込みなどを行います。補間するためにscipyからinterpolateというモジュールを読み込みました。

```
# 数値計算に使うライブラリ
import numpy as np
import pandas as pd
# DataFrameの全角文字の出力をきれいにする
pd.set_option('display.unicode.east_asian_width', True)
# 本文の数値とあわせるために，小数点以下3桁で丸める
pd.set_option('display.precision', 3)
# 補間
from scipy import interpolate
# グラフ描画
import matplotlib.pyplot as plt
import seaborn as sns
```

```
sns.set()
# グラフの日本語表記
from matplotlib import rcParams
rcParams['font.family'] = 'sans-serif'
rcParams['font.sans-serif'] = 'Meiryo'
```

続いて，アンケートによって得られた確実同値額の結果を numpy の ndarray で用意します。

```
# 確実同値額と効用
cme =     np.array([0,    5,   20,    50, 100])
utility = np.array([0,  0.25,  0.5,  0.75,   1])
```

線形補間を行います。interpolate の interp1d 関数を使います。この関数の返り値は関数であることに注意してください。interp1d 関数を使うと「金額を入力すると，線形補間された効用が出力される関数」を作ることができます。この関数を u_func という名前にしました。そして u_func 関数を使って 0,1,2,...,99,100 まで 1 万円単位で変化させた金額 money から線形補間された効用 interpolated_utility を得ます。

```
# 金額を入力すると，線形補間された効用が出力される関数
u_func = interpolate.interp1d(cme, utility)
# 0 から 100 まで 1 区切りで効用を計算
money = np.arange(0, 101, 1)
interpolated_utility = u_func(money)
```

最後に，結果をグラフで確認します(図 4.2.3)。ax.plot で折れ線グラフを，ax.scatter で散布図を描くことに注意してください。

```
# 描画オブジェクトを生成
fig, ax = plt.subplots(figsize=(7, 4))
# グラフの描画
ax.plot(money, interpolated_utility, label='効用関数')
ax.scatter(cme, utility, label='アンケートで得られた確実同値額')
# グラフの装飾
ax.set_title('同定された効用関数', fontsize=15)
ax.set_xlabel('金額')
ax.set_ylabel('効用')
ax.legend(loc='upper left')
```

グラフを描くと，凹関数であり，リスク回避的な選好であるのが一目でわかります。

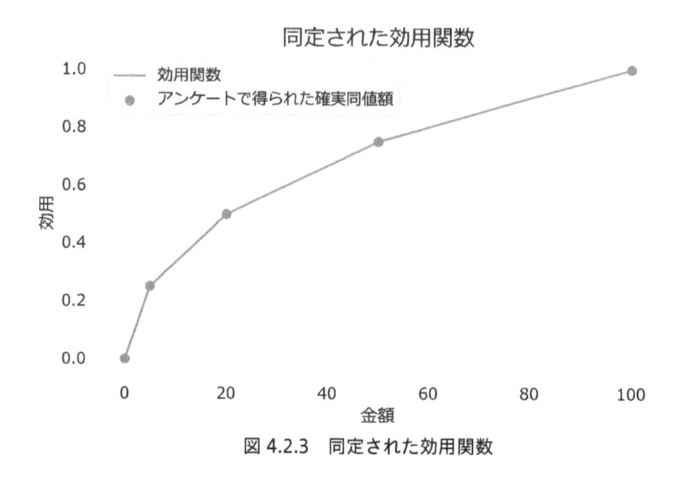

図 4.2.3　同定された効用関数

効用関数に，例えば対数関数など特定の関数を決め打ちする方法もあります。この方法だと，関数を数式で書きくだせるので，積分計算などが容易になるメリットがあります。

memo

今回は線形補間によって効用関数を同定しました。しかし，これは唯一の方法ではありません。補間の方法はスプライン補間など複数あります。詳細は SciPy のリファレンスなども参照してください。

[https://docs.scipy.org/doc/scipy/reference/tutorial/interpolate.html]

2.13　サンクトペテルブルクのパラドックスの解決

第 4 部第 1 章で登場した，サンクトペテルブルクのパラドックスを再考します。サンクトペテルブルクのパラドックスでは，以下の賭けを考えます。

- 表が出る確率が２分の１のコインを使う
- コインを複数回投げて，最初に表が出たのが何回目かを記録する。これを i とする
- 2^i の金額を受け取る

このような賭けに参加するのに，いくら支払うべきでしょうか。この賭けの期待金額が無限大になってしまうという課題がありました。しかし，例えばリスク回避的な効用関数として対数関数を指定すると，事情が大きく変わります。

$$
\begin{aligned}
\text{期待効用} &= \sum_{i=1}^{\infty} \left(\frac{1}{2}\right)^i \cdot \log 2^i \\
&= \frac{1}{2} \cdot \log 2 + \frac{1}{4} \cdot \log 4 + \ldots + \frac{1}{2^i} \cdot \log 2^i + \ldots \\
&= \log 4
\end{aligned}
\tag{4.26}
$$

期待効用が $\log 4$ ですので，この賭けは４円を確実にもらえるのと同等の好ましさしか持たないことになります。こちらの方が直観に合う結果かと思われます。なお，効用関数として対数関数を適用したのは便宜的なものです。対数関数では選好を表現できないこともあるでしょう。基本的には 2.12 節のようにアンケートをとって効用関数を同定する手順を踏みます。

2.14　期待効用最大化原理に基づく意思決定の手続き

最後に，期待金額ではなく期待効用の最大化に基づく意思決定の事例を紹介します。効用関数は図 4.2.3 と同じものを使うことにします。

2.14.1　Python 実装：関数の作成

まずは第２部第６章と同様に，期待値を最大にするための関数を用意します。

```
# 最大値をとるインデックスを取得する。最大値が複数ある場合はすべて出力する
def argmax_list(series):
    return(list(series[series == series.max()].index))


# 期待値最大化に基づく意思決定を行う関数
def max_emv(probs, payoff_table):
    emv = payoff_table.mul(probs, axis=0).sum()
    max_emv = emv.max()
    a_star = argmax_list(emv)
    return(pd.Series([a_star, max_emv], index=['選択肢', '期待値']))
```

2.14.2　Python 実装：利得行列と同時分布

金額で見積もられた利得行列は以下の通りとします。

```
payoff = pd.DataFrame({
    '対策なし': [100, 0],
    '対策あり': [50, 50]
})
payoff.index = ['問題なし', '問題あり']
print(payoff)
```

```
        対策なし  対策あり
問題なし     100      50
問題あり       0      50
```

何も問題が発生しなければ100万円の利益が得られます。しかし，問題が発生すると利益が0円になります。コストをかけて対策をとることで，損失をなくすことができます。対策コストには50万円かかると想定しています。

今回の利得行列はコスト / ロス比のシチュエーションとなっています。これはあくまでも説明の簡単のためです。コスト / ロス比のシチュエーションでなくても，分析の手続きは変わりません。

自然の状態と予測値の同時分布は以下の通りとします。

```
joint_forecast_state = pd.DataFrame({
    '予測-問題なし': [0.4, 0.1],
    '予測-問題あり': [0.05, 0.45]
})
joint_forecast_state.index = ['問題なし', '問題あり']
```

```
print(joint_forecast_state)
```

	予測 - 問題なし	予測 - 問題あり
問題なし	0.4	0.05
問題あり	0.1	0.45

2.14.3 Python 実装：周辺分布と条件付き分布

予測値の周辺分布$P(f)$を得ます。

```
marginal_forecast = joint_forecast_state.sum(axis=0)
marginal_forecast
```

```
予測 - 問題なし    0.5
予測 - 問題あり    0.5
dtype: float64
```

予測が得られたという条件付き分布$P(\theta|f)$を得ます。

```
conditional_forecast = joint_forecast_state.div(marginal_forecast, axis=1)
print(conditional_forecast)
```

	予測 - 問題なし	予測 - 問題あり
問題なし	0.8	0.1
問題あり	0.2	0.9

2.14.4 Python 実装：期待金額に基づく意思決定

期待効用を用いた意思決定と比較するために，第２部第６章と同様に，条件付き期待金額を最大にする行動を調べます。

```
info_decision = \
    conditional_forecast.apply(max_emv, axis=0, payoff_table=payoff)
print(info_decision)
```

	予測 - 問題なし	予測 - 問題あり
選択肢	[対策なし]	[対策あり]
期待値	80	50

予測の周辺分布で期待値をとると，予測を用いた場合の期待金額が得られます。

```
emv_forecast = info_decision.loc['期待値'].mul(marginal_forecast).sum()
print(f'情報を使ったときの期待金額：{emv_forecast:.3g} 万円')
```

```
情報を使ったときの期待金額： 65 万円
```

2.14.5 Python 実装：期待効用に基づく意思決定

続いて期待効用に基づく意思決定を行います。まずは利得行列の金額を効用に変換します。

```
payoff_u = payoff.apply(u_func)
print(payoff_u)
```

```
          対策なし   対策あり
問題なし      1.0      0.75
問題あり      0.0      0.75
```

変換後の利得行列 `payoff_u` を使って，期待効用を最大化する行動を調べます。

```
info_decision_u = \
    conditional_forecast.apply(max_emv, axis=0, payoff_table=payoff_u)
print(info_decision_u)
```

```
       予測 - 問題なし 予測 - 問題あり
選択肢    [対策なし]      [対策あり]
期待値           0.8          0.75
```

2.14.6 期待金額に基づく方法と期待効用に基づく方法の比較

利得行列を効用に変換するというひと手間はかかるものの，後の作業はまったく同じです。効用関数の同定ができれば，期待効用最大化に基づく意思決定原理を適用することは難しくありません。

なお，今回の結果では，期待金額を使った場合でも，期待効用を使った場合でも，予測値が得られた後の行動に変化はありませんでした。すなわち，「予測 - 問題なし」ならば「対策なし」を選び,「予測 - 問題あり」ならば「対策あり」を選ぶことには変わりありません。もちろん状況にもよりますが，期待金額に基づく意思決定は，しばしば期待効用に基づく意思決定の近似的な結果を返してくれます。

ここで，条件付き期待効用に対して，予測の周辺分布で期待値をとると，予測を用いた場合の期待効用が得られます。

```
u_forecast = info_decision_u.loc['期待値'].mul(marginal_forecast).sum()
print(f'情報を使ったときの期待効用：{u_forecast:.3g}')
```

```
情報を使ったときの期待効用：0.775
```

CME が 55 万円であるときに効用 0.775 が得られるので，予測を使うことを前提とした場合の金銭換算された利益は 55 万円と見積もられます。これは期待金額を用いたときの結果（65 万円）よりも少ないです。期待金額を使う場合と，期待効用を使う場合で，ある程度結果が変わるという点には，留意してください。

2.15 記号の整理

第 4 部で登場した記号の一覧です。

名称	表記	補足・計算式
任意の集合とその要素	$x, y \in X$	
以上に好ましい	$\succsim$	$x \succsim y$ は，x は y 以上に好ましいの意味
より好ましい	$\succ$	$x \succ y$ は，x は y よりも好ましいの意味
同等に好ましい	$\sim$	$x \sim y$ は，x は y と同等に好ましいの意味
集合 X の選好構造	$(X, \succsim)$	
すべての実数の集合	$\mathbb{R}$	
集合 X 上の選好の効用関数表現	$u : X \to \mathbb{R}$	単に効用関数とも呼ぶ 以下が成り立つ $x \succsim y \Leftrightarrow u(x) \geq u(y)$ $x \succ y \Leftrightarrow u(x) > u(y)$ $x \sim y \Leftrightarrow u(x) = u(y)$
選択肢 j を選んだとき，i 番目の結果が得られる確率	p_i^j	

名称	表記	補足・計算式
選択肢jを選んだときのi番目の結果	c_i^j	第2章では金額を想定している
確率くじ（結果と確率が与えられたくじ）	l^j	$=\left\{p_1^j, c_1^j;\ \ p_2^j, c_2^j;\ \ \ldots;\ \ p_o^j, c_o^j\right\}$ 添え字jは省略することも多い（特に2.7節以降）
確率くじの集合	L	$l^j \in L$
くじlの確実同値額	$CME\,(l)$	以下が成り立つ（vNMの定理の4つの公理を満たすと仮定） $CME\,(l) \sim l$ $u\,(CME\,(l)) = \sum_{i=1}^{o} p_i \cdot u\,(c_i)$
くじlの期待金額	$EMV\,(l)$	$= \sum_{i=1}^{o} p_i \cdot c_i$
くじlの期待効用	$U\,(l)$	$= \sum_{i=1}^{o} p_i \cdot u\,(c_i)$
くじlのリスクプレミアム	$RP\,(l)$	$= EMV\,(l) - CME\,(l)$

完備性

すべての$x, y \in X$について，$x \succsim y$または$y \succsim x$が成り立つ

推移性

すべての$x, y, z \in X$について，$x \succsim y$，かつ，$y \succsim z$，ならば，必ず$x \succsim z$が成り立つ

連続性

すべての$l^1, l^2, l^3 \in L$について，$l^1 \succ l^2 \succ l^3$，ならば，

$$\alpha l^1 + (1-\alpha)\,l^3 \succ l^2 \succ \beta l^1 + (1-\beta)\,l^3$$

が成立する$\alpha, \beta \in (0,1)$が存在する

独立性

すべての$l^1, l^2, l^3 \in L$と$\alpha \in (0,1)$について,

$$l^1 \succsim l^2 \Leftrightarrow \alpha l^1 + (1-\alpha)\, l^3 \succsim \alpha l^2 + (1-\alpha)\, l^3$$

が成り立つ

vNMの定理

選好構造$(L, \succsim)$が完備性・推移性・連続性・独立性の公理を満たすならば, すべてのくじ$l^1, l^2 \in L$において

$$l^1 \succsim l^2 \Leftrightarrow \sum_{i=1}^{o^1} p_i^1 \cdot u\left(c_i^1\right) \geq \sum_{i=1}^{o^2} p_i^2 \cdot u\left(c_i^2\right)$$

を満たす効用関数uが存在し，その逆も成立する。

なお効用関数uは正の線形変換まで一意である。

第5部

確率予測とその活用

第1章 確率予測の基礎

テーマ

本章では，確率予測の基本的な事項を解説します。まずは確率予測の記号を使った表記を紹介し，次に確率予測を評価する方法を解説します。最後に，第3部第2章で紹介したコスト/ロスモデルを援用して，確率予測を用いた最適な決定方式について検討します。

概要

● **確率予測の基礎**

カテゴリー予測から確率予測へ → 確率予測の表記

● **確率予測の評価と活用**

確率予測の一貫性 → 確率予測の品質 → 確率予測の価値

→ コスト/ロス比のシチュエーションにおける最適な決定方式

→ 数量予測における確率予測

1.1　カテゴリー予測から確率予測へ

第5部では,「意思決定がしやすくなる予測」として**確率予測**を導入します。本章では，主にカテゴリー予測を確率表現にしたものを対象とします。もちろん，数量予測において確率的な予測を作成することもできます。本章の最後で補足します。

単純なカテゴリー予測は「晴れになるでしょう」や「問題が発生するでしょう」といったように，該当するカテゴリーをそのまま提示します。一方で確率予測は「晴れになる確率は70%です」や「問題が発生する確率は60%です」のように，該当するカテゴリーが発生する確率を提示します。

1.2　確率予測の表記

確率予測の表記を整理します。

1.2.1　基本的な表記

本章では「問題なし」か「問題あり」かを予測する 2 カテゴリー予測を対象とします。予測の対象となる自然の状態は，θ_1が「問題なし」でθ_2が「問題あり」です。「問題あり」の実際の発生確率は$P(\theta_2)$です。

確率予測は，自然の状態が「問題あり」となる確率を出力するものと想定します。$\widehat{p}$が「予測された問題あり発生確率」とします。例えば$\widehat{p}=0$は「問題ありになる確率が 0 である」という予測であり，$\widehat{p}=0.3$は「問題ありになる確率が 0.3 である」という予測です。本章ではカテゴリー予測を対象とした確率予測を中心に扱いますが，この予測値は「0 以上 1 以下の結果しか出力されない数量予測」だと考えると，取り扱いのイメージがつきやすいのではないかと思います。

確率は 0 以上 1 以下の任意の値をとることができますが，便宜的に有限個に区分することがしばしばあります。各々の区分をkとします。区分の数をKとします。$k=1,2,\ldots,K$です。区分kのときの確率予測を$\widehat{p}_k$とします。

例えば，天気予報で目にする降水確率予測は 10% 刻みであるため，0, 0.1, 0.2, ..., 1 の 11 タイプの確率予測しか出力されません。この場合$\widehat{p}_1=0$, $\widehat{p}_2=0.1,\ldots,\widehat{p}_{11}=1$となります。すなわち$k=1,2,\ldots,11$です。

このように区分で分ける場合は，2 カテゴリー予測であっても「Kカテゴリー予測」だと考えると，取り扱いのイメージがつきやすいのではないかと思います。

1.2.2　評価にかかわる表記

過去に提出された確率予測の評価にかかわる記号を導入します。サンプルサイズをNとします。そのうち区分kの予測値$\widehat{p}_k$が出された回数をN_kとします。$\sum_{k=1}^{K} N_k = N$です。

全サンプルの中で「問題あり」となった回数をMとします。区分kの予測値が出された中で「問題あり」となった回数をM_kとします。$\sum_{k=1}^{K} M_k = M$です。

個別のサンプルのインデックスを$i = 1, 2, \ldots, N$とするとき，その実測値を$y^{(i)}$と，予測値を$\widehat{p}^{(i)}$とします。ただし$y^{(i)}$は「問題なし」ならば0を，「問題あり」ならば1をとります。$\sum_{i=1}^{N} y^{(i)} = M$です。

区分kの予測値が出されたという条件における実測値を$y_k^{(i)}$とします。ただし$i = 1, 2, \ldots, N_k$です。$\sum_{i=1}^{N_k} y_k^{(i)} = M_k$です。

表 5.1.1　K区分確率予測の度数分布の表

		予測値				
		$\widehat{p}_1$	$\widehat{p}_2$	$\ldots$	$\widehat{p}_K$	合計
実測値	θ_1	$N_1 - M_1$	$N_2 - M_2$	$\ldots$	$N_K - M_K$	$N - M$
	θ_2	M_1	M_2	$\ldots$	M_K	M
	合計	N_1	N_2	$\ldots$	N_K	N

1.2.3　確率の推定値

今までは過去の予測結果の集計値（度数）として予測結果を取り扱っていました。ここでは，過去の集計値を確率（割合）の形に変形します。この方が，予測の評価指標の意味合いがつかみやすいと思うからです。ただし，これらの確率はあくまでも推定値であることに注意してください。

「問題あり」発生確率$P(\theta_2)$の推定値は以下のように計算できます。

$$P(\theta_2) = \frac{M}{N} = \frac{1}{N} \sum_{k=1}^{K} M_k = \frac{1}{N} \sum_{i=1}^{N} y^{(i)} \tag{5.1}$$

区分kの予測値$\widehat{p}_k$が出される確率$P(\widehat{p}_k)$は以下のように推定されます。

$$P(\widehat{p}_k) = \frac{N_k}{N} \tag{5.2}$$

区分kの予測値$\widehat{p}_k$が出されており，かつ，実測値が「問題あり」である同時確率$P(\theta_2,\ \widehat{p}_k)$は以下のように推定されます。

$$P(\theta_2,\ \widehat{p}_k) = \frac{M_k}{N} \tag{5.3}$$

区分kの予測値$\widehat{p}_k$が出されたという条件での「問題あり」発生確率$P(\theta_2|\widehat{p}_k)$は以下のように推定されます。

$$P(\theta_2|\widehat{p}_k) = \frac{P(\theta_2,\ \widehat{p}_k)}{P(\widehat{p}_k)} = \frac{M_k}{N_k} \tag{5.4}$$

1.3　確率予測の一貫性

続いて，Murphy(1993)を参考にして，第3部第1章で紹介した一貫性・品質・価値の3つの側面から確率予測について解説します。

復習になりますが，予測の一貫性という観点は，予測を出す際に用いられたさまざまな知識と，実際の予測結果との間の一貫性を指します。予測を(勘ではなく)数値的に計算で得る場合は，ある程度の一貫性は満たされていると考えられます。とはいえ，単純なカテゴリー予測の場合，以下のシチュエーションではどちらもまったく同じ「雨予報」となるのが不満でした。

今の大気の状態を見ると，明日はおそらく雨が降るかな？

ありとあらゆる指標がすべて明日の天気が雨だと示している

予測を提出する際の前提となった知識には開きがあります。それにもかかわらず，まったく同じ「明日は雨」という予測の結果が出力されています。

この問題は，確率予測を使うことで解消できます。例えば「今の大気の状態を見ると，明日はおそらく雨が降るかな？」という程度ならば$\widehat{p}=0.6$と予測します。また「ありとあらゆる指標がすべて明日の天気が雨だと示している」ならば$\widehat{p}=1$と予測します。こうすることで，知識の量の多少がもたらす影響を，予測結果として提示できます。

1.4　確率予測の品質

予測の品質は，予測とそれに対応する観測値との関連性から評価されます。本章では主に大脇 (2019) と立平 (1999)，Katz and Murphy(1997) を参考にして，尺度指向アプローチに従って，確率予測を評価する指標をいくつか導入します。ROC 曲線や信頼度曲線など，グラフを用いた評価は次章で解説します。

1.4.1　信頼度エラー

信頼度（Reliability）は，区分kの予測値$\widehat{p}_k$が出されたときの「問題あり」発生確率$P\left(\theta_2|\widehat{p}_k\right)$に着目し，$\widehat{p}_k$と$P\left(\theta_2|\widehat{p}_k\right)$の差異を見積もる指標です。Calibration と呼ぶこともあります。なお，信頼度は一種の誤差の大きさと言えます。信頼度が小さいほど，誤差が小さくて好ましいです。紛らわしいので，本書では**信頼度エラー**と呼ぶことにします。

$$\begin{aligned}\text{Reliability} &= \sum_{k=1}^{K} \frac{N_k}{N}\left(\widehat{p}_k - \frac{M_k}{N_k}\right)^2 \\ &= \sum_{k=1}^{K} P\left(\widehat{p}_k\right)\left(\widehat{p}_k - P\left(\theta_2|\widehat{p}_k\right)\right)^2\end{aligned} \tag{5.5}$$

$\left(\widehat{p}_k - P\left(\theta_2|\widehat{p}_k\right)\right)^2$に着目します。例えば「40% の確率で問題ありになる」と 100 回予測された場合，実際にそのうちの 40 回が「問題あり」ならば，$\widehat{p}_k = P\left(\theta_2|\widehat{p}_k\right)$であるため，$\left(\widehat{p}_k - P\left(\theta_2|\widehat{p}_k\right)\right)^2 = 0$となります。すべての区分$k$において$\widehat{p}_k = P\left(\theta_2|\widehat{p}_k\right)$となれば，信頼度エラーが 0 となります。予測された確率$\widehat{p}_k$と実際に観測された割合$P\left(\theta_2|\widehat{p}_k\right)$が離れるほど，信頼度エラーは大きくなります。

信頼度エラーは，確率予測を評価する際に，とても直観的に導出できる指標です。しかし，信頼度エラーには大きな問題があります。

例えば，日本の場合，年間でおよそ 30% が雨になるようです。この場合，一切何の工夫もせずに，常に「降水確率は 30% になるでしょう」と主張し続けると，信頼度エラーの年間平均はとても小さな値になります。本来は，台風が来ていたら降水確率が増加し，真夏の炎天下の中ならば降水確率が減少するような予測が望ましいはずです。しかし，信頼度エラーは，過去の相対度数と同じ確率予測をずっと出し続けることで，簡単に指標を改善できてしまいます。

1.4.2 Sharpness

信頼度エラーの課題を乗り越えるために，Sharpness と Refinement という他の観点も導入します。このあたりの用語は，文献によって若干の違いが見られます。本書では Sharpness の定義は Katz and Murphy(1997) に従い，Refinement の定義は Blattenberger and Lad(1985) に従うものとします。

まずは Sharpness を紹介します。直訳すると「鮮明さ」などとなりますが，意味がとらえにくいので本書では単に Sharpness と表記します。Sharpness は区分 k の予測値 $\widehat{p}_k$ が出される確率 $P(\widehat{p}_k)$ に着目した評価の考え方です。このとき $\widehat{p}_k$ が鮮明に「0，または，1」に分離できているならば，優れた予測だとみなします。すなわち $P(\widehat{p}_k = 0)$ や $P(\widehat{p}_k = 1)$ が大きい（確率 0 や，確率 1 という予測が多く出る）予測が好ましいと評価します。予測値 $\widehat{p}_k$ の分散の大きさや，第 5 部第 2 章で紹介するように $\widehat{p}_k$ のヒストグラムを用いて評価します。

仮に予測値 $\widehat{p}_k$ がすべて「過去の相対度数と同じ値」である，すなわち「常に $\widehat{p} = M/N = P(\theta_2)$」と予測しているならば，鮮明な分離ができていないことになり，Sharpness の観点からは問題のある予測とみなされます。

1.4.3 Refinement

Refinement は直訳すると「改善」などとなりますが，意味がとらえにくいので本書では単に Refinement と表記します。Sharpness とよく似ていますが，$P(\widehat{p}_k)$ ではなく $P(\theta_2|\widehat{p}_k)$ が鮮明に分離できているかどうかを評価したものとなります。以下のように計算されます。

$$
\begin{aligned}
\text{Refinement} &= \sum_{k=1}^{K} \frac{N_k}{N} \cdot \left[\frac{M_k}{N_k} \left(1 - \frac{M_k}{N_k} \right) \right] \\
&= \sum_{k=1}^{K} P\left(\widehat{p}_k\right) \cdot \left[P\left(\theta_2 | \widehat{p}_k\right) \cdot \left(1 - P\left(\theta_2 | \widehat{p}_k\right)\right) \right]
\end{aligned} \tag{5.6}
$$

Refinement も 0 に近い方が好ましいです。$P\left(\theta_2|\widehat{p}_k\right) \cdot \left(1 - P\left(\theta_2|\widehat{p}_k\right)\right)$に着目すると，$P\left(\theta_2|\widehat{p}_k\right) = 0.5$のときに最大値をとることがわかります。逆に$P\left(\theta_2|\widehat{p}_k\right)$が 0 または 1 に近い値をとるとき，Refinement は小さな値をとります。絶対に起こらない（確率 0），あるいは絶対に起こる（確率 1），と鮮明に分離できることが好ましいと考えて評価しているのがわかります。

1.4.4 ブライアスコア

ブライアスコア（Brier Score: BS）は，確率予測におけるMSEとも言える指標です。以下のように計算されます。

$$
\text{BS} = \frac{1}{N} \sum_{i=1}^{N} \left(\widehat{p}^{(i)} - y^{(i)} \right)^2 \tag{5.7}
$$

ブライアスコアは小さい方が好ましいです。素朴な計算式ではありますが，信頼度エラーが持つ課題を改善できている優れた指標です。

1.4.5 ブライアスコアと信頼度エラー・Refinementの関係

ブライアスコアは，信頼度エラーと Refinement の和とみなすことができます。Sanders(1967) と Blattenberger and Lad(1985) を参考にして紹介します。まず，区分kにおけるブライアスコアBS_kを考えます。BS_kは以下のように計算されます。

$$
\text{BS}_k = \frac{1}{N_k} \sum_{i=1}^{N_k} \left(\widehat{p}_k - y_k^{(i)} \right)^2 \tag{5.8}
$$

ここで$\widehat{p}_k$が固定値であることに注意してください。BS_kは例えば「降水確率が 20% だ，と予測された結果のみを対象として計算されたブライアスコア」となります。この場合は $\widehat{p}_k = 0.2$ ですね。

BS_k に対して $P\left(\widehat{p}_k\right)$ で期待値をとると BS となります。

$$
\begin{aligned}
\mathrm{BS} &= \sum_{k=1}^{K} \frac{N_k}{N} \cdot \mathrm{BS}_k \\
&= \sum_{k=1}^{K} P\left(\widehat{p}_k\right) \cdot \mathrm{BS}_k
\end{aligned}
\tag{5.9}
$$

BS_k を以下のように変形します。

$$
\begin{aligned}
\mathrm{BS}_k &= \frac{1}{N_k} \sum_{i=1}^{N_k} \left(\widehat{p}_k - y_k^{(i)}\right)^2 \\
&= \frac{1}{N_k} \sum_{i=1}^{N_k} \left(\left(\widehat{p}_k\right)^2 + \left(y_k^{(i)}\right)^2 - 2\widehat{p}_k \cdot y_k^{(i)}\right) \\
&= \frac{1}{N_k} \sum_{i=1}^{N_k} \left(\left(\widehat{p}_k\right)^2 + y_k^{(i)} - 2\widehat{p}_k \cdot y_k^{(i)}\right) \\
&= \frac{1}{N_k} \left[\sum_{i=1}^{N_k} \cdot \left(\widehat{p}_k\right)^2 + \sum_{i=1}^{N_k} \left(y_k^{(i)}\right) - 2\widehat{p}_k \sum_{i=1}^{N_k} \left(y_k^{(i)}\right)\right] \\
&= \frac{1}{N_k} \left[N_k \cdot \left(\widehat{p}_k\right)^2 + M_k - 2\widehat{p}_k \cdot M_k\right] \\
&= \left(\widehat{p}_k\right)^2 - 2\widehat{p}_k \cdot \frac{M_k}{N_k} + \frac{M_k}{N_k} \\
&= \left(\widehat{p}_k\right)^2 - 2\widehat{p}_k \cdot \frac{M_k}{N_k} + \left[\left(\frac{M_k}{N_k}\right)^2 - \left(\frac{M_k}{N_k}\right)^2\right] + \frac{M_k}{N_k} \\
&= \left(\widehat{p}_k - \frac{M_k}{N_k}\right)^2 + \frac{M_k}{N_k}\left(1 - \frac{M_k}{N_k}\right)
\end{aligned}
\tag{5.10}
$$

3 行目：$y_k^{(i)}$ は 0 または 1 しかとらないので，2 乗しても結果は変わらない
5 行目：$\sum_{i=1}^{N_k} y_k^{(i)} = M_k$ を利用
7 行目：やや技巧的だが $(M_k/N_k)^2 - (M_k/N_k)^2 = 0$ を加える

ブライアスコアが信頼度エラーと Refinement の和になっていることがわかります。

memo

Murphy(1973) や大脇 (2019) では，異なる形式でのブライアスコアの分解について議論されています。ここで簡単に補足します。

以下で計算される結果を不確実性 (Uncertainty) と呼ぶことにします。Uncertainty は $P(\theta_2) = 0.5$ のときに最大となり，$P(\theta_2)$ が 0 または 1 のときに最小となります。この性質は情報エントロピーとよく似ています。

$$\text{Uncertainty} = \frac{M}{N}\left(1 - \frac{M}{N}\right) = P(\theta_2)(1 - P(\theta_2)) \tag{5.11}$$

Sharpness や Refinement とよく似た指標として分離度 (Resolution) が提案されています。Resolution は「標本全体の出現率 $P(\theta_2)$」と，「区分 k の予測値 $\widehat{p}_k$ が出されたときの出現率 $P(\theta_2|\widehat{p}_k)$」に着目します。両者が鮮明に分離できているならば，優れた予測だとみなします。「予測がない状況 $P(\theta_2)$」と「予測がある状況 $P(\theta_2|\widehat{p}_k)$」の差異の大きさを見た指標が Resolution だと言えます。Resolution は大きい方が好ましいです。

$$\begin{aligned}\text{Resolution} &= \sum_{k=1}^{K}\frac{N_k}{N}\cdot\left(\frac{M}{N} - \frac{M_k}{N_k}\right)^2 \\ &= \sum_{k=1}^{K}P(\widehat{p}_k)\cdot(P(\theta_2) - P(\theta_2|\widehat{p}_k))^2\end{aligned} \tag{5.12}$$

ここで，Refinemt = Uncertainty − Resolution と計算できます。そのため

$$\text{ブライアスコア} = \text{信頼度エラー} + \text{Uncertainty} - \text{Resolution}$$

と分解できます。

1.4.6 ブライアスキルスコア

ブライアスコアは，自然の状態の持つ，もとの不確実性の大きさの影響を受けます。すなわち，$P(\theta_2)$によってブライアスコアが変動するため，$P(\theta_2)$が異なる現象間において，ブライアスコアは比較できません。そこで，$P(\theta_2)$の影響を緩和するために**ブライアスキルスコア（BSS）**が提案されています。

ブライアスキルスコアを導入する前に，「常に$\widehat{p} = M/N = P(\theta_2)$」と予測したときのブライアスコアを導入します。これを便宜的に$\mathrm{BS}_{\mathrm{naive}}$と呼ぶことにします。

ブライアスキルスコアは以下のように計算されます。

$$\mathrm{BSS} = \frac{\mathrm{BS}_{\mathrm{naive}} - \mathrm{BS}}{\mathrm{BS}_{\mathrm{naive}}} \tag{5.13}$$

BSSは$\mathrm{BS}_{\mathrm{naive}}$と比べた予測の改善度合いだと解釈できます。BSSが大きいほど好ましいことに注意してください。完全的中予測の場合は1をとり，予測が$\mathrm{BS}_{\mathrm{naive}}$よりも劣っているならばマイナスのスコアとなります。

1.5 確率予測の価値

単純なカテゴリー予測であっても，確率予測であっても，予測の価値評価の枠組みは変わりません。予測を使ったときと使わなかったときで期待金額を比較します。予測を使うことで増加した期待金額が予測の価値です。もちろん，期待金額ではなく期待効用で評価することもできます。

単純なカテゴリー予測は，例えば「$\widehat{p}$が0.5以上ならば『問題あり』と出力する」といったルールにより，確率予測で代用できます。特定の閾値を指定して，$\widehat{p}$がそれ以上か否かで，出力されるカテゴリーが変わるという単純なルールです。

一方の確率予測は$\widehat{p}$をそのまま出力します。そのため，予測のユーザーが閾値を自分で定めたうえで，行動を決めることができます。例えばあるユーザーは$\widehat{p}$が0.8以上か否かで行動を変え，別のユーザーは$\widehat{p}$が0.2以上か否かで行動を変えるといった具合です。これは単純なカテゴリー予測ではできなかったことです。意思決定を柔軟に行えるのが確率予測の優れた点です。

1.6　コスト / ロス比のシチュエーションにおける最適な決定方式

第3部第2章で紹介したコスト / ロス比のシチュエーションを想定して，確率予測が与えられた際の，意思決定者（予測ユーザー）の最適な決定方式を検討します。

復習になりますが，自然の状態の発生確率 $P(\theta_2)$ とコスト / ロス比 C/L を比較して $C/L > P(\theta_2)$ ならば対策をとらず，$C/L < P(\theta_2)$ ならば損失を軽減するための対策をとるべき，というのがコスト / ロスモデルの結論でした。この結果を使うと，対策をとるか否かの閾値を，$\widehat{p} = C/L$ とすることで，期待金額を最大にできます。例えば $C/L = 0.8$ の意思決定者ならば，$\widehat{p}$ が 0.8 以上のときに対策をとります。

ただし，実際のところ，これがうまくいくとは限りません。というのも確率予測の信頼度エラーが 0 でない限り，$\widehat{p}$ は実際の問題発生確率とは異なるからです。信頼度エラーが 0 でないときにどのような決定方式を採用するかという問題は，次章で解説します。

1.7　数量予測における確率予測

最後に数量予測における確率予測の話題を取り上げます。立平 (1999) に従い，確率指定型と範囲指定型の 2 つを紹介します。最後に本書の造語となりますが，分布予測型を紹介します。

1.7.1　確率指定型

確率指定型は，例えば 95% 予測区間などの形式で出力されるので，目にする機会が多いかと思います。95% 予測区間の場合は，95% という確率を指定したうえで「95% の確率で，予測対象となる数値は○〜×の範囲に入るだろう」と予測します。

確率指定型というよりかは，許容リスク指定型と呼んだ方が自然かもしれません。例えば小売店の在庫管理において「商品が売り切れるリスク」が重要な指標となることがあります。このリスクを 2.5% まで許容できるという場合は，需要量の 95% 予測区間が，商品の入庫量などを決める重要な情報となるはずです。

1.7.2　範囲指定型

範囲指定型は，範囲を指定したうえで，その範囲に結果が収まる確率を出力します。例えば第3部第3章においては，温度を高くする選択肢をとるか否かを判断するために「–2度」という閾値が重要な役割を果たしました。気温が–2度を下回るならば対策をとり，上回るならば対策をとらないという選択が最適でしたね。この場合は「気温が–2度を下回る」という範囲を指定したうえで，この範囲に気温が入る確率を提供します。

意思決定者の利得行列があらかじめわかっている場合には，意思決定においてクリティカルとなる自然の状態の範囲がわかることがあります。この場合は範囲指定型の確率予測を提供して，意思決定を支援します。

範囲指定型の場合は，当該範囲をカテゴリーだと考えると，カテゴリー予測を確率予測にしたものとよく似た取り扱いになります。

1.7.3　分布予測型

分布予測型のアイデアはGranger and Machina(2006)やGranger(2009)などで見られます。分布予測型は文字通り，確率分布そのものを予測値として提示します。気温の予測であれば，気温が–50度である確率，気温が–49度である確率……気温が50度になる確率など，あり得るすべての気温が発生する確率を提示することになります。予測対象に離散型の確率分布を想定するならば確率の合計値が，連続型の確率分布を想定するならば$-\infty$から∞までの確率の積分値が1となります。

利得行列が明らかである場合，分布予測型は予測が得られると即座に期待利得が計算できます。もちろん別途，予測の品質を評価する必要はありますが，期待利得を最大にする行動がとりやすいのが大きなメリットです。また，分布予測を提供できれば，そこから確率指定型や，範囲指定型の予測に変換することもできます。

第2章

確率予測の活用

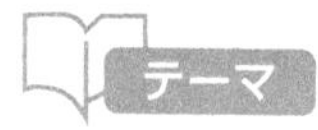

テーマ

本書最後のテーマとなります。ここでは「確率予測の作成→確率予測の品質の評価→確率予測を活用した意思決定→確率予測の価値評価」という一連の流れを通して解説します。理論だけでなく，`sklearn` という便利なライブラリを使った実装方法も紹介します。

概要

- **予測値の作成**

  Python による分析の準備 → 予測値の作成

- **予測の品質の評価**

  カテゴリー予測の評価 → ブライアスコアによる確率予測の評価
  → 信頼度曲線による確率予測の評価
  → Sharpness による確率予測の評価
  → 確率予測をカテゴリー予測に変換する
  → ROC 曲線と AUC による確率予測の評価

- **確率予測を用いた意思決定**

  意思決定にかかわる要素の整理 → 予測を使わないときの期待金額
  → カテゴリー予測を使うときの期待金額
  → 確率予測を使うときの期待金額
  → 確率予測における決定方式のチューニング

- **まとめ**

  記号の整理

2.1 Python による分析の準備

まずはライブラリの読み込みなどを行います。sklearn というライブラリを追加で読み込みます。これを使って確率予測の作成・評価をします。

```
# 数値計算に使うライブラリ
import numpy as np
import pandas as pd
# DataFrame の全角文字の出力をきれいにする
pd.set_option('display.unicode.east_asian_width', True)
# 本文の数値とあわせるために，小数点以下 3 桁で丸める
pd.set_option('display.precision', 3)
%precision 3
# グラフ描画
import matplotlib.pyplot as plt
import seaborn as sns
sns.set()
# グラフの日本語表記
from matplotlib import rcParams
rcParams['font.family'] = 'sans-serif'
rcParams['font.sans-serif'] = 'Meiryo'
# sklearn 関連
from sklearn.model_selection import train_test_split
from sklearn.linear_model import LogisticRegression
from sklearn.metrics import (accuracy_score, precision_score, recall_score,
    f1_score, confusion_matrix, brier_score_loss, roc_curve,
    plot_roc_curve, auc)
from sklearn.calibration import calibration_curve
```

第5部

2.2　予測値の作成

本章では予測値を実際に計算してから，それを評価し，活用します。まずは予測値を作成します。

2.2.1　データの読み込み

予測の対象となるデータを読み込みます。

```
data = pd.read_csv('5-2-sample-data.csv', index_col=0)
print(data.head(3))
```

```
     y    X_1    X_2    X_3    X_4
0  1.0  2.952  1.057  0.622  2.558
1  0.0 -0.953 -2.613  0.083 -0.826
2  1.0 -0.680  0.513 -0.450 -0.590
```

予測される対象は列yです。これは0または1をとります。1が「問題あり」の状態です。説明変数 X_1, X_2, X_3, X_4 を使って y を予測します。

応答変数と説明変数を分けておきます。なお iloc[行 , 列] とすることで任意のデータを抽出できます。コロン（:）は「対象すべて」くらいのイメージです。2行目の data.iloc[:, 1:] は「行に関しては対象すべて，列に関してはインデックス1以降すべて」という意味です。インデックスは0スタートであることに注意してください。これでyには1列目のデータすべて，X には2列目以降のデータすべてが格納されます。

```
y = data.iloc[:, 0]  # 応答変数
X = data.iloc[:, 1:] # 説明変数
```

2.2.2　訓練データとテストデータへの分割

予測の評価をする際は，モデルを推定するための訓練データと，予測能力を評価するためのテストデータに分けるのが鉄則です。さまざまな分け方がありますが，今回は最もシンプルに2つのデータセットに分ける方式を採用

します。分割には sklearn から train_test_split 関数を使います。test_size はテストデータが全体に占める比率です。また，ランダムに2分割されるので，再現性を確保するために random_state を設定しています。

```
# 訓練データとテストデータに分割
X_train, X_test, y_train, y_test = train_test_split(X, y, test_size=0.4,
                                                    random_state=1)
```

説明変数の行数と列数を確認します。

```
print('訓練データ　', X_train.shape)
print('テストデータ', X_test.shape)
```

```
訓練データ　 (6000, 4)
テストデータ (4000, 4)
```

2.2.3 ロジスティック回帰モデルによる予測

ロジスティック回帰モデルを用いて予測をします。まずは訓練データを使って，モデルを推定します。sklearn を使うことで，1行で終わります。なお，正則化などの工夫は一切せず，シンプルにモデルを組んでいます。

```
mod_logistic = LogisticRegression().fit(X_train, y_train)
```

推定されたモデル mod_logistic を使ってカテゴリー予測を作成します。predict 関数を使います。説明変数にはテストデータを入れることに注意してください。出力は0または1となります。

```
category_pred = mod_logistic.predict(X_test)
category_pred
```

```
array([0., 1., 1., ..., 0., 1., 1.])
```

続いて確率予測を作成します。predict_proba 関数を使います。出力は確率値となります。

```
prob_pred = mod_logistic.predict_proba(X_test)[:, 1]
```

```
prob_pred
```

```
array([0.183, 1.  , 0.837, ..., 0.02 , 0.752, 0.92 ])
```

2.3 カテゴリー予測の評価

まずはカテゴリー予測 category_pred を評価します。

2.3.1 指標を使った評価

第3部第1章で紹介したさまざまな指標を計算します。sklearn を使うことでどれも簡単に計算できます。

```
print(f'的中率：{accuracy_score(y_test, category_pred):.3g}')
print(f'適合率：{precision_score(y_test, category_pred):.3g}')
print(f'再現率：{recall_score(y_test, category_pred):.3g}')
print(f'F値   ：{f1_score(y_test, category_pred):.3g}')
```

```
的中率：0.876
適合率：0.879
再現率：0.868
F値   ：0.874
```

2.3.2 度数の分割表

個別の指標のみを使って予測を評価するのはお勧めできません。続いて分割表を作成します。これも sklearn を使います。confusion_matrix 関数を下記のように実行すると，度数の形式の分割表が得られます。数値は表 5.2.1 に対応します。

```
confusion_matrix(y_test, category_pred)
```

```
array([[1800,  235],
       [ 259, 1706]], dtype=int64)
```

表5.2.1　confusion_matrix における度数の形式の分割表

		予測値 F	
		問題なし 0	問題あり 1
自然の状態	問題なし 0	TN（的中）=1800	FP（空振り）=235
(実測値) Θ	問題あり 1	FN（見逃し）=259	TP（的中）=1706

2.3.3 確率形式の分割表

confusion_matrix 関数は，引数 normalize='all' を指定することで同時分布の形で出力されます。すなわちテストデータのサンプルサイズを N とするとき，表5.2.1の度数をすべて N で除した結果が出力されます。normalize='pred' を指定すると，予測に対する条件付き分布 $P(\theta|f)$ が得られ，normalize='true' を指定すると，自然の状態に対する条件付き分布 $P(f|\theta)$ が得られます。ただし θ は自然の状態で f はカテゴリー予測値です。

normalize='true' を指定して実行します。結果は表5.2.2に対応します。

```
conditional_state = confusion_matrix(y_test, category_pred, normalize='true')
conditional_state
```

```
array([[0.885, 0.115],
       [0.132, 0.868]])
```

表5.2.2　confusion_matrix における $P(f|\theta)$ 形式の分割表

		予測値 F		
		問題なし 0	問題あり 1	合計
自然の状態	問題なし 0	0.885	FPR=0.115	1
(実測値) Θ	問題あり 1	0.132	TPR=0.868	1

2.3.4 真陽性率と偽陽性率

表5.2.2に追記しましたが，後ほどROC曲線を導入するときに重要となる指標について解説します。

真陽性率（True Positive Rate: TPR）は表5.2.1においてTP/(FN＋TP)で計算される値です。真陽性率と再現率は同じ定義です。

偽陽性率（False Positive Rate: FPR）は表5.2.1においてFP/(TN＋FP)

で計算される値です。紛らわしいですが，TPR と FPR を足しても，通常は1にならないことに注意が必要です。条件付き分布 $P(f|\theta)$ において「予測 - 問題あり」だった場合に着目した指標です。conditional_state を作って，そこから得る方法が簡単です。

```
print(f'TPR(真陽性率)：{conditional_state[1,1]:.3g}')
print(f'FPR(偽陽性率)：{conditional_state[0,1]:.3g}')
```

```
TPR(真陽性率)：0.868
FPR(偽陽性率)：0.115
```

2.4　ブライアスコアによる確率予測の評価

続いて確率予測 prob_pred の評価に移ります。

2.4.1　ブライアスコア

まずはブライアスコアを定義通り計算します。

```
sum((prob_pred - y_test)**2) / len(y_test)
```

```
0.089
```

ブライアスコアも sklearn を使うと簡単に得られます。

```
BS = brier_score_loss(y_test, prob_pred)
print(f'ブライアスコア：{BS:.3g}')
```

```
ブライアスコア：0.0894
```

2.4.2　ブライアスキルスコア

常に「平均的な問題発生率」を予測値として出力した場合のブライアスコア $\mathrm{BS}_{\mathrm{naive}}$ を計算します。

```
# 平均的な問題発生率
p_naive = sum(y_test) / len(y_test)
# BS_naive
```

```
BS_naive = brier_score_loss(y_test, np.repeat(p_naive, len(y_test)))
```

ブライアスキルスコアは以下のようになります。完全的中予測だと1をとります。

```
BSS = (BS_naive - BS) / BS_naive
print(f'ブライアスキルスコア：{BSS:.3g}')
```

```
ブライアスキルスコア：0.642
```

2.5　信頼度曲線による確率予測の評価

確率予測の品質をグラフで評価します。まずは**信頼度曲線**を描きます。信頼度は「問題発生率が○％だと予測されたとき，本当に○％の確率で問題が発生しているか」を評価するものです。まずは確率を11区分に区切って，集計値を得ます。sklearn の calibration_curve 関数を使います。

```
prob_true_class, prob_pred_class = calibration_curve(y_test, prob_pred,
                                                     n_bins=11)
```

予測された確率値は，以下のような11の区分にわかれます。階級値は prob_pred_class として得られています。

```
prob_pred_class
```

```
array([0.029, 0.134, 0.225, 0.316, 0.409, 0.498, 0.596, 0.683, 0.774,
       0.869, 0.977])
```

例えば予測値が0.029だった場合，実際の問題発生率も2.9%になっていてほしいですね。実際の問題発生率は prob_true_class として得られています。予測値が0.029のときは，およそ4%で問題が発生しているようです。

```
prob_true_class
```

```
array([0.04 , 0.132, 0.195, 0.268, 0.362, 0.478, 0.55 , 0.67 , 0.67 ,
       0.867, 0.981])
```

先の結果をグラフで確認します（図5.2.1）。

```
# 描画オブジェクトを生成
fig, ax = plt.subplots(figsize=(7, 4))
# 信頼度曲線
ax.plot(prob_pred_class, prob_true_class, marker='s',
        label='ロジスティック回帰')
# 信頼度エラーが0となる基準線
ax.plot([0, 1], [0, 1], linestyle='--', label='信頼度エラーが0となる基準線')
# グラフの装飾
ax.legend()                                    # 凡例
ax.set_title('信頼度曲線', fontsize=15)        # タイトル
ax.set_xlabel('予測された確率')                # X軸ラベル
ax.set_ylabel('実際の確率')                    # Y軸ラベル
```

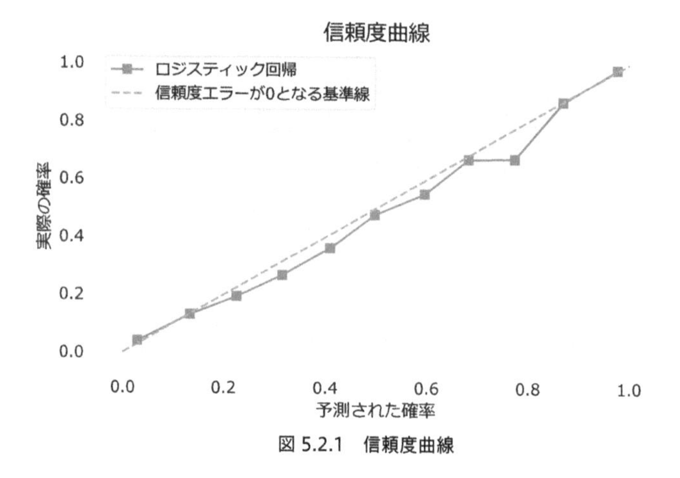

図5.2.1　信頼度曲線

オレンジ色の点線が，信頼度エラーが0の場合の理想的な信頼度曲線です。0.8前後でややずれがあるものの，大きなずれはないようです。

2.6　Sharpnessによる確率予測の評価

信頼度は，「長期的に見た問題発生率」を常に予測値として出力し続けるだけで指標を改善できてしまいます。そこで0か1かを鮮明に分離できているかどうかを評価します。こちらは確率予測の結果のヒストグラムを使って評価します。

```
# 描画オブジェクトを生成
fig, ax = plt.subplots(figsize=(7, 4))
# 予測された確率のヒストグラム
ax.hist(prob_pred, bins=11)
# グラフの装飾
ax.set_title('予測された確率のヒストグラム', fontsize=15)  # タイトル
ax.set_xlabel('予測された確率')                          # X軸ラベル
ax.set_ylabel('度数')                                   # Y軸ラベル
```

ヒストグラムでは，0と1の近辺に多くの度数が観測されていれば，鮮明に識別できていると言えます。今回の結果は問題なさそうです。

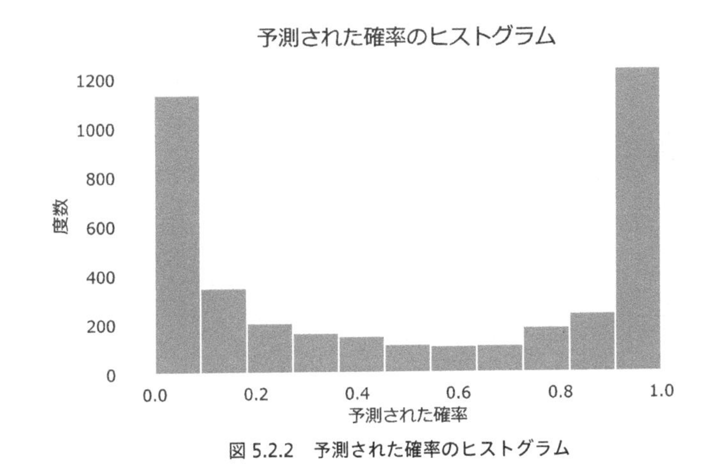

図5.2.2　予測された確率のヒストグラム

2.7　確率予測をカテゴリー予測に変換する

後の分析を容易にするため，確率予測をカテゴリー予測に変換できるよう

にします。

2.7.1 確率予測をカテゴリー予測に変換する関数

確率予測をカテゴリー予測に変換する関数を作ります。確率予測の結果が閾値 threshold 以上になった場合は「問題あり」と予測します。予測結果は0または1のみをとります。

```
def prob_to_category(prob_pred, threshold):
    return((prob_pred >= threshold).astype(int))
```

閾値を0.5に固定した結果は，カテゴリー予測の結果と一致します。

```
all(category_pred == prob_to_category(prob_pred, 0.5))
```

```
True
```

カテゴリー予測は「閾値を，恣意的に0.5と定めた確率予測の結果」だとみなすことができますね。予測を意思決定に活用することを考える場合，閾値が0.5であるべき強い理由はないはずです。この閾値を自由に変更できるのが確率予測の利点です。

2.7.2 確率予測から分割表を得る関数

確率予測をカテゴリー予測に変換し，その結果を使ってさらに同時分布の形式の分割表を出力する関数を作ります。confusion_matrix 関数において normalize='true' として$P(f|\theta)$を，normalize='all' として$P(\theta, f)$の分割表を出力していることに注意してください。また，後ほど参照するため，的中率・真陽性率・偽陽性率を出力するようにしてあります。

```
# 予測の分割表を作る関数
def prob_to_mat(prob_pred, threshold, y_true, print_acc=True):
    # 確率予測をカテゴリー予測に変換
    category_pred = prob_to_category(prob_pred, threshold)
    # 必要に応じて，指標を print する
    if(print_acc):
```

```
        conditional_state = confusion_matrix(y_true, category_pred,
                                             normalize='true')
        print(f'的中率        :{accuracy_score(y_true, category_pred):.3g}')
        print(f'TPR(真陽性率):{conditional_state[1,1]:.3g}')
        print(f'FPR(偽陽性率):{conditional_state[0,1]:.3g}')

    # DataFrameに変換した分割表を返す
    joint_forecast_state = pd.DataFrame(
        confusion_matrix(y_true, category_pred, normalize='all'),
        columns=['予測-問題なし', '予測-問題あり'],
        index=['問題なし', '問題あり'])
    return(joint_forecast_state)
```

動作を確認します。

```
print(prob_to_mat(prob_pred, 0.5, y_test))
```

```
的中率        :0.876
TPR(真陽性率):0.868
FPR(偽陽性率):0.115
          予測-問題なし  予測-問題あり
問題なし          0.450          0.059
問題あり          0.065          0.426
```

同時分布が得られたならば，第2部第6章と同じように条件付き期待金額を最大化したり，予測の価値を評価したりできます。

2.8　ROC曲線とAUCによる確率予測の評価

確率予測の評価方法としてしばしば用いられるROC曲線とAUCについて解説します。

2.8.1　閾値・真陽性率・偽陽性率の関係

確率予測をカテゴリー予測に変換する際，閾値を自由に設定できます。閾値を変えることによる予測の評価指標の変化を確認します。まずは閾値を低めの0.1としたときの結果を確認します。

```
tmp = prob_to_mat(prob_pred, 0.1, y_test)
```

```
的中率         ：0.76
TPR（真陽性率）：0.975
FPR（偽陽性率）：0.448
```

閾値が低いので「予測 - 問題あり」が頻繁に出力されます。そのため見逃しが少なく「実際に『問題あり』だった結果のうち，正しく『予測 - 問題あり』と出力されていた割合」である真陽性率は高くなります。一方で空振りが頻発するので「実際には『問題なし』なのに，間違って『予測 - 問題あり』と出力されていた割合」である偽陽性率も高くなってしまいます。

閾値を高めの 0.9 としたときの結果を確認します。

```
tmp = prob_to_mat(prob_pred, 0.9, y_test)
```

```
的中率         ：0.812
TPR（真陽性率）：0.632
FPR（偽陽性率）：0.0133
```

閾値が高いので「予測 - 問題あり」がほとんど出力されません。今度は偽陽性率が低い値になります。一方で真陽性率も低くなってしまいます。

真陽性率が高く，偽陽性率が低いのが理想ですね。でも，実際はそうはならず，真陽性率を高くすると偽陽性率も増えてしまいます。

2.8.2　ROC 曲線と AUC

真陽性率と偽陽性率にはトレードオフがあるとはいえ，真陽性率を少し高めただけで，偽陽性率がどんどん増えるような予測は使い物になりませんね。逆に言えば「真陽性率を高めても，偽陽性率がほとんど増えない」なら，この予測の品質は高いと言えそうです。この考え方で予測の品質を評価するのが **ROC**（Receiver Operating Characteristics）**曲線**です。

閾値を変化させて真陽性率と偽陽性率を計算します。そして真陽性率を Y 軸に，偽陽性率を X 軸においた折れ線グラフを描きます。これが ROC 曲線です。sklearn の roc_curve 関数を使うと，偽陽性率 fpr，真陽性率 tpr，閾値 threshold が得られます。この結果を使って ROC 曲線を描きます（図

5.2.3)。

```
# 真陽性率と偽陽性率，閾値を得る
fpr, tpr, threshold = roc_curve(y_test, prob_pred)

# 描画オブジェクトを生成
fig, ax = plt.subplots(figsize=(7, 4))
# 信頼度曲線
ax.step(fpr, tpr, label='ロジスティック回帰のROC曲線')
# まったく役に立たない予測だった場合のROC曲線
ax.plot([0, 1], [0, 1], linestyle='--')
# グラフの装飾
ax.legend()                                   # 凡例
ax.set_title('ROC曲線', fontsize=15)  # タイトル
ax.set_xlabel('偽陽性率')                    # X軸ラベル
ax.set_ylabel('真陽性率')                    # Y軸ラベル
```

なお，plot_roc_curve関数を使うことで，もっと簡単にグラフを描くこともできます。

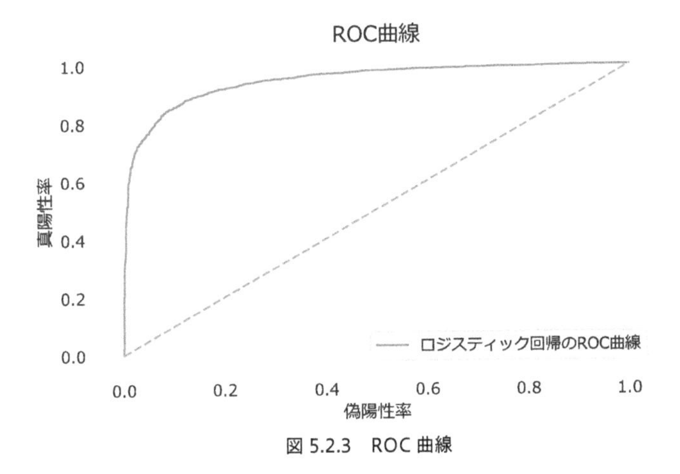

図5.2.3　ROC曲線

ROC曲線に書き入れたオレンジ色の点線は「真陽性率に比例して偽陽性率が増えていく」という，平たく言えばまったく役に立たない予測のROC曲線となります。ここから離れたROC曲線が描けているのが大切です。

ROC曲線の下側の面積を**AUC**（Area Under the Curve）と呼びます。ROC曲線は縦軸も横軸も確率であるため，範囲は0以上1以下です。AUCの最大値は1となります。sklearnのauc関数を使うことで計算できます。今回は0.947となりました。

```
print(f'AUC：{auc(fpr, tpr):.3g}')
```

```
AUC：0.947
```

2.9　意思決定にかかわる要素の整理

ここからは予測を活用した意思決定の話題に移ります。確率予測から，カテゴリー予測より大きな価値を見出す方法を検討します。

まずは利得行列を設定します。今回は天下り的に与えられているとします。

```
payoff = pd.DataFrame({
    '対策なし': [1000, 0],
    '対策あり': [200, 200]
})
payoff.index = ['問題なし', '問題あり']
print(payoff)
```

```
          対策なし  対策あり
問題なし      1000      200
問題あり         0      200
```

なお，すべての数値を1000で引いてから1000で割るとコスト／ロス比のシチュエーションとみなすことができます。対策をせずに「問題あり」が発生すると1000万円を失うのでロスLは1000となります。対策コストCとして800万円を支払うと損失を0にできます。そのためコスト／ロス比は0.8です。

第2部第6章と同様に，最大値をとるインデックスを取得する関数を作ります。

```
# 最大値をとるインデックスを取得する。最大値が複数ある場合はすべて出力する。
def argmax_list(series):
    return(list(series[series == series.max()].index))
```

同じように，期待金額最大化に基づく意思決定を行う関数を作ります。

```
# 期待金額最大化に基づく意思決定を行う関数
def max_emv(probs, payoff_table):
    emv = payoff_table.mul(probs, axis=0).sum()
    max_emv = emv.max()
    a_star = argmax_list(emv)
    return(pd.Series([a_star, max_emv], index=['選択肢', '期待金額']))
```

なお，本書では今までのコードと整合性を保つためにpandasのDataFrameを使っていますが，numpyのndarrayを使う（すなわちconfusion_matrixの結果をそのまま使う）方がコードは簡潔になります。

2.10　予測を使わないときの期待金額

予測を使わない前提で，期待金額を最大にする選択肢を調べます。こちらは第2部第6章とまったく同じ手順です。

まずはカテゴリー予測と自然の状態の同時分布を得ます。prob_to_mat関数において閾値を0.5に設定すると，カテゴリー予測の結果が出力されることに注意してください。

```
joint_forecast_state = prob_to_mat(prob_pred, 0.5, y_test, print_acc=False)
print(joint_forecast_state)
```

```
          予測-問題なし  予測-問題あり
問題なし          0.450          0.059
問題あり          0.065          0.426
```

自然の状態の周辺分布を得ます。

```
marginal_state = joint_forecast_state.sum(axis=1)
marginal_state
```

```
問題なし     0.509
問題あり     0.491
dtype: float64
```

期待金額を最大にする選択肢を調べます。

```
naive_decision = max_emv(marginal_state, payoff)
naive_decision
```

```
選択肢        [対策なし]
期待金額           509
dtype: object
```

予測が得られないならば，常に「対策なし」を採用すると期待金額を最大にできることがわかります。このときの期待金額は509万円です。

2.11 カテゴリー予測を使うときの期待金額

続いてカテゴリー予測を使う前提で，期待金額を最大にする決定方式を検討します。こちらも第2部第6章と同じ手順です。まずはカテゴリー予測の周辺分布を得ます。

```
marginal_forecast = joint_forecast_state.sum(axis=0)
marginal_forecast
```

```
予測-問題なし     0.515
予測-問題あり     0.485
dtype: float64
```

同時確率を周辺確率で除すことで，予測に対する条件付き分布$P(\theta|f)$を得ます。列ごとに合計値が1になります。

```
conditional_forecast = joint_forecast_state.div(marginal_forecast, axis=1)
print(conditional_forecast)
```

```
          予測-問題なし  予測-問題あり
問題なし          0.874          0.121
問題あり          0.126          0.879
```

予測が出されたときに期待金額を最大にする選択肢と，その選択肢を採用したときの期待金額を得ます。

```
info_decision = \
    conditional_forecast.apply(max_emv, axis=0, payoff_table=payoff)
print(info_decision)
```

	予測－問題なし	予測－問題あり
選択肢	[対策なし]	[対策あり]
期待金額	874	200

このときの条件付き期待金額に対して，予測の周辺分布で期待値をとることで，予測を使う際の期待金額が得られます。

```
info_decision.loc['期待金額'].mul(marginal_forecast).sum()
```

```
547.05
```

なお，カテゴリー予測値の周辺分布で除してから，後でこれをかけるという処理があって，やや冗長ですね。同時分布をそのまま使っても同じ結果が得られます。

```
joint_forecast_state.apply(
    max_emv, axis=0, payoff_table=payoff).loc['期待金額'].sum()
```

```
547.05
```


2.12 確率予測を使うときの期待金額

続いて，確率予測を使って意思決定したときの期待金額を求めます。確率予測は「なし / あり」を分ける閾値が重要になってきます。これを指定したうえで期待金額を計算する関数を作ります。

```
# 閾値を指定したうえで，確率予測をカテゴリー予測に変換し，
# その結果に基づいて意思決定を行ったときの最大の期待金額を返す関数
def prob_pred_emv(prob_pred, threshold, y_true, payoff_table,
                  print_acc=False):
    # 確率予測をカテゴリー予測に変換して，同時分布を得る
    joint_forecast_state = prob_to_mat(prob_pred, threshold, y_true,
                                       print_acc)
    # カテゴリー予測と自然の状態の同時分布に基づいて意思決定をし
    # 期待金額の最大値を返す
    emv = joint_forecast_state.apply(
        max_emv, axis=0, payoff_table=payoff_table).loc['期待金額'].sum()
    return(emv)
```

動作確認をします。閾値を0.5にすると，カテゴリー予測を活用したときと同じ期待金額が得られます。

```
prob_pred_emv(prob_pred, 0.5, y_test, payoff)
```

```
547.05
```

今回の利得行列のコスト/ロス比は0.8でした。そのため理論上の最適な閾値は0.8となります。これを採用すると，期待金額が20万円ほど増えます。

```
prob_pred_emv(prob_pred, 0.8, y_test, payoff)
```

```
566.6
```

予測を使ったときの期待金額から，予測を使わなかったときの期待金額（509万円）を差し引くと，予測の価値が得られます。

```
# 予測を使わないときのEMV
emv_naive = naive_decision.loc['期待金額']
# 予測を使うときのEMV
emv_category = prob_pred_emv(prob_pred, 0.5, y_test, payoff)
emv_prob = prob_pred_emv(prob_pred, 0.8, y_test, payoff)
# 予測の価値
evsi_category =  emv_category - emv_naive
evsi_prob = emv_prob - emv_naive
print(f'カテゴリー予測の価値：{evsi_category:.3g}')
print(f'確率予測の価値        ：{evsi_prob:.3g}')
```

```
カテゴリー予測の価値：38.3
確率予測の価値        ：57.8
```

カテゴリー予測の価値はおよそ38.3万円である一方，確率予測の価値はおよそ57.8万円となります。使っているモデルは，ロジスティック回帰モデルのまま変更していません。しかし，予測値の形態をカテゴリー予測から確率予測に変更するだけで，予測のもたらす価値は1.5倍ほどに増えるのです。この工夫には，最新のAI技術も，高度な数学も，莫大なコンピュータパワーもいりません。ただ単に，予測の出し方を変えるだけです。

もちろん，この結果は，コスト/ロス比が0.8である意思決定者に限ったものです。意思決定者のコスト／ロス比がちょうど0.5であれば，確率予測であることがもたらすメリットはほとんどありません。予測の価値に目を向けることで「私たちが行おうと思っているその工夫は，本当に必要だろうか」を検討できるというのが，最も大きなメリットだと言えるかもしれません。

2.13 確率予測における決定方式のチューニング

予測の信頼度エラーが0でない限り，予測された確率と実際の確率は食い違います。この影響を加味したうえで，決定方式を最適化することを試みます。基本的なアイデアはMylne(2002)の通りで，閾値を0から1の範囲で変化させ，期待金額が最大になる閾値を探します。

```
# 閾値を 0 から 1 まで変化させる
threshold_array = np.arange(0, 1.01, 0.01)
# 各々の閾値で EMV を計算する
emv_array = np.zeros(len(threshold_array))
for i in range(len(threshold_array)):
    emv_array[i] = prob_pred_emv(prob_pred, threshold_array[i],
                                 y_test, payoff)
```

閾値と期待金額の関係を折れ線グラフで確認します（図5.2.4)。

```
# DataFrame にまとめる
prob_pred_emv_df = pd.DataFrame({
    'EMV': emv_array,
    'threshold':threshold_array
})

# 描画オブジェクトを生成
fig, ax = plt.subplots(figsize=(7, 4))
# 折れ線グラフの描画
prob_pred_emv_df.plot(x='threshold', y='EMV', ax=ax)
```

期待金額が最大になる閾値は0.82となります。

```
prob_pred_emv_df.iloc[prob_pred_emv_df['EMV'].idxmax()]
```

```
EMV          568.45
threshold      0.82
Name: 82, dtype: float64
```

予測の価値はおよそ 59.7 万円となり，わずかに向上しました。

```
emv_prob_best = prob_pred_emv_df['EMV'].max()
evsi_prob_best = emv_prob_best - emv_naive
print(f'閾値を変更したときの価値：{evsi_prob_best:.3g}')
```

```
閾値を変更したときの価値：59.7
```

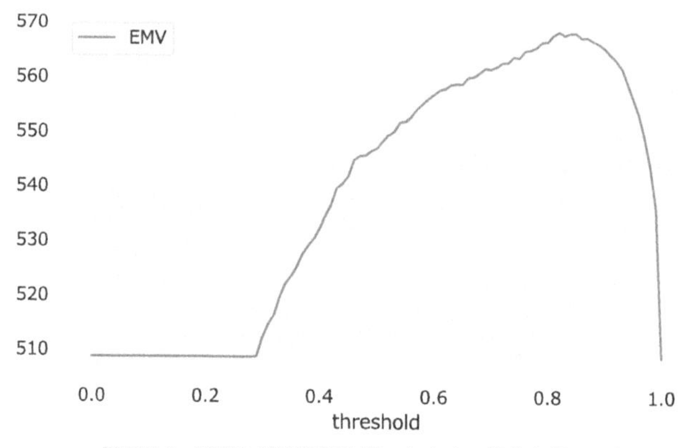

図 5.2.4　閾値と確率予測を使ったときの期待金額の関係

今回のように閾値をチューニングする工夫には 2 つの留意事項があります。1 つ目は，評価された予測の品質が実際に予測を運用するときと異なっている可能性があることです。閾値のチューニングは，あくまでも「今回のテストデータに対して予測された結果」に対するチューニングです。今回のテストデータでは，予測値が 0.8 付近で信頼度エラーが大きくなりました。しかし，別のデータセットを予測した際に同じ結果になるとは限りません。予測の品質の評価をどれだけ正確に行うことができるかが，決定方式のチューニング，ひいては予測の価値に直結する点に注意してください。予測の品質の評価を詳細に行えない場合などは，あえてチューニングをしないという選択肢もあります。

2つ目の留意事項は，閾値のチューニングの代わりに，信頼度エラーが小さくなるように予測値をチューニングする方法もあるという点です。これはしばしばキャリブレーション(calibration)と呼ばれます。キャリブレーションは信頼度エラーの別名として使われることもあるので，どちらを指しているのか注意するようにしてください。なお，この機能も `sklearn` を使うことで実行できます。

データを分析して，そこから見出された価値を提供するのが，分析者の仕事です。ところで，定量的な分析によってもたらされる価値を「社会へのインパクト」という定性的な表現で済ませるのはもったいないことです。

決定分析がとるアプローチはシンプルです。まずは価値を定義します。そして価値を定量化します。そして価値を増やすべく工夫します。本書で紹介した技術群は，小さな工夫の積み重ねにすぎません。けれどもその小さな工夫たちは「価値の提供」という最終目的に直結するものだと信じています。

本書が，読者あるいは社会にとって，少しでも役に立つ技術を提供できたならば，とてもうれしく思います。

2.14 記号の整理

第5部で登場した記号の一覧を整理しました。

名称	表記	補足・計算式
自然の状態	θ_i	θ_1「問題なし」 θ_2「問題あり」
自然の状態の集合	Θ	
予測された問題あり発生確率	$\widehat{p}$	0以上1以下の連続値をとる
確率の区分	k	確率の値を離散的に扱いたい場合に使われる
区分数	K	

名称	表記	補足・計算式
区分kのときの確率予測	$\widehat{p}_k$	確率を0.1刻みで予測するならば，$k=1,2,\ldots,11$であり $\widehat{p}_1=0,\ \widehat{p}_2=0.1,\ldots,\widehat{p}_{11}=1$
評価データのサンプルサイズ	N	
区分kの予測値$\widehat{p}_k$が出された回数	N_k	$\sum_{k=1}^{K} N_k = N$
全サンプルの中で「問題あり」となった回数	M	
区分kの予測値が出された中で「問題あり」となった回数	M_k	$\sum_{k=1}^{K} M_k = M$
i番目の評価サンプルの実測値	$y^{(i)}$	実測値が「問題なし」ならば0を，「問題あり」ならば1をとる
i番目の評価サンプルの予測値	$\widehat{p}^{(i)}$	
区分kの予測値が出されたという条件における実測値	$y_k^{(i)}$	$\sum_{i=1}^{N_k} y_k^{(i)} = M_k$
「問題あり」の実際の発生確率	$P(\theta_2)$	$= \frac{M}{N} = \frac{1}{N}\sum_{k=1}^{K} M_k = \frac{1}{N}\sum_{i=1}^{N} y^{(i)}$
区分kの予測値$\widehat{p}_k$が出される確率	$P(\widehat{p}_k)$	$= \frac{N_k}{N}$
区分kの予測値$\widehat{p}_k$が出されており，かつ，実測値が「問題あり」である同時確率	$P(\theta_2,\ \widehat{p}_k)$	$= \frac{M_k}{N}$
区分kの予測値$\widehat{p}_k$が出されたという条件での「問題あり」発生確率	$P(\theta_2 \mid \widehat{p}_k)$	$= \frac{P(\theta_2,\ \widehat{p}_k)}{P(\widehat{p}_k)} = \frac{M_k}{N_k}$

名称	表記	補足・計算式
信頼度エラー	Reliability	$= \sum_{k=1}^{K} \frac{N_k}{N} \left(\widehat{p}_k - \frac{M_k}{N_k} \right)^2$ $= \sum_{k=1}^{K} P\left(\widehat{p}_k\right) \left(\widehat{p}_k - P\left(\theta_2 \mid \widehat{p}_k\right)\right)^2$
Refinement	Refinement	$= \sum_{k=1}^{K} \frac{N_k}{N} \cdot \left[\frac{M_k}{N_k} \left(1 - \frac{M_k}{N_k} \right) \right]$ $= \sum_{k=1}^{K} P\left(\widehat{p}_k\right) \cdot \left[P\left(\theta_2 \mid \widehat{p}_k\right) \cdot \left(1 - P\left(\theta_2 \mid \widehat{p}_k\right)\right)\right]$
不確実性	Uncertainty	$= \frac{M}{N} \left(1 - \frac{M}{N} \right)$ $= P\left(\theta_2\right) \left(1 - P\left(\theta_2\right)\right)$
分離度	Resolution	$= \sum_{k=1}^{K} \frac{N_k}{N} \cdot \left(\frac{M}{N} - \frac{M_k}{N_k} \right)^2$ $= \sum_{k=1}^{K} P\left(\widehat{p}_k\right) \cdot \left(P\left(\theta_2\right) - P\left(\theta_2 \mid \widehat{p}_k\right)\right)^2$
ブライアスコア	BS	$= \frac{1}{N} \sum_{i=1}^{N} \left(\widehat{p}^{(i)} - y^{(i)} \right)^2$ $=$ Reliability $+$ Refinemt $=$ Reliability $+$ Uncertainty $-$ Resolution
常に $\widehat{p} = \frac{M}{N} = P\left(\theta_2\right)$ と予測したときのブライアスコア	$\mathrm{BS}_{\mathrm{naive}}$	
ブライアスキルスコア	BSS	$= \frac{\mathrm{BS}_{\mathrm{naive}} - \mathrm{BS}}{\mathrm{BS}_{\mathrm{naive}}}$

参考文献

- C. Althoff(清水川貴之・新木雅也 訳)(2018). 独学プログラマー：Python 言語の基本から仕事のやり方まで. 日経 BP 社
- G. Blattenberger, F. Lad(1985). Separating the Brier Score into Calibration and Refinement Components: A Graphical Exposition. *The American Statistician*, 39:1, 26-32
- S. Canessa, G. Guillera-Arroita, J. J. Lahoz-Monfort, D. M. Southwell, D. P. Armstrong, I. Chadès, R. C. Lacy, S. J. Converse(2015). When Do We Need More Data? A Primer on Calculating the Value of Information for Applied Ecologists. *Methods Ecol Evol*, 6, 1219-1228.
- H. Chernoff, L. E. Moses(宮沢光一 訳)(1960). 決定理論入門. 紀伊國屋書店
- T. DelSole(2004). Predictability and Information Theory. Part I: Measures of Predictability. *Journal of the Atmospheric Sciences*, 61, 2425-2440
- B. Fischhoff, J. Kadvany(中谷内一也 訳)(2015). リスク：不確実性の中での意思決定(サイエンス・パレット). 丸善出版
- A. Gelman, J. Carlin, H. Stern, D. Dunson, A. Vehtari, D. Rubin(2013). Bayesian Data Analysis 3rd Edition. Chapman & Hall
- I. Gilboa(川越敏司・佐々木俊一郎 訳)(2012). 意思決定理論入門. NTT 出版
- I. Gilboa(松井彰彦 訳)(2013). 合理的選択. みすず書房
- I. Gilboa(川越敏司 訳)(2014). 不確実性下の意思決定理論. 勁草書房
- C. W. J. Granger. M. J. Machina(2006). Forecasting and Decision Theory(G. Elliott, C. W. J. Granger, A. Timmermann(eds). Handbook of Economic Forecasting). Elsevier, 81-98

- C. W. J. Granger(細谷雄三 訳)(2009). 経済モデルは何の役に立つのか：経済経験モデルの特定化とその評価. 牧野書店

- A. C. Harberger(関口浩 訳)(2018). 費用便益分析入門：ハーバーガー経済学・財政学の神髄. 法政大学出版局

- D. P. Heyman, M. J. Sobel (伊理正夫・今野浩・刀根薫 監訳) (1995). 確率モデルハンドブック. 朝倉書店

- R. J. Hyndman, G. Athanasopoulos(2018). Forecasting: Principles and Practice, 2nd edition, OTexts: Melbourne, Australia. OTexts.com/fpp2. Accessed on 2020-05-19

- R. W. Katz, A. H. Murphy, R. L. Winkler(1982). Assessing the Value of Frost Forecasts to Orchardists: A Dynamic Decision-Making Approach. *Journal of Applied Meteorology*, 21, 518-531

- R. W. Katz, A. H. Murphy, J. J. Tribbia, S. R. Johnson, M. T. Holt, D. S. Wilks, T. R. Stewart(1997). Economic Value of Weather and Climate Forecasts. Cambridge University Press

- S. Mäntyniemi, S. Kuikka, M. Rahikainen, L. T. Kell, V. Kaitala(2009). The Value of Information in Fisheries Management: North Sea Herring as an Example. *ICES Journal of Marine Science*, 66(10), 2278-2283

- A. H. Murphy(1973). A New Vector Partition of the Probability Score. *J. Appl. Meteor.*, 12, 595-600.

- A. H. Murphy(1976). Decision-Making Models in the Cost-Loss Ratio Situation and Measures of the Value of Probability Forecasts. *Monthly Weather Review*, 104, 1058-1065

- A. H. Murphy(1985). Decision Making and the Value of Forecasts in a Generalized Model of the Cost-Loss Ratio Situation. *Monthly Weather Review*, 113, 362-369

- A. H. Murphy, R. W. Katz, R. L. Winkler, W. Hsu(1985). Repetitive Decision Making and the Value of Forecasts in the Cost-Loss Ratio Situation: A Dynamic Model. *Monthly Weather Review*, 113, 801-813

- A. H. Murphy(1993). What Is a Good Forecast? An Essay on the Nature of Goodness in Weather Forecasting. *Weather Forecasting*, 8, 281-293

- K. R. Mylne(2002). Decision-making from Probability Forecasts Based on Forecast Value. *Meteorological Applications*, 9, 307-315
- J. V. Neumann, O. Morgenstern(銀林浩・橋本和美・宮本敏雄 監訳)(2009). ゲームの理論と経済行動 1-3. 筑摩書房
- H. Raiffa(宮沢光一・平館道子 訳)(1972). 決定分析入門. 東洋経済新報社
- F. Sanders(1967). The Verification of Probability Forecasts. *J. Appl. Meteor.*, 6, 756-761
- R. S. Sutton, A. G. Barto(三上貞芳・皆川雅章 訳)(2000). 強化学習. 森北出版
- B. W. Taylor(2016). Introduction to Management Science, 12th edition. Pearson
- J. C. Thompson(1952). On the Operational Deficiences in Categorical Weather Forecasts. *Bulletin of the American Meteorological Society*, 33(6), 223-226
- J. C. Thompson, and G. W. Brier(1955). The Economic Utility of Weather Forecasts. *Bulletin of the American Meteorological Society*, 83(11), 249-254
- D. J. White(1966). Forecasts and Decision Making. *Journal of Mathematical Anlysis And Applications*, 14, 163-173
- 甘利俊一(2011). 情報理論. 筑摩書房
- 有賀康顕・中山心太・西林孝(2018). 仕事ではじめる機械学習. オライリー・ジャパン
- 市川惇信(1983). 意思決定論. 共立出版
- 大脇良夫(気象庁予報部 数値予報課 編)(2019). 付録 D 数値予報研修テキストで用いた表記と統計的検証に用いる代表的な指標. 令和元年度数値予報研修テキスト, 147-153
- 川越敏司(2020).「意思決定」の科学. 講談社
- 久保隆宏(2019). Pythonで学ぶ強化学習 改訂第2版. 講談社
- 小林淳一・木村邦博・佐藤嘉倫・長谷川計二・岩本健良・鹿又伸夫・都築一治・高瀬武典・宮野勝(小林淳一・木村邦博 編)(1991). 考える社会学. ミネルヴァ書房

- 齊藤芳正 (2020). はじめてのオペレーションズ・リサーチ. 筑摩書房
- 陶山嶺 (2020). Python 実践入門：言語の力を引き出し，開発効率を高める. 技術評論社
- 竹村和久 (1996). 意思決定とその支援 (市川伸一 編. 認知心理学 4 巻 思考). 東京大学出版会 , 81-105
- 竹村和久 (2009). 行動意思決定論：経済行動の心理学. 日本評論社
- 立平良三 (1999). 気象予報による意思決定：不確実情報の経済価値. 東京堂出版
- 田村坦之・藤田真一・中村豊 (計測自動制御学会 編)(1997). 効用分析の数理と応用. コロナ社
- 寺田学・辻真吾・鈴木たかのり・福島真太朗 (2018). Python によるあたらしいデータ分析の教科書. 翔泳社
- 土井長之 (1972). 漁況予報の理論と方法. 日本水産資源保護協会
- 中出康一 (2019). マルコフ決定過程：理論とアルゴリズム. コロナ社
- 仁木直人 (2009). 基礎情報学. 培風館
- 西崎一郎 (2017). 意思決定の数理：最適な案を選択するための理論と手法. 森北出版
- 馬場真哉 (2018). Pythonで学ぶあたらしい統計学の教科書. 翔泳社
- 林貴志 (2014). 危険と不確実性のもとでの意思決定 (坂井豊貴 編. メカニズムデザインと意思決定のフロンティア). 慶応義塾大学出版会 , 129-165
- 林貴志 (2020). 意思決定理論. 知泉書館
- 平田廣則 (2003). 情報理論のエッセンス. 昭晃堂
- 藤田恒夫・原田雅顕 (1989). 決定分析入門. 共立出版
- 松原望 (2001). 意思決定の基礎. 朝倉書店
- 宮沢光一 (1971). 情報・決定理論序説. 岩波書店
- 森村哲郎 (2019). 強化学習. 講談社
- 山澤成康 (2011). 新しい経済予測論. 日本評論社
- 山田真吾 (2004). 天気予報の価値をどう測るか. オペレーションズ・リサーチ , 49(5), 268-275

あとがき

確実に的中する予測であったとしても，それが価値を生み出すとは限りません。これは「明日の天気は，雨が降るか，雨が降らないかのどちらかになるでしょう」という予測が価値を生み出さないことからも明らかです。一方，的中率が低い予測であったとしても，多くの価値を生み出すかもしれません。

予測は意思決定に活用されることで価値を生みだすと考えてみます。そうすると，予測から得られる価値を増やすための工夫は，①予測を作るタイミング②予測を使うタイミングの２つで実行可能であることに気がつきます。予測を使う際の工夫と，使いやすい予測を作成する工夫との２点を理解していただければ，本書は十分にその役割を果たしたものと思います。

本書は「統計学の入門書」の隣に並んでも違和感のない「意思決定の入門書」としての位置付けも狙って執筆しました。そのため，決定分析の実行手順だけではなく，基礎理論の解説にもページ数を割いています。

多くの分野では，多かれ少なかれ決定分析の要素技術が使われているはずです。要素技術を体系立てて整理して，なるべくコストをかけずに実行する。これを達成するために必要なのが基礎理論です。

統計学を学んだからといって，即座にデータ分析ができるわけではありませんね。同様に，決定分析を学んだからといって，即座に社会実装ができるわけではありません。社会実装へ至るまでには，さまざまなノウハウが別に必要となるでしょう。

とはいえ，統計学を一切学ばないでデータを分析することは困難です。決定分析も同様です。知っていたからといってうまくやれるとは限りませんが，これを知らないというのは大変に非効率な状況です。

本書の内容を理解することは，ゴールではなくスタートです。さらに高度な理論へ歩みを進めたり，実社会の問題解決に取り組んだりする際，本書が役に立てたならば，これに勝る喜びはありません。

2021年１月

馬場真哉

Index 索引

和字

あ行

か行

著者紹介

馬場真哉(ばばしんや)

2014年　北海道大学大学院水産科学院修了

Logics of Blue（https://logics-of-blue.com/）というWebサイトの管理人

著　書　『平均・分散から始める一般化線形モデル入門』（プレアデス出版，2015年）
『時系列分析と状態空間モデルの基礎：RとStanで学ぶ理論と実装』（プレアデス出版，2018年）
『Pythonで学ぶあたらしい統計学の教科書』（翔泳社，2018年）
『RとStanではじめる　ベイズ統計モデリングによるデータ分析入門』（講談社，2019年）
『R言語ではじめるプログラミングとデータ分析』（ソシム，2020年）

NDC007　381p　21cm

意思決定分析と予測の活用(いしけっていぶんせきとよそくのかつよう)
基礎理論からPython実装まで

2021年2月25日　第1刷発行

著　者　馬場真哉
発行者　鈴木章一
発行所　株式会社　講談社
〒112-8001　東京都文京区音羽2-12-21
販　売　(03) 5395-4415
業　務　(03) 5395-3615

編　集　株式会社　講談社サイエンティフィク
代表　堀越俊一
〒162-0825　東京都新宿区神楽坂2-14　ノービィビル
編　集　(03) 3235-3701

本文データ制作　株式会社　トップスタジオ
カバー・表紙印刷　豊国印刷株式会社
本文印刷・製本　株式会社　講談社

落丁本・乱丁本は，購入書店名を明記のうえ，講談社業務宛にお送り下さい．送料小社負担にてお取替えします．
なお，この本の内容についてのお問い合わせは講談社サイエンティフィク宛にお願いいたします．定価はカバーに表示してあります．

ISBN 978-4-06-522227-0